案例赏析

课堂案例
制作数艺社艺术二维码

第 195 页

课堂练习
制作软件书艺术二维码

第 200 页

课后习题
制作手绘书艺术二维码

第 200 页

课堂案例
用常用工具制作手机图标

第 021 页

课堂练习
在 Illustrator 中绘制闹钟 App 功能图标

第 028 页

制作扁平化风格的播放器图标

制作扁平化风格的旅游图标

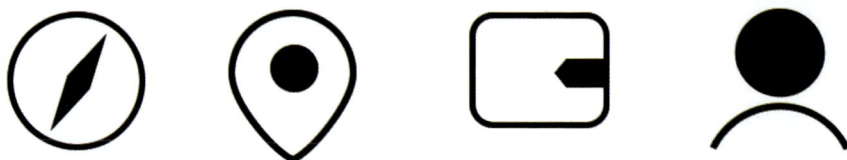

制作线性风格的聊天图标

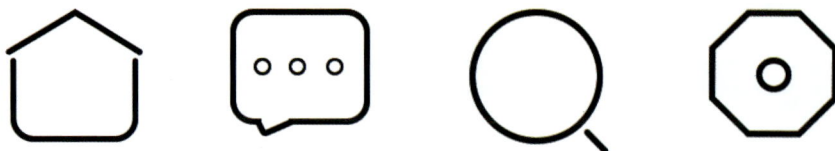

案例赏析

课堂案例

制作线性风格的功能图标

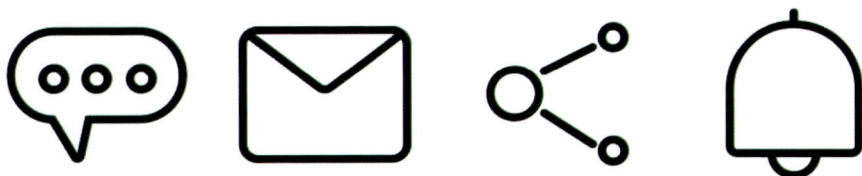

第 082 页

课堂练习

在 Illustrator 中绘制手机功能图标

第 086 页

课后习题

在 Photoshop 中绘制功能图标

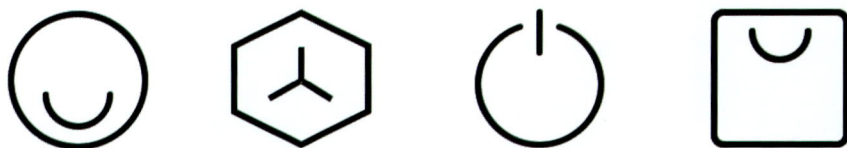

第 086 页

案例赏析

课堂案例
用常用工具制作界面

第 012 页

课后习题
在 Photoshop 中制作闹钟 App 界面

第 028 页

课堂案例
制作中秋主题的闪屏页

第 088 页

课堂练习
制作品牌宣传型闪屏页

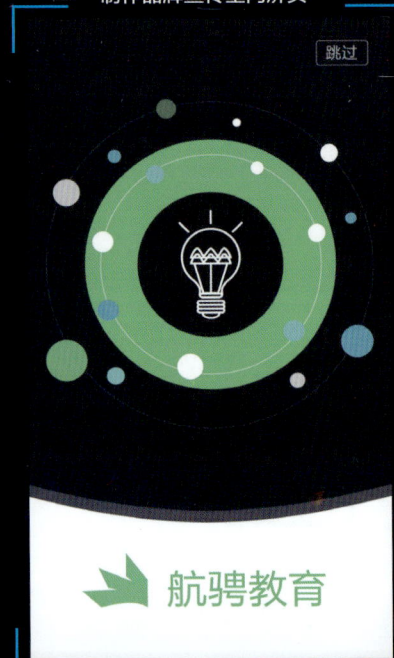

第 093 页

课后习题
制作推广型闪屏页

第 094 页

课堂案例
制作功能介绍型引导页

第 096 页

案例赏析

课堂案例

制作浮层引导页

第 102 页

滑动切换各种智能场景

我知道了

课堂练习

制作旅游 App 引导页

第 105 页

跳过

全域旅游　美好生活

旅游让生活更幸福

立即开启

课后习题

制作文档 App 引导页

第 106 页

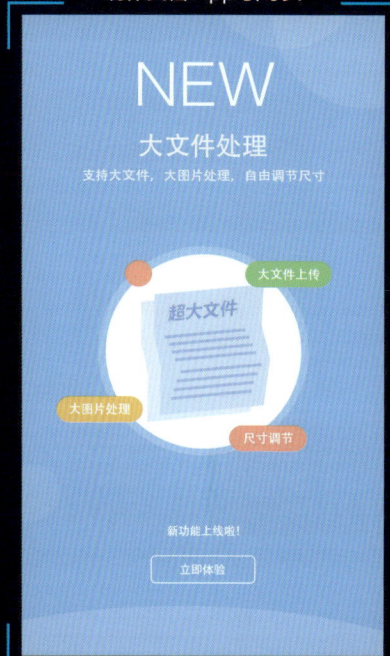

NEW

大文件处理

支持大文件，大图片处理，自由调节尺寸

大文件上传

超大文件

大图片处理

尺寸调节

新功能上线啦！

立即体验

课堂案例

制作资料审核空白页

第 108 页

中国移动　10:01　100%

审核资料

您的身份资料已经提交

正在审核中...

我知道了

课堂练习

制作消息中心空白页

第 113 页

中国移动　10:01　100%

消息中心

未读　　　全部

暂无消息

课后习题

制作购物车空白页

第 114 页

中国移动　10:01　100%

购物车

暂时搜索不到网络

案例赏析

课堂案例
制作外卖 App 首页
第 116 页

课堂练习
制作旅游 App 主页
第 128 页

课后习题
制作美食类 App 主页
第 128 页

课堂案例
制作个人中心页
第 131 页

课堂练习
制作视频 App 个人中心页
第 138 页

课后习题
制作学习类 App 个人中心页
第 138 页

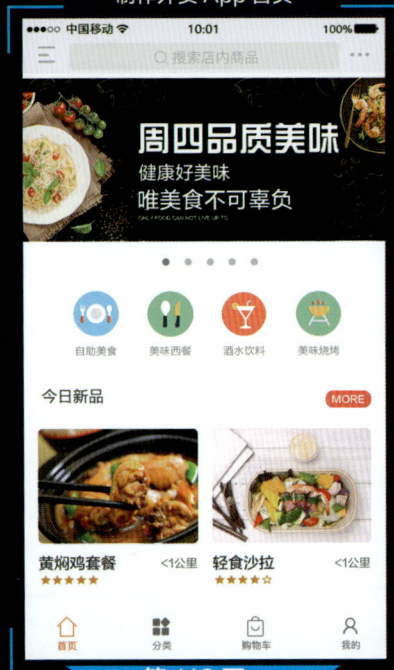

制作图书折扣列表页

第 141 页

制作购物 App 列表页

第 147 页

制作物流信息列表页

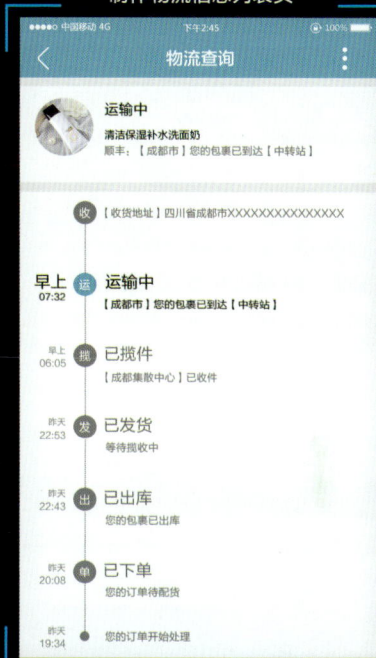

第 148 页

制作音乐播放器界面

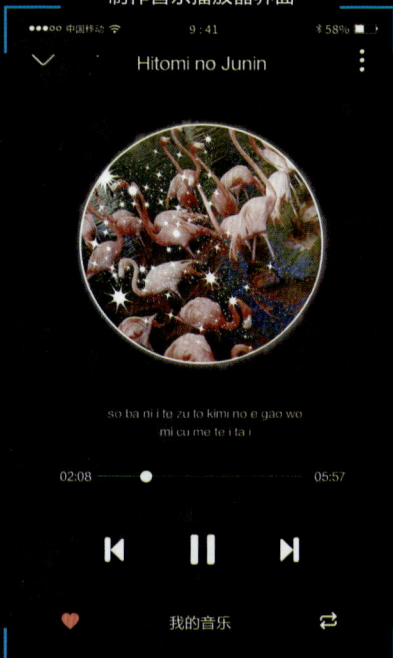

第 150 页

制作音乐播放页

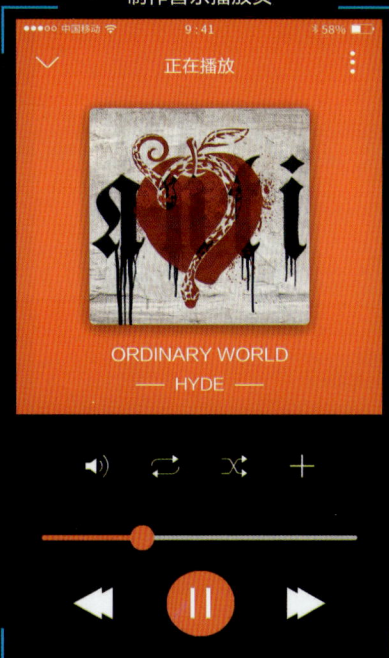

第 157 页

制作音频播放页

第 158 页

案例赏析

课堂案例
制作购物 App 详情页

第 161 页

课堂练习
制作食谱详情页

咖喱牛肉饭

新鲜牛肉 | 烹饪时间 | 难度
300g | 20min | 中等

查看详情>>>

第 171 页

课后习题
制作旅游详情页

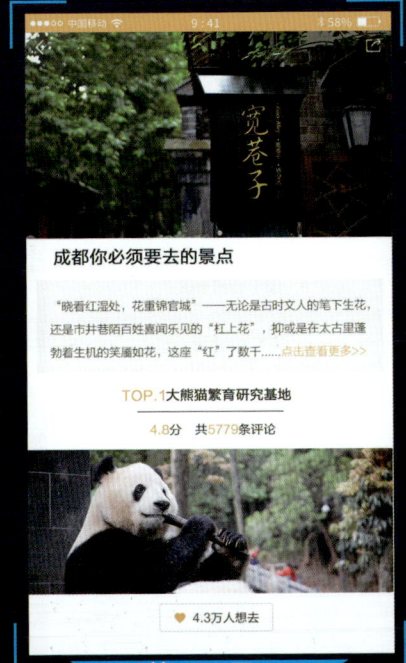

成都你必须要去的景点

TOP.1大熊猫繁育研究基地

4.8分 共5779条评论

♥ 4.3万人想去

第 172 页

课堂案例
制作软件登录页

数艺社

人民邮电出版社旗下品牌

账号或手机号

密码

忘记密码?

登录 | 注册

第 175 页

课堂练习
制作预约信息页

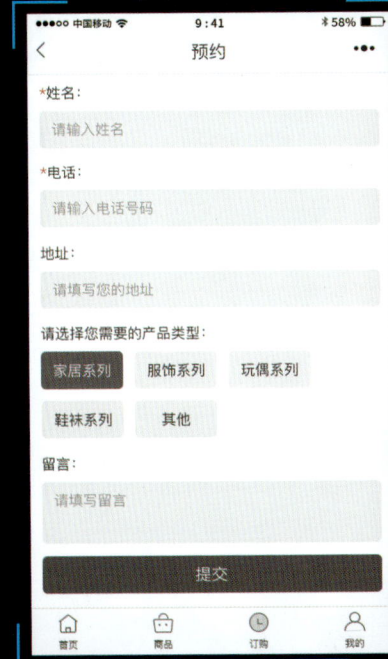

预约

*姓名:
请输入姓名

*电话:
请输入电话号码

地址:
请填写您的地址

请选择您需要的产品类型:
家居系列 服饰系列 玩偶系列
鞋袜系列 其他

留言:
请填写留言

提交

首页 商品 订购 我的

第 181 页

课后习题
制作聊天页

ZURAKO

在?

嗯嗯

出来吃火锅

好呀好呀

第 182 页

UI设计
基础培训教程 （全彩版）

任媛媛 / 编著

人民邮电出版社
北京

图书在版编目（CIP）数据

UI设计基础培训教程：全彩版 / 任媛媛编著. --
北京：人民邮电出版社，2020.7（2022.1重印）
ISBN 978-7-115-53595-5

Ⅰ. ①U… Ⅱ. ①任… Ⅲ. ①人机界面－程序设计－
教材 Ⅳ. ①TP311.1

中国版本图书馆CIP数据核字(2020)第046864号

内 容 提 要

本书完全针对零基础的读者编写，是入门级读者快速而全面掌握 UI 设计的参考书。

全书以各种重要技术和常见界面为主线，全面介绍了 UI 设计的工具、设计理论和界面制作方法，包括 Photoshop 和 Illustrator 的常用工具，UI 设计的理论、原则和规范，常见界面的概念和制作，切图和标注，以及艺术二维码的制作方法。课堂案例的实际操作可以帮助读者快速上手，熟悉设计思路和制作要点；课堂练习和课后习题可以拓展读者的实际操作能力，巩固所学的知识点。同时，提供本书课堂案例、课堂练习和课后习题的素材文件、实例文件和在线视频，UI 配色方案、UI 图标、免抠素材及配色卡，以及为教师准备的教学大纲、教学规划参考及 PPT 课件等专享资源。另外，本书所有内容均采用中文版 Photoshop CC 2017 和 Illustrator CC 2017 进行编写，读者最好使用此版本软件进行学习。

本书可以作为想从事和刚从事 UI 设计工作人员的自学参考用书，也适合作为院校和培训机构设计专业课程的教材。

◆ 编　著　任媛媛
　　责任编辑　张丹阳
　　责任印制　马振武

◆ 人民邮电出版社出版发行　　北京市丰台区成寿寺路 11 号
　　邮编　100164　电子邮件　315@ptpress.com.cn
　　网址　https://www.ptpress.com.cn
　　涿州市京南印刷厂印刷

◆ 开本：787×1092　1/16　　　彩插：4
　　印张：12.5　　　　　　　　2020 年 7 月第 1 版
　　字数：420 千字　　　　　　2022 年 1 月河北第 6 次印刷

定价：69.00 元
读者服务热线：(010)81055410　印装质量热线：(010)81055316
反盗版热线：(010)81055315
广告经营许可证：京东市监广登字 20170147 号

前言

随着移动互联网的发展,UI设计已变得越来越重要。UI设计不仅是单纯的美工,还需要考虑产品的定位和用户的需求,让设计的界面满足用户的需要。本书不但讲解了界面的制作方法,而且讲解了界面设计的理论知识。

全书除第2、3章外,其他各章按照"课堂案例——设计理论解析——课堂练习——课后习题"这一顺序进行编写,力求通过课堂案例的演练使学生熟悉图标、页面的制作方法;通过对设计理论的讲解使学生掌握设计的原理和要素;通过课堂练习和课后习题拓展学生的实际操作能力,巩固学习的内容。本书在内容编写方面,力求通俗易懂,细致全面;在文字叙述方面,言简意赅、突出重点;在案例选取方面,强调案例的针对性和实用性。

本书配套学习资源中包含本书所有案例的素材文件和实例文件,同时,为了方便学生学习,本书还配备了所有案例和课后习题的多媒体教学视频,详细记录了每一个步骤,尽量让学生一看就懂。另外,为了方便教师教学,本书还配备了PPT课件等丰富的教学资源,任课老师可直接使用。

本书参考学时为64学时,其中教师讲授环节为42学时,学生实训环节为22学时,各章的参考学时如下表所示。

章	课程内容	学时分配	
		讲授	实训
第1章	UI 设计的常用工具	4	2
第2章	界面构图、布局与色彩	4	
第3章	UI 设计的原则及规范	4	
第4章	图标设计	4	4
第5章	闪屏页设计	2	1
第6章	引导页与浮层引导页设计	4	2
第7章	空白页设计	2	1
第8章	首页设计	2	2
第9章	个人中心页设计	2	2
第10章	列表页设计	2	2
第11章	播放页设计	2	1
第12章	详情页设计	2	2
第13章	可输入页设计	2	1
第14章	切图与标注	4	1
第15章	制作艺术二维码	2	1
学时总计		**42**	**22**

本书所有学习资源均可在线获得。扫描封底或"资源与支持"页上的二维码,关注我们的微信公众号,即可得到资源文件的获取方式。

由于作者水平有限,书中难免会有一些疏漏之处,希望读者能够谅解,并欢迎批评指正。

编者

2020年5月

资源与支持

本书由"数艺设"出品，"数艺设"社区平台（www.shuyishe.com）为您提供后续服务。

学习资源

所有课堂案例、课堂练习和课后习题的素材文件、实例文件和在线视频

赠送资源(UI配色方案、UI图标、免抠素材和配色卡)

教师专享资源

教学大纲

教学规划参考

PPT课件

资源获取请扫码

> **"数艺设"社区平台，** 为艺术设计从业者提供专业的教育产品。

与我们联系

我们的联系邮箱是szys@ptpress.com.cn。如果您对本书有任何疑问或建议，请您发邮件给我们，并请在邮件标题中注明本书书名及ISBN，以便我们更高效地做出反馈。

如果您有兴趣出版图书、录制教学课程，或者参与技术审校等工作，可以发邮件给我们；有意出版图书的作者也可以到"数艺设"社区平台在线投稿(直接访问 www.shuyishe.com 即可)。如果学校、培训机构或企业想批量购买本书或"数艺设"出版的其他图书，也可以发邮件联系我们。

如果您在网上发现针对"数艺设"出品图书的各种形式的盗版行为，包括对图书全部或部分内容的非授权传播，请您将怀疑有侵权行为的链接通过邮件发给我们。您的这一举动是对作者权益的保护，也是我们持续为您提供有价值的内容的动力之源。

关于"数艺设"

人民邮电出版社有限公司旗下品牌"数艺设"，专注于专业艺术设计类图书出版，为艺术设计从业者提供专业的图书、U书、课程等教育产品。领域涉及平面、三维、影视、摄影与后期等数字艺术门类，字体设计、品牌设计、色彩设计等设计理论与应用门类，UI设计、电商设计、新媒体设计、游戏设计、交互设计、原型设计等互联网设计门类，环艺设计手绘、插画设计手绘、工业设计手绘等设计手绘门类。更多服务请访问"数艺设"社区平台www.shuyishe.com。我们将提供及时、准确、专业的学习服务。

目录

第 13 章 可输入页设计   173

13.1 可输入页的概念   174

13.2 可输入页的常见类型   175

第 14 章 切图与标注   183

14.1 iOS 与 Android 的切图方法   184

14.2 界面标注   190

第 15 章 制作艺术二维码   193

15.1 二维码的原理结构   194

15.2 制作艺术二维码   195

第 1 章 | UI 设计的常用工具

Photoshop 和 Illustrator 都是设计和制作 UI 的工具。Illustrator 常用来制作图标和字体，Photoshop 常用来进行界面设计。

- 掌握 Photoshop 的软件界面和常用工具
- 掌握 Illustrator 的软件界面和常用工具
- 掌握 Illustrator 文件导入 Photoshop 的方法

1.1 Photoshop 的界面介绍

启动Photoshop CC 2017，系统会自动显示软件界面，如图1-1所示。

图 1-1

提示

默认情况下，打开Photoshop CC 2017会显示"开始"工作区，显示最近打开的文件，方便用户快速调用，如图1-2所示。

如果用户不需要这个界面，则可以执行"编辑>首选项>常规"菜单命令，打开"首选项"面板，在"常规"选项卡中取消勾选"没有打开的文档时显示'开始'工作区"选项，如图1-3所示。

图 1-2

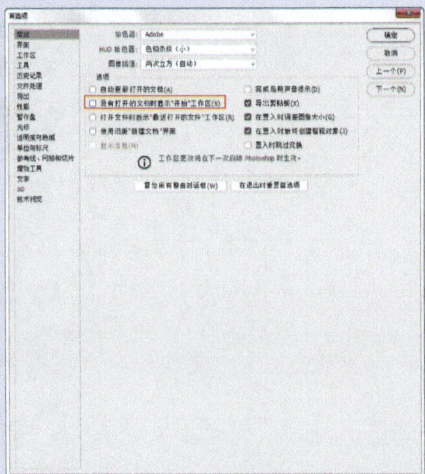

图 1-3

Photoshop CC 2017的默认软件界面由"菜单""工具""选项""属性""图层"和"颜色"共6部分组成，如图1-4所示。

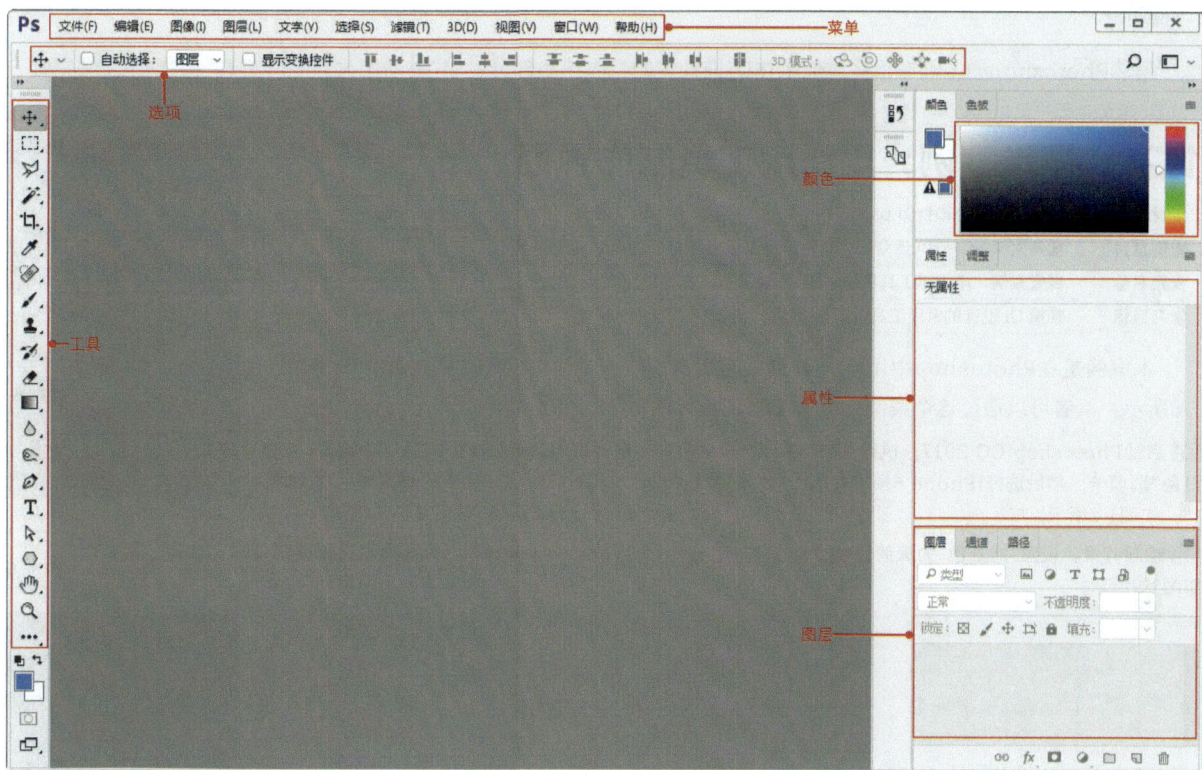

图1-4

除菜单栏外，其他面板都可以单独移动、展开和关闭，如图1-5所示。用户可根据自己的需要，保留需要的功能面板。

拖曳面板到界面的边缘，就可以将面板固定在相应的位置。如果用户想还原至初始界面，执行"窗口>工作区>基本功能（默认）"菜单命令即可。

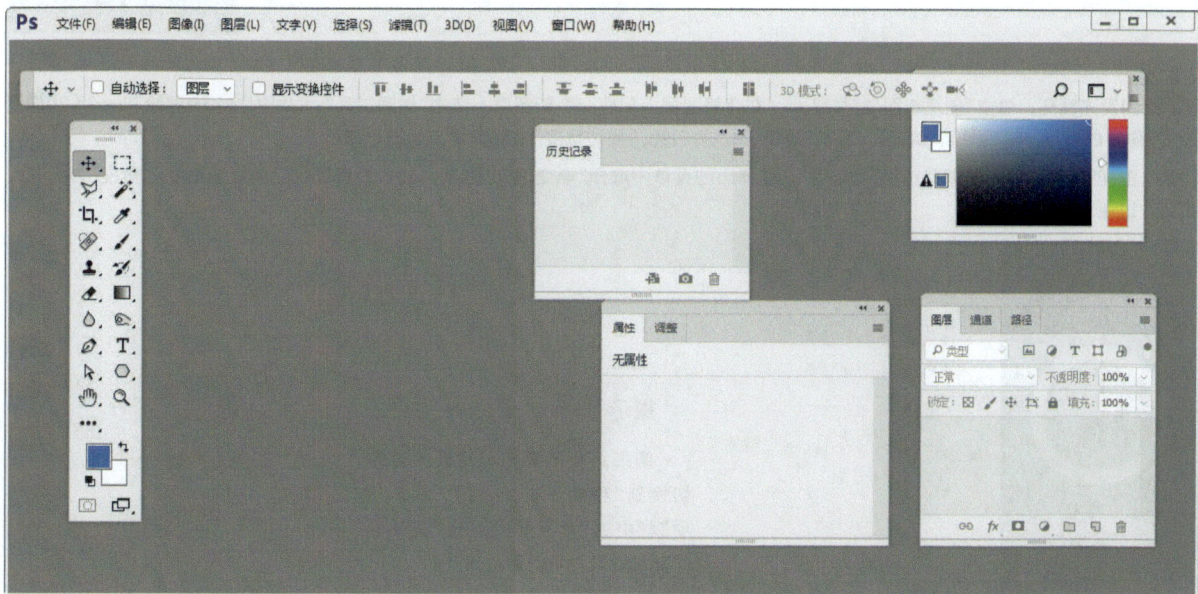

图1-5

1.2 UI 在 Photoshop 中的常用工具

虽然Photoshop的工具有很多，但用在UI设计中的只有一小部分，如"移动工具""矩形工具"和"钢笔工具"等。

1.2.1 课堂案例：用常用工具制作界面

素材位置	素材文件 >CH01>01.psd
实例位置	实例文件 >CH01> 课堂案例：用常用工具制作界面 .psd
视频名称	课堂案例：用常用工具制作界面 .mp4
学习目标	掌握 UI 设计的常用工具

图 1-6

本案例是在Photoshop中用UI设计的常用工具制作一个简单的路由器界面，效果如图1-6所示。读者可以通过这个案例，简单了解UI设计的过程。

01 启动Photoshop CC 2017，执行"文件>新建"菜单命令，在弹出的"新建文档"对话框中选择"移动设备"选项卡，然后选择iPhone 6预设并单击"创建"按钮，如图1-7所示。生成的界面显示为"画板1"，如图1-8所示。

02 绘制背景。设置"前景色"为深蓝色（R:26，G:27，B:42），然后按Alt+Delete组合键将背景进行填充，如图1-9所示。

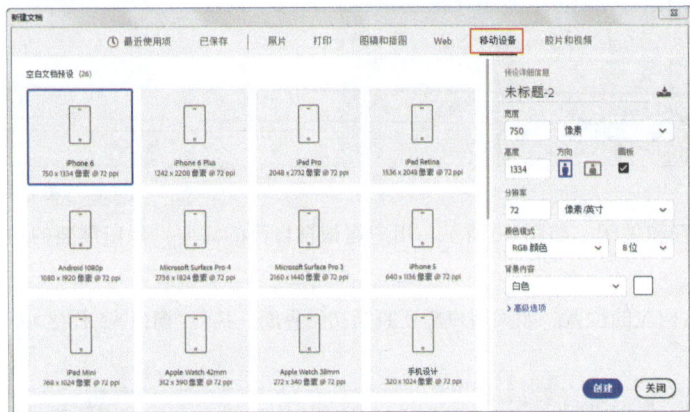

图 1-7

图 1-8

图 1-9

03 绘制发光圆环。单击"创建新图层"按钮 ，在背景图层上创建一个新图层，选中"椭圆工具" ，并按住Shift键绘制一个520像素×520像素的圆形，然后关闭"填充"，设置"描边"颜色为白色，"描边宽度"为50像素，如图1-10所示。

04 单击"创建新的填充或调整图层"按钮 ，在弹出的菜单中选择"渐变填充"选项，然后设置"渐变"为紫蓝渐变，"角度"为-35度，如图1-11所示。

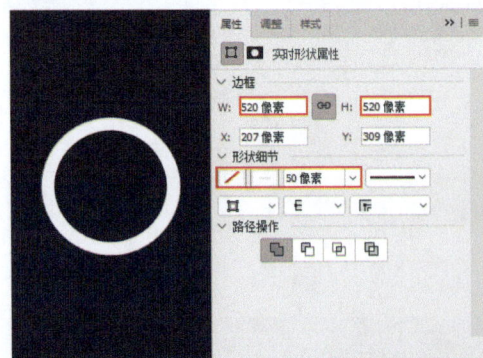

图 1-10

提示

圆形路径需要与背景居中对齐。切换到"移动工具" 后，单击"选项"栏中的"水平居中对齐"按钮 ，圆环和背景就可以居中对齐。

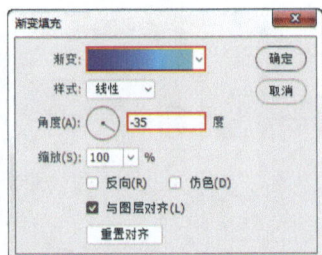

图 1-11

05 选中"渐变填充"图层并按住Alt键，将光标放置于"渐变填充"图层和"椭圆1"图层之间，此时光标会变成向下弯折的箭头，单击鼠标后"渐变填充"图层会成为"椭圆1"图层的剪贴蒙版，如图1-12所示。

> **提示**
>
> 按Ctrl+Alt+G组合键也可实现剪贴蒙版的操作。

06 选中"渐变填充"图层和"椭圆1"图层，按Ctrl+E组合键将二者合并为一个图层，如图1-13所示。

07 双击"渐变填充1"图层打开"图层样式"对话框，勾选"外发光"选项，设置"混合模式"为"柔光"，"颜色"为蓝色（R:94, G:147, B:255），"不透明度"为51%，"扩展"为17%，"大小"为65像素，如图1-14所示。单击"确定"按钮 确定 后生成的效果如图1-15所示。

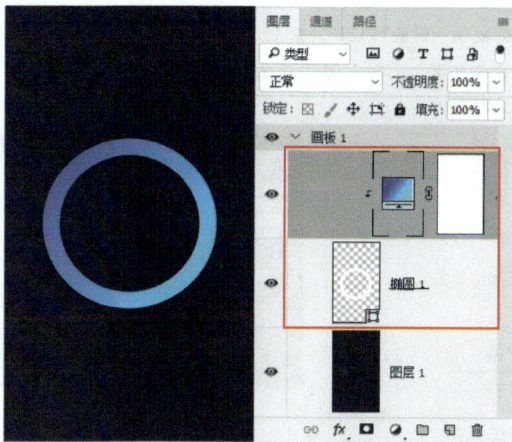

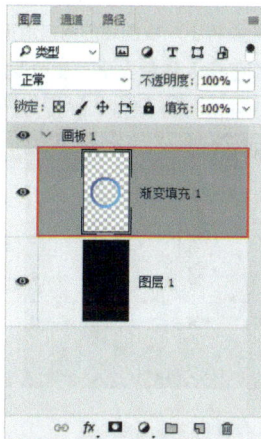

图 1-12　　　　　　　　　　　图 1-13

08 **绘制底部色块。** 使用"矩形工具" □ 在底部绘制一个高为150像素的白色矩形，如图1-16所示。

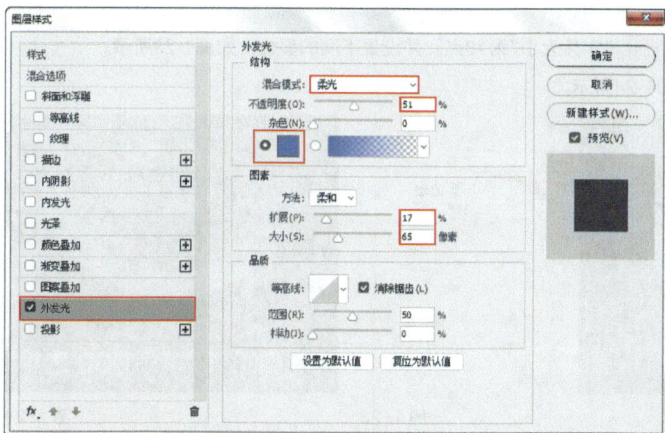

图 1-14　　　　　　　　图 1-15　　　　　　　　图 1-16

09 **输入文字。** 使用"横排文字工具" T 在圆环内输入"网络正常"，然后设置"字体"为"方正兰亭黑"，"字体大小"为55点，"颜色"为白色，如图1-17所示。

10 继续在圆环内输入"当前3台设备连接"，设置"字体大小"为30点，"颜色"为灰色（R:182, G:182, B:182），如图1-18所示。

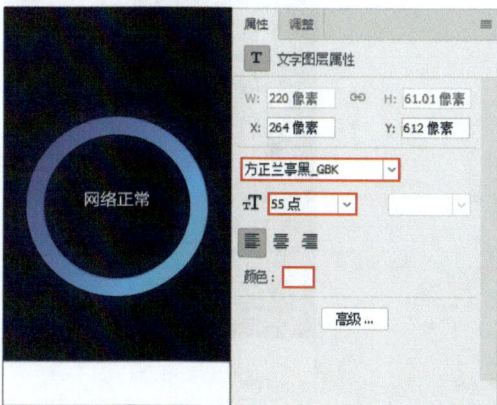

图 1-17　　　　　　　　　　　　　　　　　图 1-18

11 **绘制三角形图标。**使用"多边形工具" ◎ 在画板上绘制一个倒三角形，设置"宽度"和"高度"都为30像素，"边数"为3，"填充"为浅蓝色(R:53,G:249,B:255)，如图1-19所示。

12 将上一步创建的倒三角形图标复制一份旋转180°，然后设置"颜色"为紫色(R:108,G:97,B:255)，如图1-20所示。

13 **输入流量文字。**使用"横排文字工具" T 在左侧的三角形旁边输入"当前下载速度"，设置"字体大小"为24点，"颜色"为灰色(R:182,G:182,B:182)，如图1-21所示。

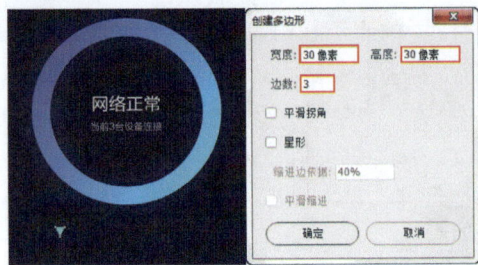

图 1-19　　　　　　　　　　图 1-20　　　　　　　　　　　　　　　　　图 1-21

提示

由于"当前下载速度"图层与"当前3台设备连接"图层中文字的字体和颜色相同，读者也可以将"当前3台设备连接"图层复制一层，然后修改文字内容和字体大小。

14 将上一步输入的文字复制一份，修改为"当前上传速度"后放置在右侧三角形旁边，如图1-22所示。在放置文字时，需要适当调整三角形和文字的位置。

15 在"当前下载速度"下方输入文字000.1，设置"字体"为Arial，"字体大小"为70点，并设置不同的颜色，如图1-23所示。

16 按照同样的方法在"当前上传速度"下方输入000.2，如图1-24所示。

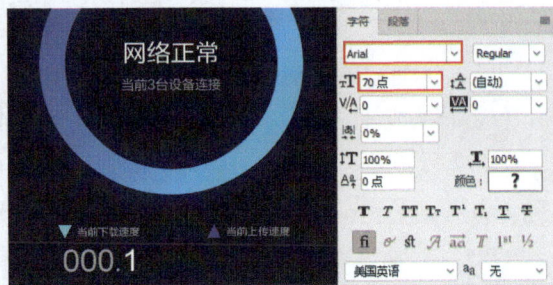

图 1-22　　　　　　　　　　　　　　　　　图 1-23　　　　　　　　　　　图 1-24

17 在数值的下方输入KB/s，具体参数如图1-25所示。

18 **调整版面。**此时观察页面，所有元素整体偏下。将圆环和文字内容的图层全部选中，然后向上移动一段距离调整细节，如图1-26所示。

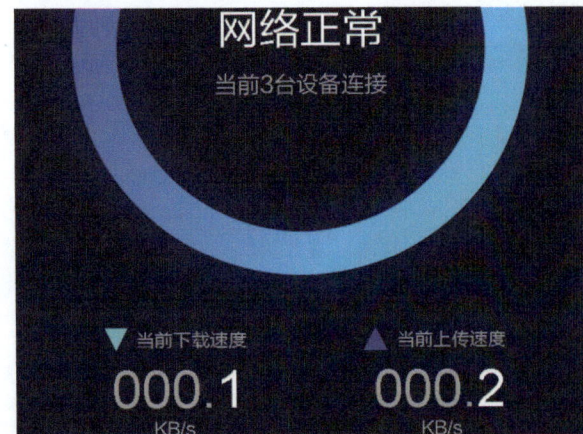

图 1-25　　　　　　　　　　　　　　　　　图 1-26

19 **绘制分割线。** 使用"钢笔工具" 在圆环下方画一条直线，设置"描边"颜色为灰色（R:182，G:182，B:182），宽度为3像素，并设置该图层的"不透明度"为30%，如图1-27所示。

20 **添加图标。** 打开"素材文件>CH01>01.psd"文件，将其中的图标都放置在界面上，案例最终效果如图1-28所示。

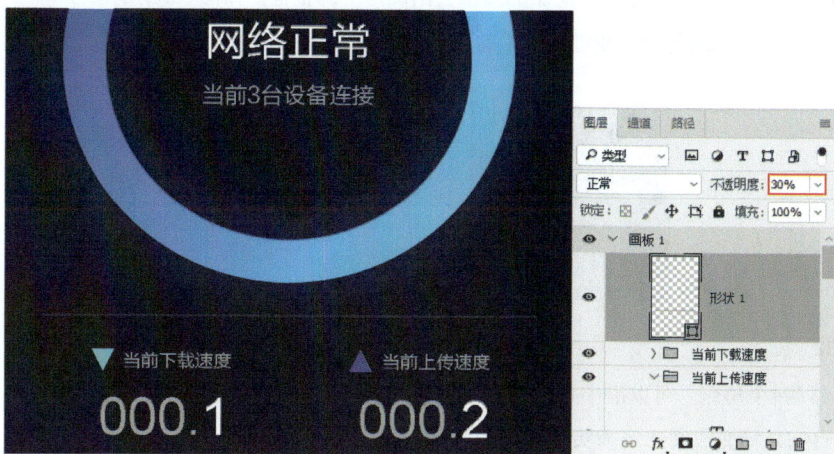

图 1-27   图 1-28

1.2.2 移动工具

　　"移动工具" （快捷键为V）是常用的工具之一，无论是移动图层、元素，还是移动其他文档到当前文档，都需要使用该工具。图1-29所示是"移动工具" 的选项栏。

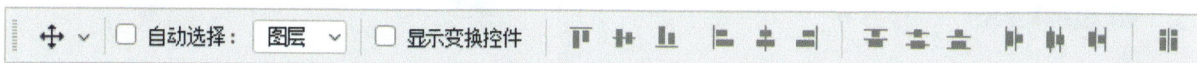

图 1-29

　　"移动工具" 除了可以移动图层外，还可以将图层进行对齐。当同时选中两个或两个以上的图层时，单击图1-30所示的相应按钮可以实现图层对齐。对齐方式包括"顶对齐""垂直居中对齐""底对齐""左对齐""水平居中对齐"和"右对齐"，如图1-31所示。

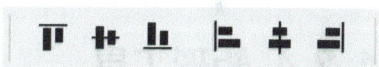

图 1-30

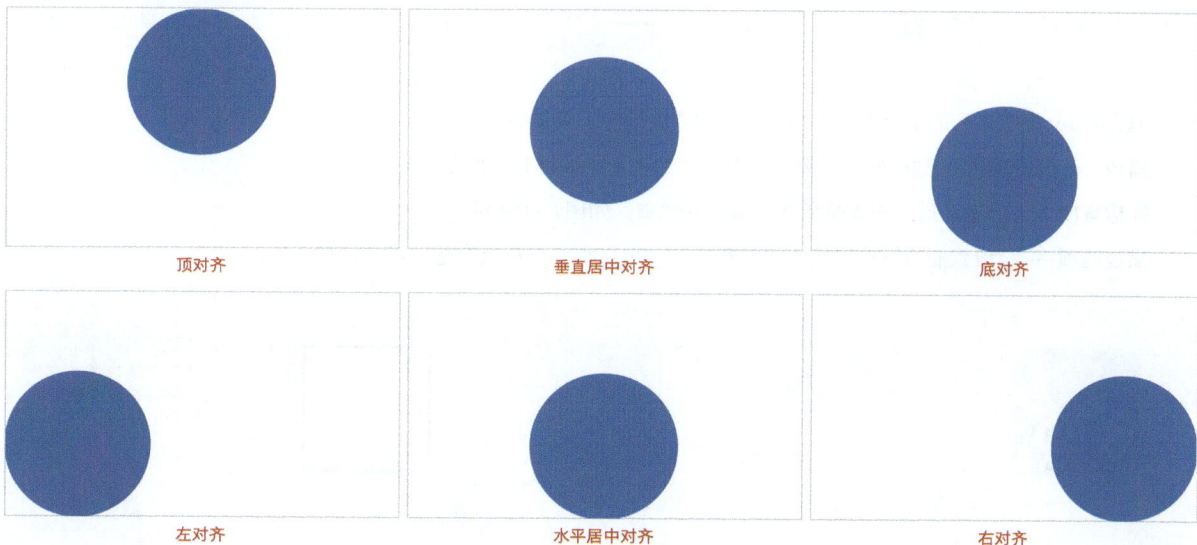

图 1-31

1.2.3 自由变换工具

"自由变换"工具(快捷键为Ctrl+T)可以将场景中的对象放大、缩小或旋转。

选中需要调整的对象，执行"编辑>自由变换"菜单命令，对象的周围会出现一个调整框，如图1-32所示。

按住Shift键并使用鼠标移动4个角点，可以均匀放大或缩小选中的对象，如图1-33所示。

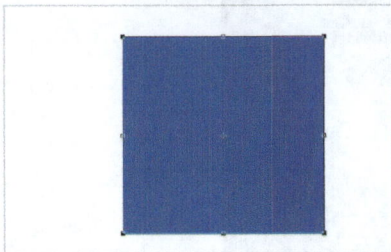

图 1-32

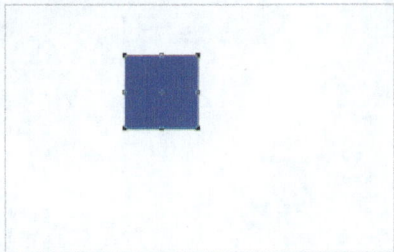

图 1-33

按住Shift键和Alt键并使用鼠标移动4个角点，可以沿中心点等比例放大或缩小选中的对象，如图1-34所示。

将鼠标放在4个角点外，可以观察到光标变成圆弧形箭头，这时拖曳鼠标就可以旋转对象，如图1-35所示。若按住Shift键则以15°为一个单位精确旋转对象，如图1-36所示。

图 1-34

图 1-35

图 1-36

1.2.4 矩形工具

"矩形工具"□(快捷键为Shift+U)可以创建矩形的路径或填充区域，其选项栏如图1-37所示。

图 1-37

填充 ：设置矩形的填充颜色，形成一个实心的矩形，如图1-38所示。

描边 ：设置矩形描边的颜色，形成一个空心的矩形，如图1-39所示。

描边宽度 ：设置描边的线框宽度，单位为像素，如图1-40所示。

描边选项 ：设置描边线框的类型、对齐方式、角点类型和端点类型，如图1-41所示。

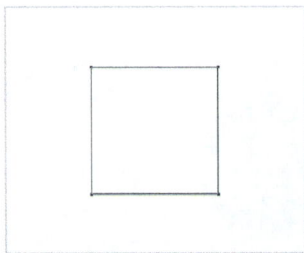
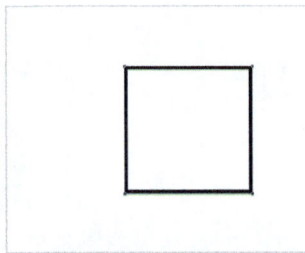
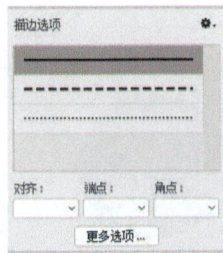

图 1-38   图 1-39   图 1-40   图 1-41

1.2.5 圆角矩形工具

"圆角矩形工具" ▢ (快捷键为Shift+U)与"矩形工具" ▢ 类似，只是增加了圆角的"半径"选项，如图1-42所示。

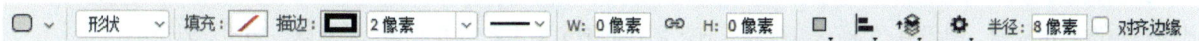

图 1-42

"半径"数值越大，矩形的圆角越圆滑，如图1-43所示。

8 像素 　　　　　 60 像素

图 1-43

> **提示**
>
> 对于已经创建完成的圆角矩形，如果需要修改其参数，可以在"属性"面板中进行修改，如图1-44所示。

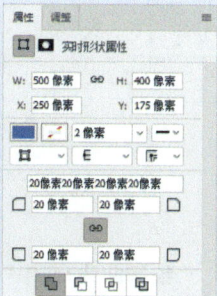

图 1-44

1.2.6 椭圆工具

"椭圆工具" ◯ (快捷键为Shift+U)可以绘制椭圆形或圆形，其选项栏与"矩形工具" ▢ 基本相同，如图1-45所示。

按住Shift键，然后使用"椭圆工具" ◯ 绘制时，会绘制一个圆形，如图1-46所示。

图 1-45

> **提示**
>
> 若将椭圆形的长和宽数值设置的相同，也同样是绘制圆形。

图 1-46

1.2.7 钢笔工具

"钢笔工具" ✎ (快捷键为Shift+P)可以绘制任意形状的路径，其选项栏如图1-47所示。

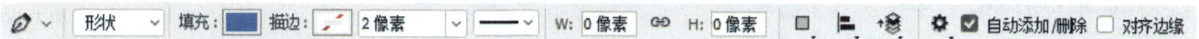

图 1-47

"钢笔工具" ✎ 配合一些快捷键可以形成不同的操作效果。

钢笔工具+Shift键: 当创建新锚点时，系统会以45°或其倍数生成新的锚点，如图1-48所示。

钢笔工具+Alt键: 当按住Alt键时，"钢笔工具" ✎ 会暂时切换为"转换点工具" ⌐ ，这时选中的点会由尖锐的角点会变成带控制手柄的圆滑角点，如图1-49所示。

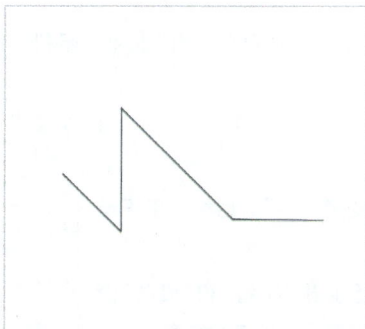

图 1-48

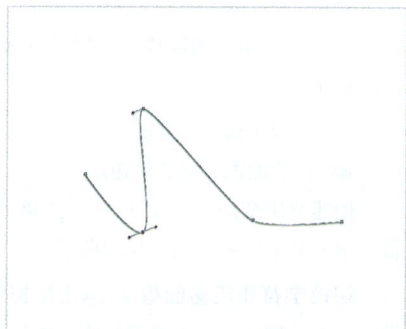

图 1-49

钢笔工具+Ctrl键：当按住Ctrl键时，"钢笔工具" ⌀ 会暂时切换为"直接选择工具" ▷，选中的锚点可以移动位置或改变角度，如图1-50所示。

"钢笔工具" ⌀ 不仅能绘制直线还能绘制曲线，二者在操作上有些区别。

绘制直线：选中"钢笔工具" ⌀ 后在图像的任意位置单击一次，创建第1个锚点，然后将鼠标指针移动到图像的其他位置再次单击鼠标，创建第2个锚点。与此同时，创建的两个锚点之间会生成一条直线，如图1-51所示。

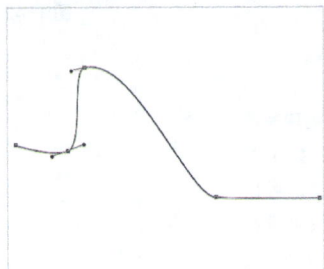

图1-50

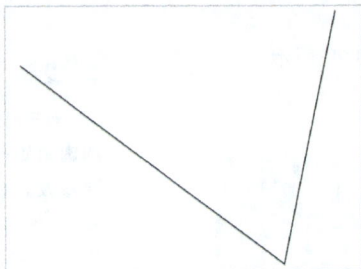

图1-51

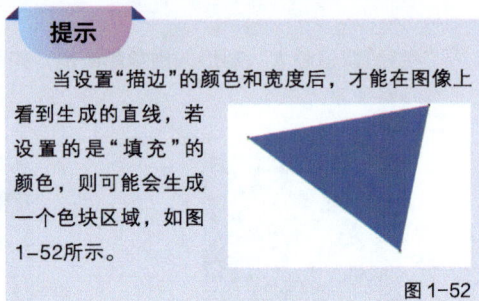

提示

当设置"描边"的颜色和宽度后，才能在图像上看到生成的直线，若设置的是"填充"的颜色，则可能会生成一个色块区域，如图1-52所示。

图1-52

绘制曲线：选中"钢笔工具" ⌀ 在图像的任意位置按住鼠标不放并拖曳，此时就建立了第1个曲线锚点，然后将鼠标指针移动到图像的其他位置再次按住鼠标不放并拖曳，形成第2个曲线锚点。与此同时，新建的两个锚点之间会生成一条曲线，如图1-53所示。调整锚点的控制手柄可以调整曲线弯曲的弧度。

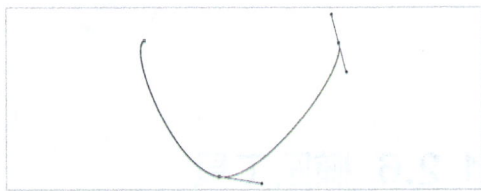

图1-53

1.2.8 直接选择工具

"直接选择工具" ▷ 可以对"钢笔工具" ⌀ 或"矩形工具" ▢ 等生成的锚点位置进行选择、移动和删除等操作，从而改变路径的走势和弧度，如图1-54所示。

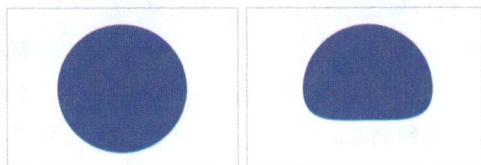

图1-54

1.2.9 横排文字工具

"横排文字工具" T (快捷键为T)可以输入横向排列的文字，其选项栏如图1-55所示。

图1-55

切换文本方向 ⏛：单击该按钮后，横向排列的文字会变成竖向排列。

Adobe 黑体 Std ▾ ：设置输入文本的字体。该列表中的字体与计算机中安装的字体一致。

T 48点 ▾ ：设置输入文字的大小。

ᵃₐ 锐利 ▾ ：用于消除输入文字的锯齿，单击下拉菜单，有"锐利""犀利""浑厚"和"平滑"选项，如图1-56所示。

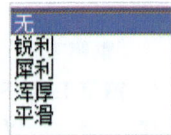

图1-56

▤▤▤：设置输入文字的对齐方式。

■：设置输入文字的颜色。

创建文字变形：单击该按钮会弹出"变形文字"对话框，用于设置文字的变形方式，如图1-57所示。

切换字符和段落面板 ▤：单击该按钮会弹出"字符"和"段落"面板，如图1-58所示。在该面板中可以详细设置文字的各项参数。

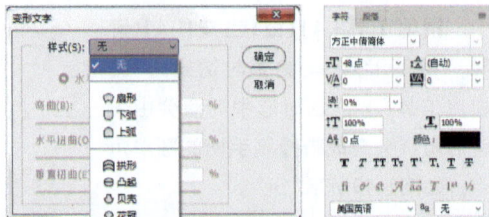

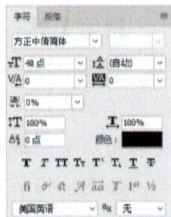

图1-57

图1-58

1.3 Illustrator 的界面介绍

启动Illustrator CC 2017，系统会自动显示软件界面，如图1-59所示。

图 1-59

与Photoshop CC 2017一样，打开Illustrator CC 2017也会显示"开始"工具区，显示最近打开的文件，方便用户快速调用，如图1-60所示。

如果不需要这个界面，则可以执行"编辑>首选项>常规"菜单命令，打开"首选项"面板，在"常规"选项卡中取消勾选"未打开任何文档时显示'开始'工作区"选项，如图1-61所示。

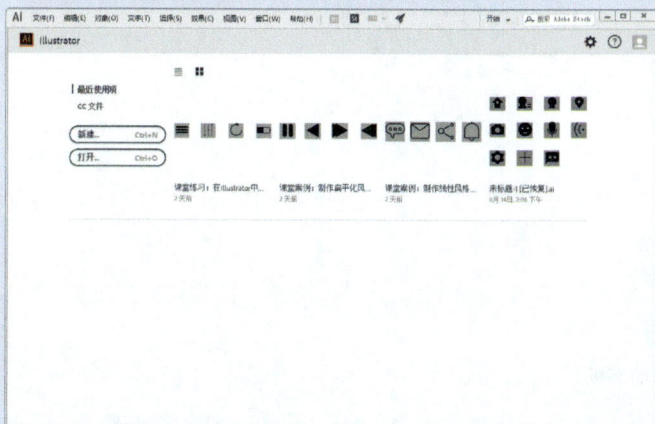

图 1-60

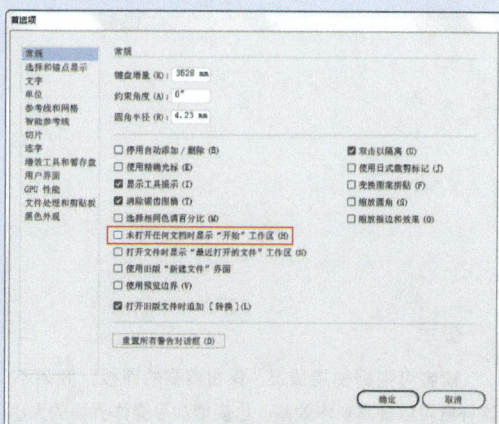

图 1-61

Illustrator CC 2017的软件界面构成与Photoshop CC 2017大致相同，由"菜单""控制""工具"和"控制面板"组成，如图1-62所示。

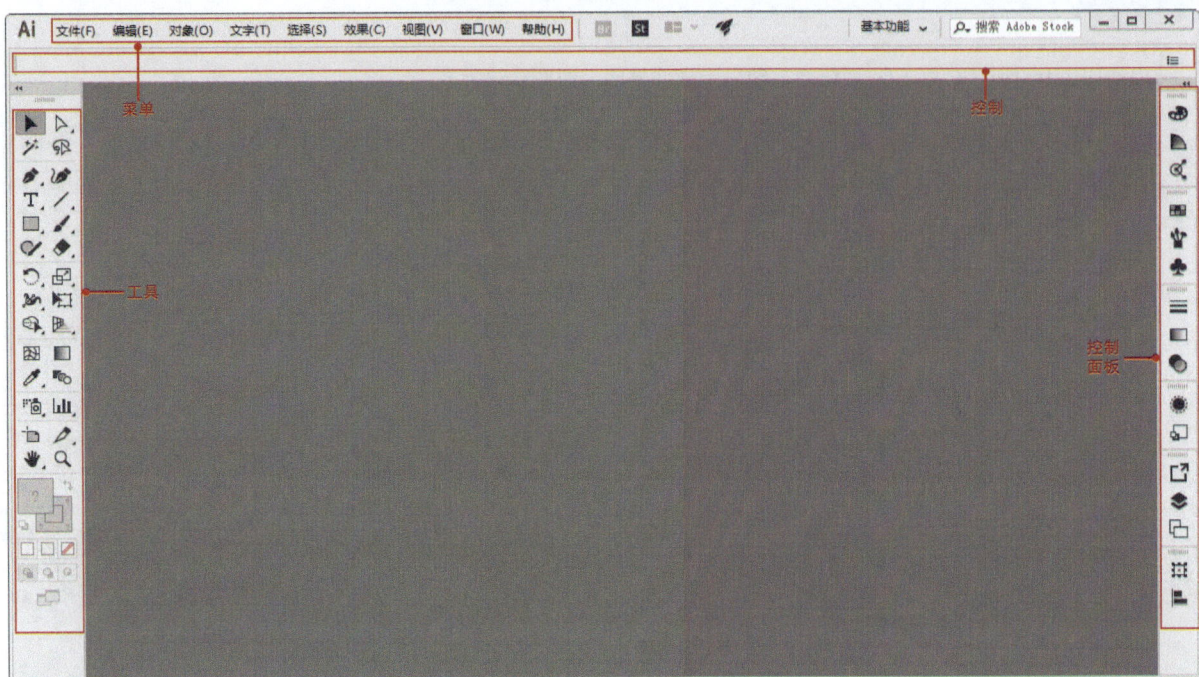

图1-62

单击工具栏上方的三角形按钮 ⁴⁴ | ，可以将工具栏从两列分布变成一列分布，如图1-63所示。这里罗列了在Illustrator中绘制图形所需要的工具。

单击控制面板上方按钮 ⁴⁴ | ，可以展开右侧所有的面板，这些面板在绘制图形时可以方便地设置各种参数，如图1-64所示。

与Photoshop CC 2017的界面一样，这些面板都可以移动、关闭和组合。如果用户想恢复默认的界面，执行"窗口>工作区>基本功能"菜单命令即可。

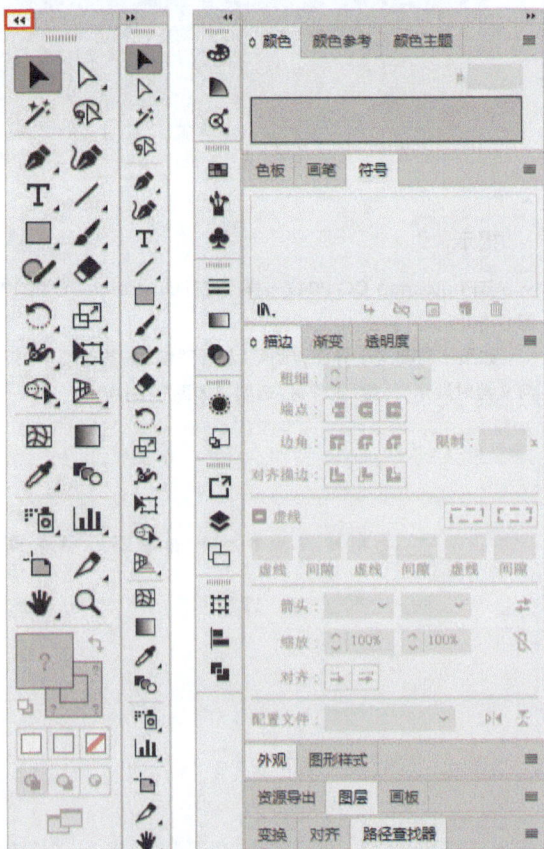

提示

读者可根据使用情况，保留需要的面板，关闭不常用的面板。这样既可以提高制作效率，也能增加可操作界面的大小。

图1-63

图1-64

1.4 UI 在 Illustrator 中的常用工具

虽然Illustrator的工具有很多，但用在UI设计中的只有一小部分，如"选择工具""矩形工具"和"钢笔工具"等。

1.4.1 课堂案例：用常用工具制作手机图标

素材位置	无
实例位置	实例文件 >CH01> 课堂案例：用常用工具制作手机图标 .ai
视频名称	课堂案例：用常用工具制作手机图标 .mp4
学习目标	掌握 Illustrator 绘制图标的常用工具的用法

本案例是在Illustrator中用UI设计的常用工具制作手机中常见的图标，效果如图1-65所示。读者可以通过这个案例，简单了解UI图标设计的过程。

图 1-65

01 启动Illustrator，使用"矩形工具"▢在视口中绘制一个48px×48px的浅灰色矩形并关闭"描边"，如图1-66所示。

提示

在默认情况下，Illustrator的默认单位是"毫米"。执行"编辑>首选项"菜单命令，在弹出的"首选项"对话框中选择"单位"选项卡，然后设置"常规"为"像素"，如图1-67所示。

图 1-66

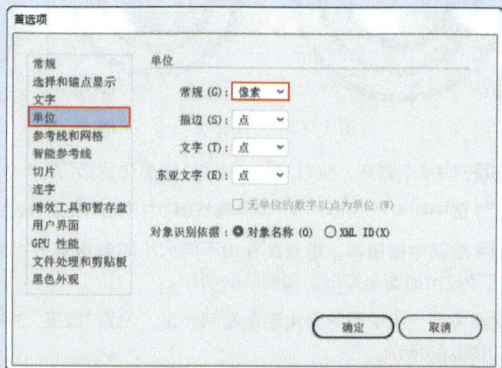

图 1-67

02 绘制信号图标。信号图标由5条长度不同的竖线组成。使用"矩形工具"▢绘制一个6px×6px的矩形，设置"填充"为黑色，关闭"描边"，如图1-68所示。

03 将上一步绘制的矩形复制4份，并均匀排列，如图1-69所示。

04 选中复制的4个矩形，然后依次增加其高度，如图1-70所示。

05 使用"钢笔工具"✐绘制图1-71所示的辅助线，其描边宽度不要太粗。

06 使用"直接选择工具"▷逐一调整矩形的角点，使其贴合辅助线，如图1-72所示。

图 1-68

图 1-69

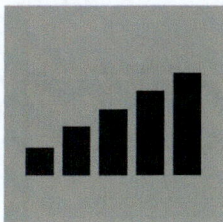

图 1-70

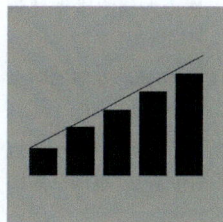

图 1-71

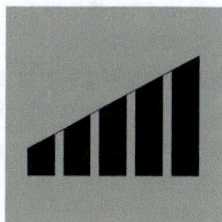

图 1-72

07 选中辅助线并删除，然后全选所有的矩形，执行"窗口>路径查找器"菜单命令，打开"路径查找器"面板，单击"联集" 按钮将其合并为一个图形，如图1-73所示。

08 按住Shift键拖曳选框的角点，将其均匀放大到合适的大小，如图1-74所示。

09 绘制Wi-Fi图标。Wi-Fi图标由4个大小不同的同心圆环组成。复制一份灰色背景，使用"椭圆工具" 在背景内绘制一个48px×48px的圆形，然后设置"描边粗细"为2pt，如图1-75所示。

10 将上一步绘制的圆形复制两份，设置其"宽度"和"高度"分别为36px×36px和24px×24px，效果如图1-76所示。

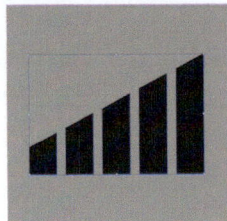
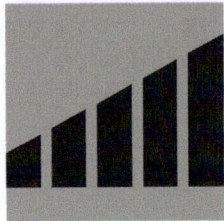
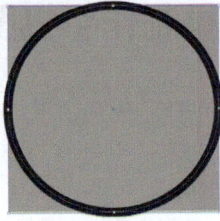

> **提示**
> 圆环超出背景范围没有关系，在后面的步骤中会解决此问题。

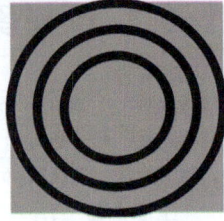

| 图 1-73 | 图 1-74 | 图 1-75 | 图 1-76 |

11 使用"直接选择工具" 选中图1-77所示的最外侧圆形的两个锚点，然后按Delete键将其删除，如图1-78所示。

12 按照同样的方法处理另外两个圆环，效果如图1-79所示。

13 全选3个圆环，将其旋转90°，然后均匀放大到合适的大小，如图1-80所示。

14 使用"椭圆工具" 绘制一个6px×6px的圆形，设置"填充"为黑色，关闭"描边"，如图1-81所示。

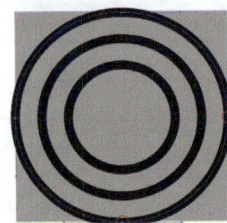
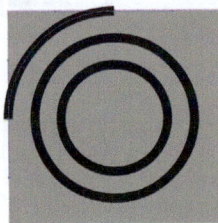

| 图 1-77 | 图 1-78 | 图 1-79 | 图 1-80 | 图 1-81 |

15 选中3个圆环，执行"对象>路径>轮廓化描边"菜单命令，如图1-82所示。

16 选中所有的图形，在"路径查找器"中单击"联集"按钮 ，将其合并为一个图形，如图1-83所示。

17 绘制电量图标。电量图标由不同大小的圆角矩形组成。使用"圆角矩形工具" 绘制一个46px×20px，"圆角"为10px，"描边粗细"为2pt的圆角矩形，如图1-84所示。

18 将上一步绘制的圆角矩形复制一份，设置"宽度"为42px，"高度"为16px，"圆角"为8px，然后设置"填充"为黑色，关闭"描边"，如图1-85所示。

> **提示**
> 执行"轮廓化描边"命令后，再进行"联集"操作就不会出现图形变化的问题。

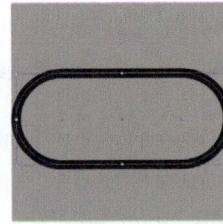
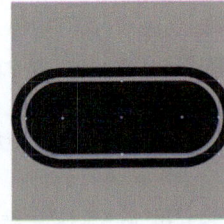

| 图 1-82 | 图 1-83 | 图 1-84 | 图 1-85 |

19 使用"直接选择工具" 选中左侧的锚点并删除，如图1-86所示。

20 继续选中上一步修改后的圆角矩形左侧的两个锚点，并向右移动一段距离，如图1-87所示。

21 使用"矩形工具" 绘制一个8px×16px的矩形，设置"填充"为黑色，并关闭"描边"选项，如图1-88所示。

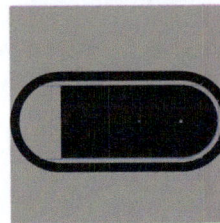
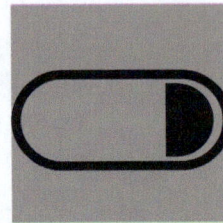
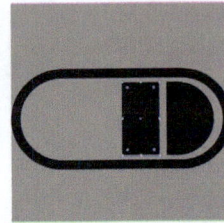

| 图 1-86 | 图 1-87 | 图 1-88 |

22 将上一步绘制的矩形向左复制一份，如图1-89所示。

23 选中圆角矩形的外框，执行"对象>路径>轮廓化描边"菜单命令，如图1-90所示。

24 选中所有图形，使用"联集"工具 ▐ 将其合并为一个图形，如图1-91所示。

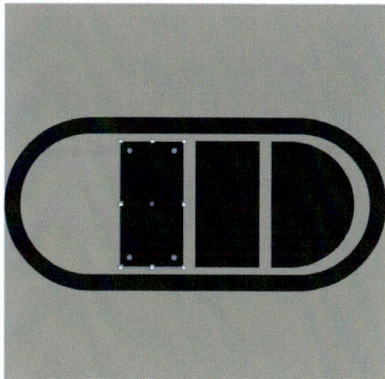
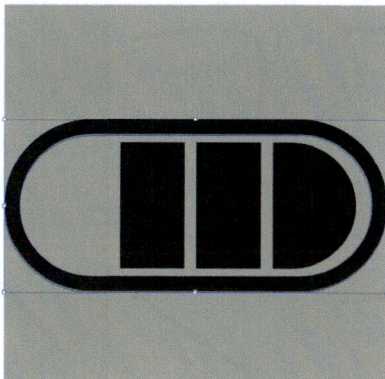
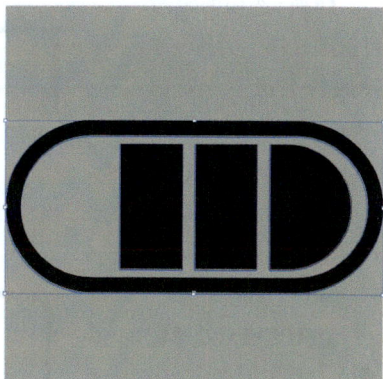

图1-89   图1-90   图1-91

1.4.2 选择工具

"选择工具" ▶ （快捷键为V）可以选中场景中的任意对象，也可以拖曳鼠标，用框选的方式一次选中多个对象，如图1-92和图1-93所示。

按住Shift键可以加选或减选多个对象。按住Alt键并使用"移动工具" ▶ 移动选中的对象，可以将该对象移动并复制一份，如图1-94所示。

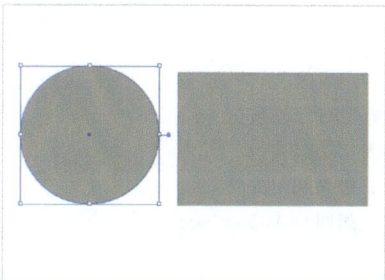
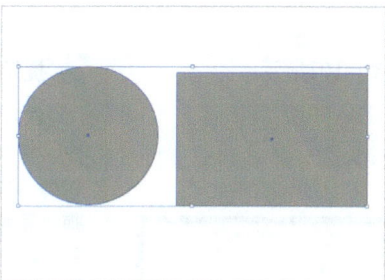
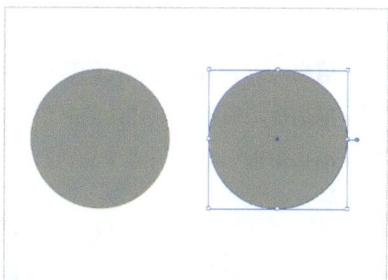

图1-92   图1-93   图1-94

1.4.3 直接选择工具

Illustrator中的"直接选择工具" ▷ （快捷键为A）与Photoshop中的功能和用法一样，都是选择路径锚点的工具。选中的锚点可以移动位置，也可以被删除，如图1-95所示。

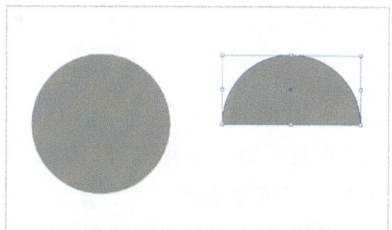

图1-95

1.4.4 钢笔工具

Illustrator中的"钢笔工具" ✐ （快捷键为P）与Photoshop中的功能和用法一样，都是绘制路径的工具，其控制栏如图1-96所示。

图1-96

转换: 选中的锚点可以被转换为尖角 或转换为平滑 ，如图1-97所示。

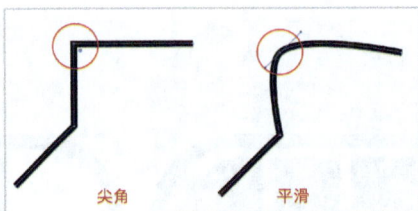
尖角　　　平滑

图 1-97

删除所选锚点 : 选中锚点后，单击此按钮，选中的锚点会被删除，如图1-98所示。

在所选锚点处剪切路径 : 选中锚点后单击此按钮，会将完整的路径断开，形成两个独立的路径，如图1-99所示。

图 1-98

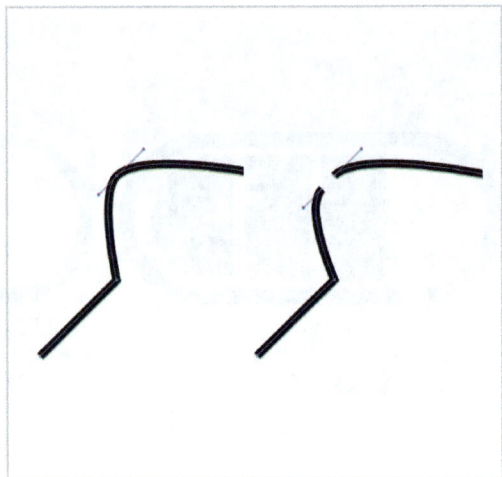
图 1-99

1.4.5 矩形工具

"矩形工具" （快捷键为M）的操作方法与Photoshop中的"矩形工具"相同，其控制栏如图1-100所示。

图 1-100

填充 : 设置矩形填充的颜色，如图1-101所示。

描边 : 设置矩形描边的颜色，如图1-102所示。

描边粗细 : 设置描边线条的像素。

图 1-101

图 1-102

> **提示**
>
> 在右侧的"描边"面板中，可以设置描边线条的粗细、端点、边角和对齐描边等属性，如图1-103所示。

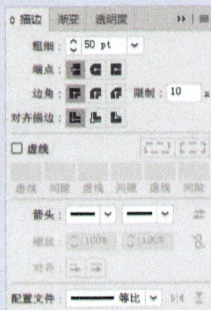
图 1-103

不透明度 : 设置矩形显示的不透明度，默认为100%，即完全显示。

形状: 单击可弹出下拉面板，设置矩形的长度、宽度、旋转和圆角等参数，如图1-104所示。

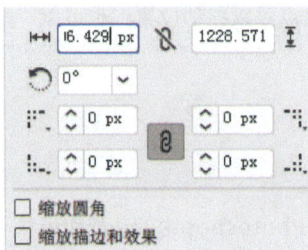
图 1-104

> **提示**
>
> 在右侧的"变换"面板中也可以修改相应的参数，如图1-105所示。

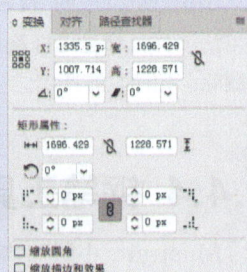
图 1-105

1.4.6 圆角矩形工具

"圆角矩形工具" ▣ 只是在"矩形工具" ▣ 的基础上增加了"圆角半径"参数，用户在矩形的基础上修改"圆角半径"的参数就可以创建圆角矩形，如图1-106所示。

圆角半径: 0px　　　　　　　　圆角半径: 200px

图 1-106

除了在"变换"面板中设置"圆角半径"参数外，也可以直接在矩形对象上设置圆角效果。选中矩形，会发现在4个角点的内侧有小圆点，如图1-107所示。

选中需要转换为圆角的小圆点按住鼠标并拖曳，就可以直观地看到直角变成圆角，如图1-108所示。需要注意的是，该功能只存在于Photoshop CC 2017及其以上版本中。

图 1-107

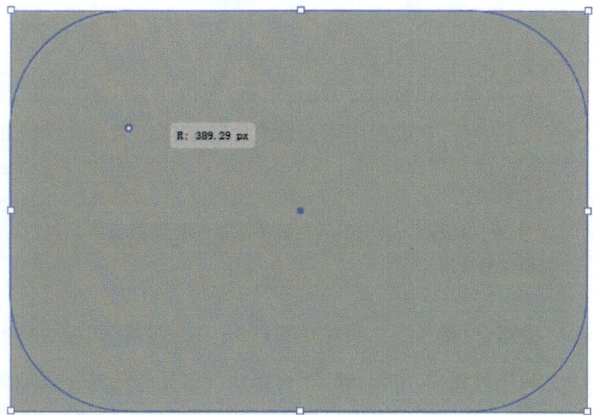

R: 389.29 px

图 1-108

1.4.7 椭圆工具

"椭圆工具" ◯ (快捷键为L)的操作方法与Photoshop相同，其选项栏如图1-109所示。

图 1-109

1.4.8 多边形工具

"多边形工具" ⚪ 可以创建边数≥3的多边形。选中"多边形工具" ⚪后在画板上单击鼠标，会弹出"多边形"对话框，如图1-110所示。在对话框内，可以设置多边形的"半径"和"边数"两个参数，设置完成后单击"确定"按钮 ⬭确定，就会在画板上生成相应的多边形，如图1-111所示。

在"变换"面板中，可以继续设置创建的多边形的参数，如图1-112所示。

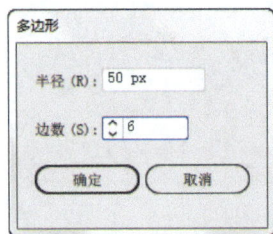

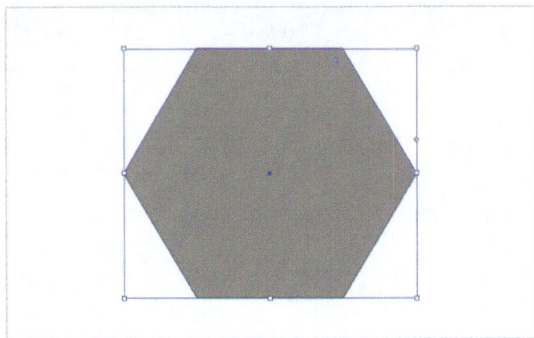

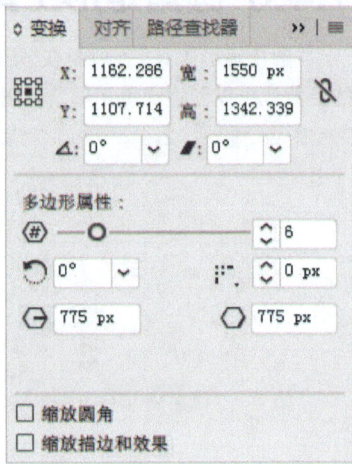

图1-110   图1-111   图1-112

1.4.9 文字工具

"文字工具" 🅣 (快捷键为T)是在画板上输入文字的工具，其控制栏如图1-113所示。

图1-113

字符：单击该按钮会弹出"字符"面板，按Ctrl+T组合键也可弹出该面板，如图1-114所示，在面板中可设置文字的字体、大小和字间距等参数。

> **提示**
>
> "字符"面板默认情况下不在软件右侧的控制面板中，用户可以将其移动到控制面板中，方便制作时使用。

图1-114

段落：设置多行文字对齐的方式，在"段落"面板中有更为详细的对齐方式，如图1-115所示。

制作封套：单击该按钮可以让平直排列的文字变成弧形排列，如图1-116所示。单击该按钮后，会弹出"变形选项"面板，在面板中可以设置文字变形的"样式"和"弯曲"等各项参数，如图1-117所示。

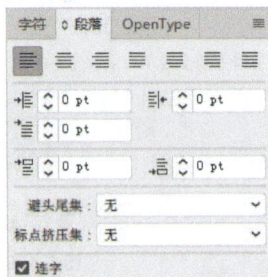

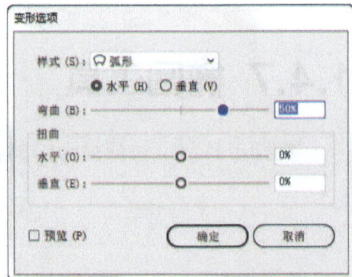

图1-115   图1-116   图1-117

1.5 在 Photoshop 中导入 Illustrator 制作文件的方法

在日常UI设计中，图标和字体的设计大多是在Illustrator中进行。相比Photoshop，在Illustrator中操作会更加便捷，且放大Illustrator的画板，所绘制的图形不会出现像素化的锯齿，方便观察绘制效果，如图1-118所示。

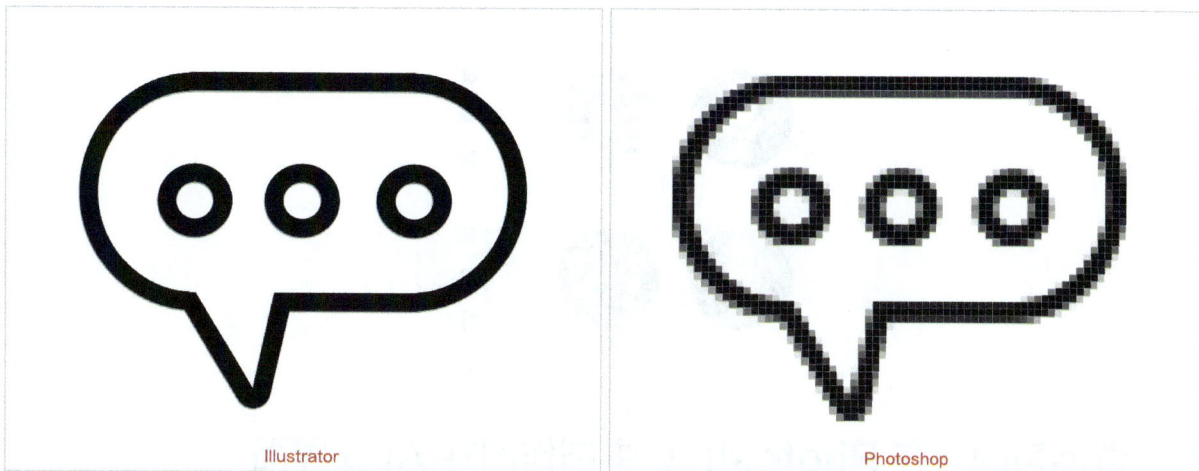

Illustrator

Photoshop

图 1-118

制作界面和切图等操作又需要在Photoshop中进行，因此，需要将Illustrator中制作好的文件导入Photoshop中。将Illustrator中的图形导入Photoshop中时，需要逐个导入，不能整体导入，否则所有的图形会生成一个图层，影响后续操作。

第1步：选中Illustrator中需要导入的图形，一定确保这个图形已经"联集"成了一个整体。

第2步：按Ctrl+C组合键将其复制。

第3步：在Photoshop中按Ctrl+V组合键，这时系统会弹出"粘贴"对话框。在对话框中选中"形状图层"选项，并单击"确定"按钮（ 确定 ），如图1-119所示。

第4步：由于每个图形在绘制时未必是相同大小，需要统一大小。利用"自由变换"工具对每个图形的宽度和高度进行调整，在调整时要单击"保持长宽比"按钮 ∞ ，让宽度和高度一起调整。在调整时，只要保持其中最大的一个值相同即可，如图1-120所示。

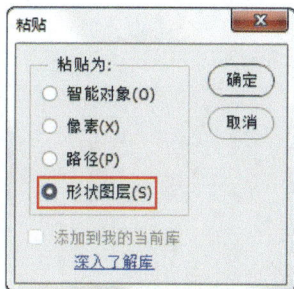

图 1-119

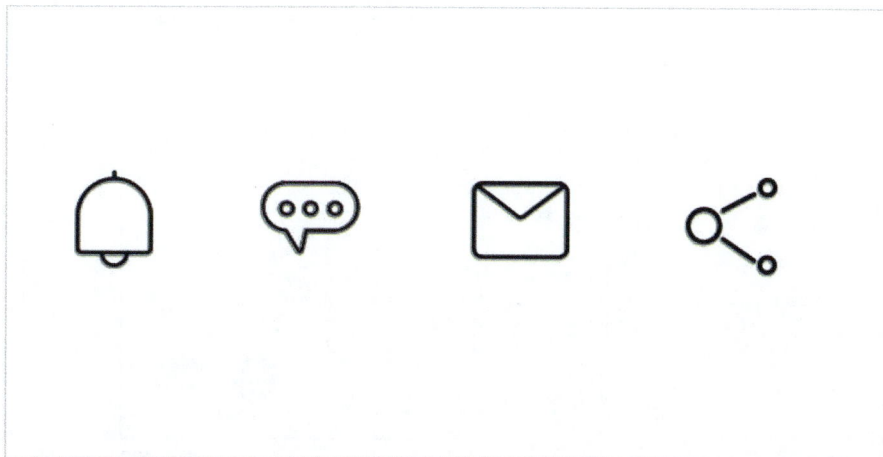

图 1-120

📖 课堂练习：在 Illustrator 中绘制闹钟 App 功能图标

素材位置	无
实例位置	实例文件 >CH01> 课堂练习：在 Illustrator 中绘制闹钟 App 功能图标 .ai
视频名称	课堂练习：在 Illustrator 中绘制闹钟 App 功能图标 .mp4
学习目标	练习制作 UI 图标的方法

本案例是在Illustrator中绘制闹钟App的功能图标，效果如图1-121所示。本案例制作的图标会导入课后习题的案例中。

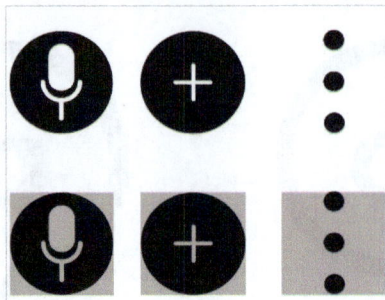

图 1–121

📖 课后习题：在 Photoshop 中制作闹钟 App 界面

素材位置	无
实例位置	实例文件 >CH01> 课后习题：在 Photoshop 中制作闹钟 App 界面 .psd
视频名称	课后习题：在 Photoshop 中制作闹钟 App 界面 .mp4
学习目标	练习制作 UI 的常用工具和导入 AI 文件的方法

本案例是在Photoshop中制作闹钟App的界面，效果如图1-122所示。本案例制作相对简单，在界面中输入相应的文字和制作开关按钮，其他图标从课堂练习的案例中导入即可。

图 1–122

第 2 章 界面构图、布局与色彩

在设计中，构图和布局是一个非常重要的环节。在 UI 设计中，一个好的构图可以让界面显得整齐，且突出所要表达的重点；好的色彩搭配可以给用户传达产品的主题和特点，吸引用户。

- 熟悉常见的构图方式
- 熟悉界面布局的要素
- 熟悉界面的色彩搭配

2.1 界面的常见构图类型

本节将为读者讲解5个常见的界面构图类型，不同功能的页面需采用不同的构图类型。

2.1.1 井字形构图

井字形构图是将画面分成9个大小均匀的格子。在设计界面时，这种构图常常用于以分类为主的页面，如图2-1所示。这种类型的构图非常规范，只要在设计时以横向和纵向的辅助线作划分，就能很好地进行设计。井字形构图最大的特点是操作简便，功能突出，非常适用于功能分类类型的页面，让用户对页面类别一目了然。

图2-1

井字形构图并不仅可以将每个格子对应一个内容，也可以将多个格子组合为一个整体，打破平均分割的框架。适当增加留白，不仅能突出重点功能或广告，还能给页面增加许多变化，视觉上会更加生动，如图2-2和图2-3所示，不同的组合方式能给用户带来不同的体验。

通过这两种组合，可以发现井字形构图的组合方式非常灵活，且每个格子的大小也不需要完全一致。通过组合，用户能很快掌握界面信息，且让版面看起来更生动活泼。

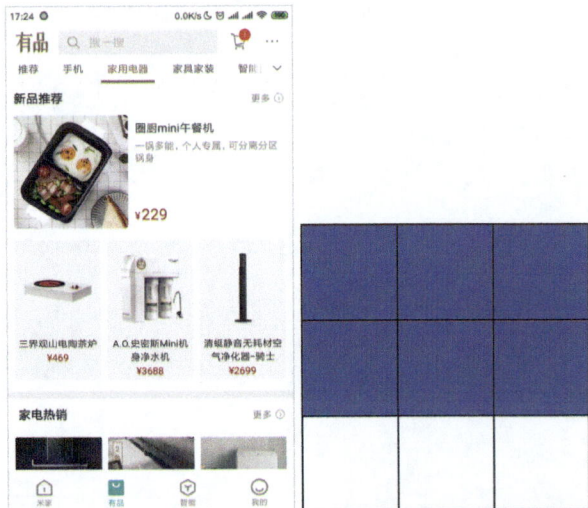

图2-2

图2-3

2.1.2 三角形构图

三角形构图可以让画面显得平衡、稳定，常用于文字和图标的版式设计中。三角形构图大多是图标在上、文字在下，从上而下的构图方式，能将信息展示的更加整齐和明确，如图2-4所示。这样用户在阅读页面时，会觉得有重点，且较为舒适。

图 2-4

在个人信息界面的设计中，三角形构图是比较常见的一种类型。上方的头像和用户名明确页面的内容，下方的常用工具图标则是快捷设定相关信息的通道，如图2-5所示。

在一些登录界面中，将Logo或是图标放在界面的上方，而输入框则作为核心放在界面的下方，同时也是整个界面的中心，加强了用户对产品的理解，方便用户操作，如图2-6所示。

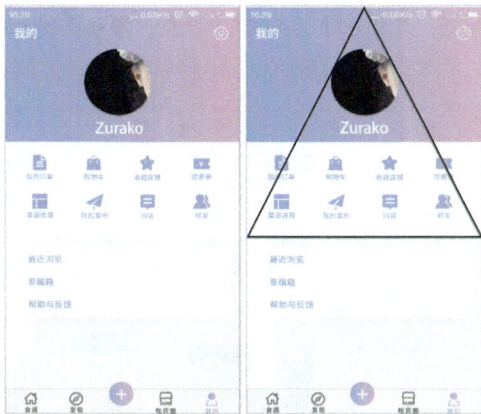

图 2-5

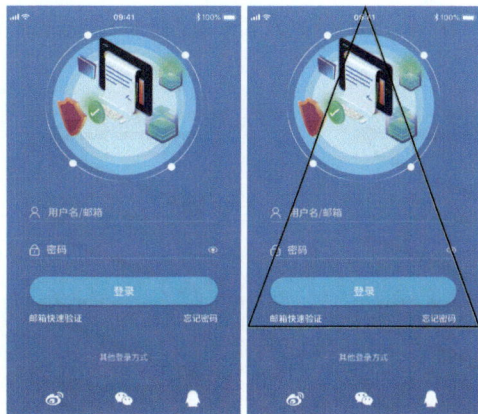

图 2-6

2.1.3 放射形构图

放射形构图是将重要的内容放在中心，以凸显其重要性，放射形构图常以圆形的方式进行排列，将重要的内容放在中心的大圆中，其他内容放在周边的小圆中，如图2-7所示。中心的大圆会将用户的视线聚集在此处，大圆中内容即是页面的重要内容。

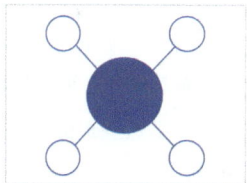

图 2-7

在界面设计中，灵活运用圆形和动画的结合，可以让整个画面鲜活生动，如图2-8所示。界面中的圆形能集中用户的视线，引导用户进一步点击操作，突出功能和数据。软件界面使用圆形放射形设计，可以让用户感觉更智能。

在Banner(横幅广告)中也可以运用放射形构图。使用放射形图案为背景，让用户的视觉集中到中心位置的文案主题上。图2-9所示的Banner中，月饼放在视觉的中心，底部圆形的垫子突出画面的重要区域，周边的配料形成放射状。买家在看到图片时，视线会自动注视到月饼上，达到商家的预期效果。

图 2-8

图 2-9

2.1.4 折线形构图

在设计页面时，对用户视觉移动方向的预设是非常重要的。当页面中的构图可以流畅的引导用户浏览，就能让更多的用户观察到核心产品的卖点。

用户的浏览习惯多数是从上到下或从左到右，因此按照这个规律去安排视线轨迹，用户在阅读页面时就不会很吃力。如果一个页面的视线轨迹做得不好，不仅会让用户找不到需要看的重点，还会使其产生厌烦情绪，减少对页面的浏览量。

折线形构图就很好地引导了读者的视线，如图2-10所示。将需要表现的内容放在转角位置，这个位置用户的视线会停留得更久一些，这样用户就能更多地了解产品的信息，如图2-11所示。

很多产品展示类的页面都采用折线形构图，如飞猪App的首页旅游产品展示，将图片和描述形成双排折线形构图，如图2-12所示。这种排列方式增强了画面的穿插感和灵动感，让图片处于视线的转折处，增强了画面的节奏感。

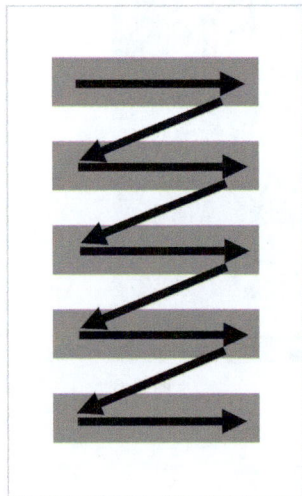 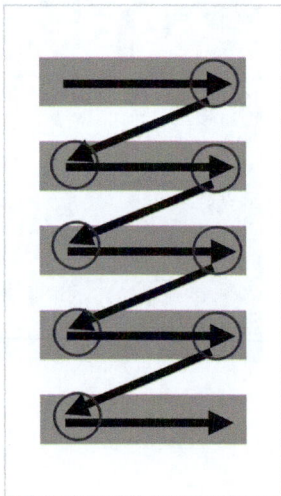 

图 2-10　　　　　　　　图 2-11　　　　　　　　　　　　　　　　图 2-12

图2-13所示为其他类型的折线形构图页面。传统的左右排列容易使用户视觉疲劳，错落有致的双行排列可以让画面看起来不会那么死板。

除了这些页面类型，在闪屏页也可以用折线形构图，如图2-14所示，图文穿插的布局增加了画面的层次感和动感。

图 2-13　　　　　　　　　　　　　　　　　　　　　　图 2-14

2.1.5 直角形构图

直角形构图常用于Banner设计中，产品主图位于竖向的边，文字位于横向的边，两者形成类似直角的效果，如图2-15所示。

文字部分可以分为主标题和详细描述两部分，用不同的字体和字号进行描述，形成一定的层次感，如图2-16所示。

图 2-15

图 2-16

直角形构图在Banner设计中可以分为两类，一类突出文字标题，另一类突出主图。突出文字标题的Banner会让主体更加吸引视线，如图2-17和图2-18所示。

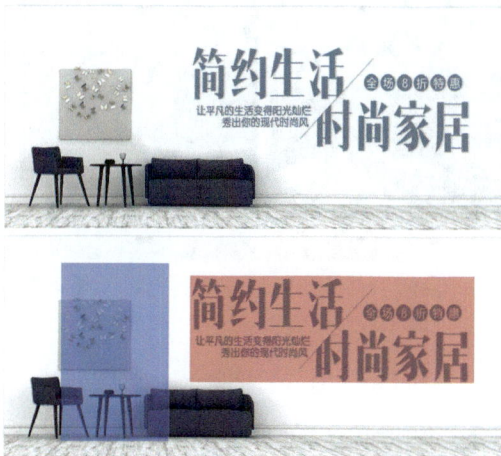

图 2-17

图 2-18

突出主图的设计要充分利用画面的指向性。以人物为主的主图设计，可以将文字部分放在人物视线的方向，增加产品的引导性，如图2-19所示。以产品为主的主图设计，可以通过产品的展示方向引导用户视线，不仅能让用户快速关注文本信息，还能加强用户购买的欲望，如图2-20所示。

图 2-19

图 2-20

2.2 界面布局的要素

好的布局能让界面看起来更加整齐且有层次，也能让用户在使用时更快找到重点信息，提高页面的转化率。

2.2.1 页面的留白

在设计界面时会在页面的四周留白，将内容集中在页面中心位置。这样设置可以让用户的视线集中到少数的内容上，便于突出重点，如图2-21所示。

如果减少留白或是不留白，页面会显得更加丰富，充满张力，如图2-22所示。设计师需要根据页面的内容和功能特点，适当调整留白。对于一些特别有意境的图片，可以采用不留白的方式显示。

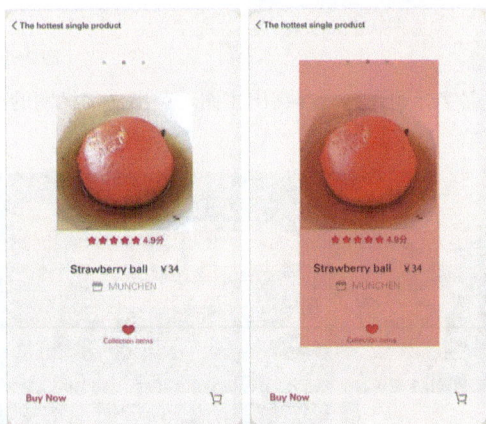
图 2-21

图 2-22

2.2.2 页面的对齐方式

在一个页面中，对齐、间距和文本行距是非常重要的部分，否则会因这些小细节而破坏整个版面的节奏感。在设计界面时，齐行、居左和居中是最常见的对齐方式。

齐行： 在一些阅读文本的界面中最常见，适用于较长的文本，呈现左右两边对齐的效果，如图2-23所示。

居左： 这种对齐方式比较常见，常用在一些信息列表的展示页中，如图2-24所示。这种方式比较容易阅读，可以很好地区分文本的主次关系。

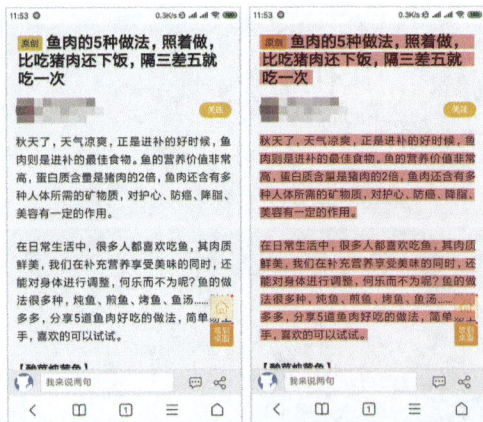
图 2-23

图 2-24

居中:主要运用在信息流动的文本中,如图2-25所示。由于文本较短,使用居中对齐可以让页面平衡感增强。

在页面中,除了文字部分需对齐外,图标元素等也需对齐。图标元素和文字之间基于中心线对齐,可以有效地加强二者之间的联系,文字和图标可以一一对应,如图2-26和图2-27所示。

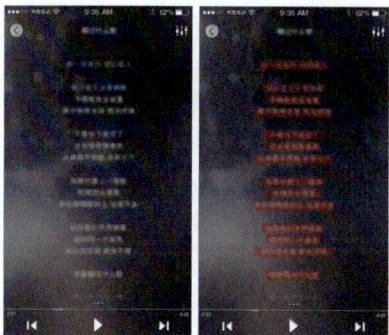

图 2-25

图 2-26

图 2-27

2.2.3 界面的间距

利用间距可以有效区分页面的层次关系,加强阅读性。在iOS和Android系统的界面间距设计中,一般会以10px为单位进行设计,这样便于统计和规范。以文字为主的阅读类App一般会设定页面的左右间距为30px,如图2-28所示。

保持四周间距的一致性,可以让界面看起来更加规整,如图2-29所示。

利用间距能非常直接的划分内容的层级,相同类别的文字或图片被划分在一个区域中,如图2-30所示。

图 2-28

图 2-29

图 2-30

2.2.4 界面的层次

界面的层次是指界面元素的前后关系。当页面中的信息量较大时,就需要在设计页面时区分层次,让用户找到感兴趣的部分,从而留住用户。增强信息的层次关系,可以从大小对比、冷暖对比、明暗对比、视线规则和中心引导线等方面实现。

大小对比:在设计元素时,面积越大的元素越应该放在前面为主要信息,如图2-31所示。

冷暖对比:当需要通过冷暖对比突出主要元素时,暖色的元素靠前,冷色元素在后。暖色可以用在主视觉和按钮上,次要的信息和元素使用冷色,如图2-32所示。

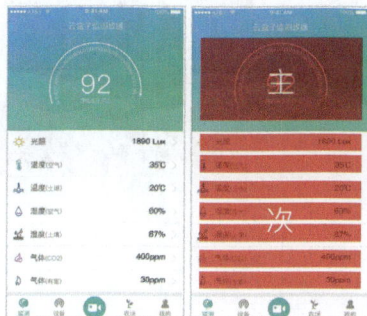

图 2-31

图 2-32

明暗对比：当页面出现一些弹窗时，弹窗颜色鲜亮显示，而底部背景页面灰暗显示。通过亮度上的对比可以快速区分可操作性和不可操作的区域，如图2-33所示。

　　视线规则：用户在阅读信息时，一般都是按照从左到右或从上到下的顺序进行阅读的。按照这个规律，在设计页面时，一般会将图标放在左侧，描述性文字放在右侧，而排列顺序则是从上到下，如图2-34所示。

图 2-33 　　　　　　　　　　　　　　　　　　　　　　　　　　　　图 2-34

　　中心引导线：通常情况下，页面的中心线位置内容是用户最容易先注意到的。闪屏页和引导页在页面的停留时间只有几秒，为了向用户传递信息，会将重要元素放在页面中心线位置，如图2-35所示。

图 2-35

2.3 界面的色彩搭配

不同类型的App会使用不同色彩的界面。本节将为读者讲解设计界面时如何挑选颜色、如何配色及配色的要素等。

2.3.1 色彩心理学

不同的颜色带给人们不同的心理感受。这种感受也会影响用户在使用App时的感受，下面就简单介绍常见的颜色适合的设计方向。

◎ **黑色**

黑色在界面设计中是一种比较常用的颜色，常用于服装、奢侈品和电子产品等App的界面设计中，如图2-36所示。黑色往往代表个性、时尚、潮流和有格调等，以黑色为主色调的页面会给人一种高品位的感受。

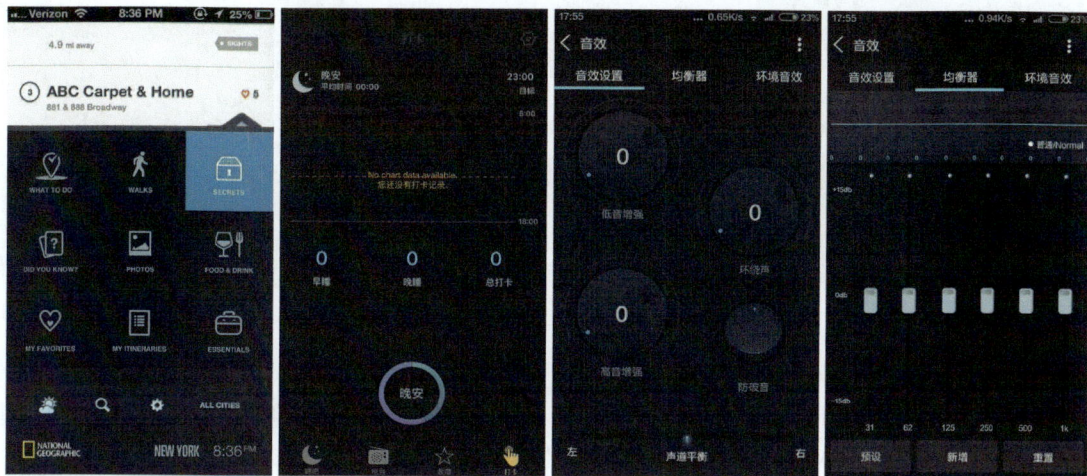

图 2-36

◎ **蓝色**

蓝色象征着沉着、智慧、理智和信赖等，常用于工具类软件中，更容易使用户沉浸在内容中从而提高效率，如图2-37所示。

图 2-37

◎ **绿色**

绿色代表清新、希望、舒适和生命等，常用于一些检测软件或旅游软件中，如图2-38所示。绿色还有下跌的意思，在金融类软件中很少使用。

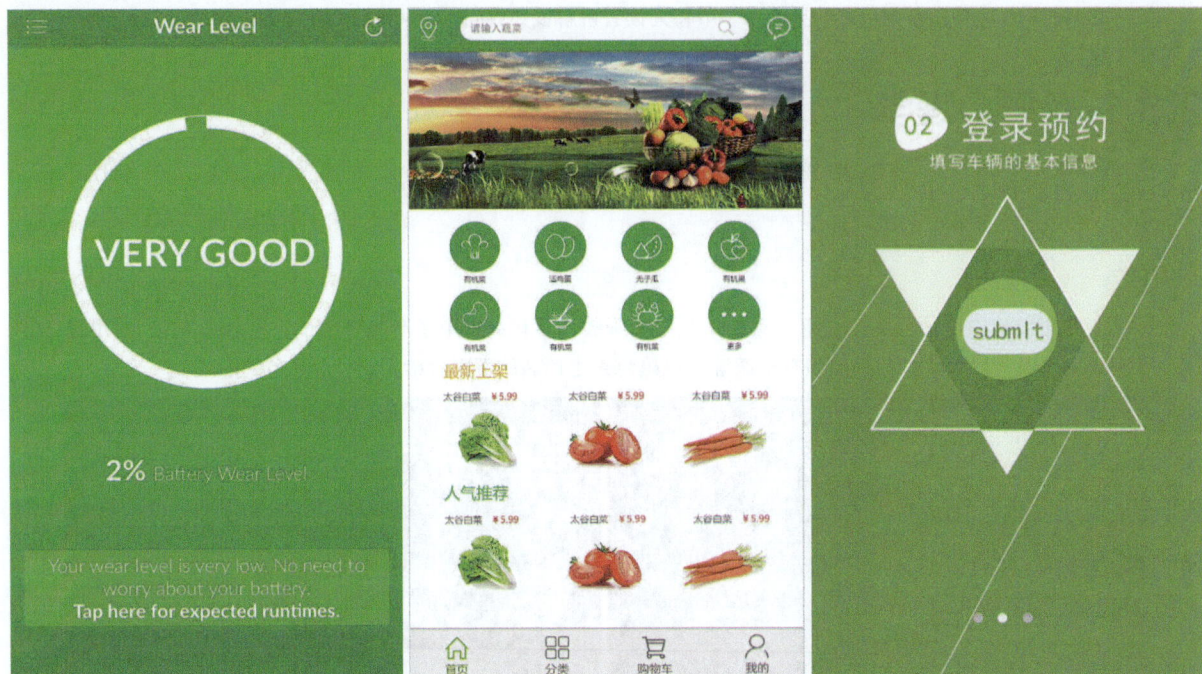

图 2-38

◎ **黄色**

黄色象征着活力、希望、乐观和光明等，同时也具有增强食欲感的作用。黄色的明度最高，在设计页面时需要用一些较深的颜色平衡画面，从而降低视觉疲劳度，如图2-39所示。

图 2-39

◎ **橙色**

橙色给人温暖、活跃、欢乐和成熟的感觉，不仅能促进食欲，还能强化视觉感受。在美食类和消费类的App中多用到橙色，如图2-40所示。

◎ **红色**

红色象征着喜庆、热烈、吉祥和爱情等，可以烘托页面的气氛，因此经常用在一些活动页面上，如图2-41所示。红色的饱和度很高，具有很强的提示性，将按钮设计成红色，可以突出表现该信息，如图2-42所示。

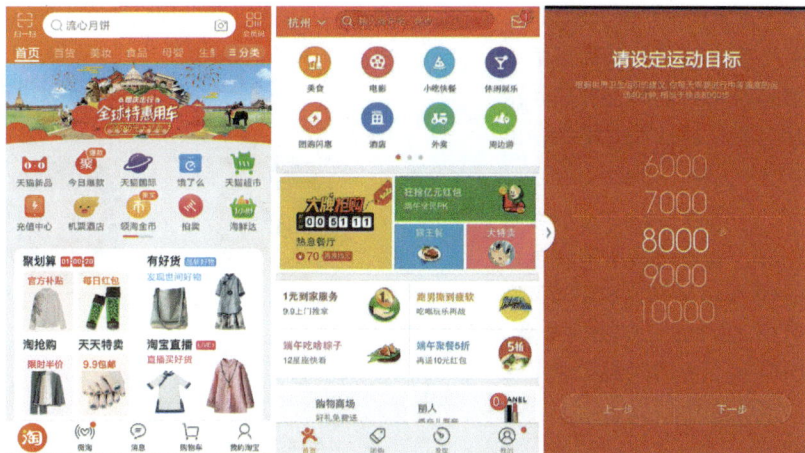

图 2-40

图 2-41

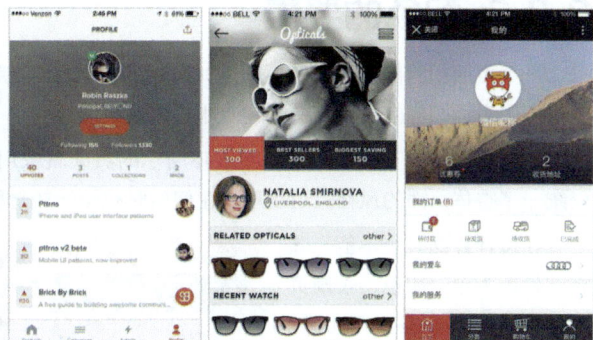

图 2-42

2.3.2 配色的方法

在一个界面中会存在一种主色，其余的颜色则是辅助色。在界定界面主色时要选择饱和度较高的颜色作为主色，这样设计的界面会比较稳定。那么如何选择合适的辅助色？可以从主色的互补色和冷暖色入手。

◎ **互补色**

互补色在色彩搭配中是最突出的，会给用户留下强烈而鲜明的印象，但这种配色运用过多会造成视觉疲劳。

在UI设计中，常用的互补色有3组，分别是蓝橙、紫黄和红绿。一些App就用这种互补色的配色吸引用户点击，如图2-43所示。

互补色的搭配会让整个界面显得更平衡，如图2-44所示。界面中红绿搭配和蓝橙搭配可以很好地区分界面的信息分界，按钮也会更加突出，整体页面的冲击力很强。

图 2-43

图 2-44

◎ **冷暖色**

冷暖色不仅限于UI设计，在绝大多数设计颜色搭配中都是很重要的配色方法。冷暖色会让画面显得平衡、出彩且不单调，如图2-45所示。

在遇到页面中有很多图标时，就可以采用冷暖色搭配的方法区分图标的类型，可以使零散的分类井井有条，图2-46所示的支付宝主页就是很好的例子。

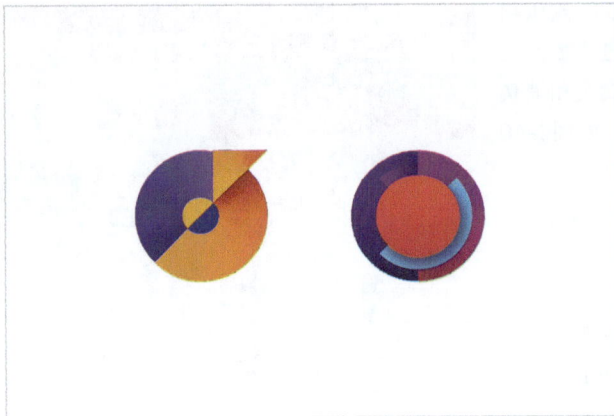 

图 2-45   图 2-46

2.3.3 配色的要素

一个页面中的颜色最好不要超过3种，否则整个画面会显得杂乱，用户也很难抓住页面的重点信息。图2-47所示的页面中多种颜色的图片混在一起，非常影响阅读。

在同样类型的页面设计中，图2-48所示的页面就采用了绿色作为页面的主色，整个页面显得清爽且有条理。不仅统一了整体页面的风格，还让用户在使用时感觉比较舒服。

在设计界面时也不能一味将其处理为单一颜色，否则页面的模块划分会显得不明确，区分性不强。图2-49所示的界面中，绿色是页面的主色调，少量的蓝色和红色区分了页面的功能区，用户可以快速找到需要的信息。

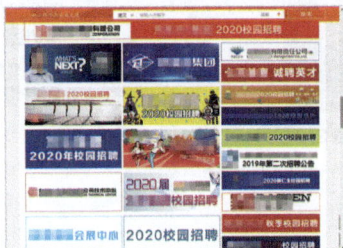  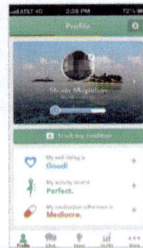

图 2-47   图 2-48   图 2-49

在一个页面中，一般由三部分颜色组成，分别是主色、辅助色和点睛色。

主色：体现产品的文化方向和定位，通常与品牌Logo的颜色一致。在设计页面时，通常将主色调运用在状态栏、导航栏、搜索框和按钮等处，如图2-50所示。

辅助色：补充主色起到辅助作用，用来平衡画面。一般会使用暖色的互补色或对比色，既可以平衡页面，也能体现前后层次，如图2-51所示。

点睛色：点睛色也就是点缀色，使用的比例很小，但视觉效果很醒目。点睛色的饱和度高、更为明亮，起到活跃气氛，表明主次的作用，如图2-52所示。在页面中使用红色作为点睛色的比较多，常用于收藏按钮、点赞按钮等。

 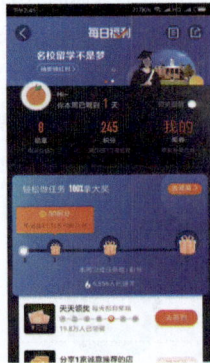 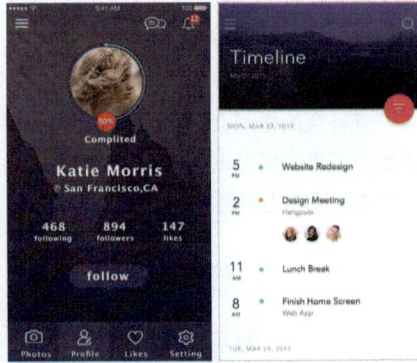

图 2-50   图 2-51   图 2-52

第 3 章 ｜ UI 设计的原则及规范

操作系统分为iOS系统和Android系统两种，这两种系统的UI设计都有其特定的原则和规范。除此之外，字体和UI整体设计也有其固定的设计规范。读者只有掌握这些规范，才能将制作好的UI设计应用到操作系统中。

- 掌握 iOS 系统的设计原则及制作规范
- 掌握 Android 系统的设计原则及制作规范
- 掌握字体设计的规范
- 掌握 UI 设计的整体规范

3.1 iOS 系统的设计原则

iOS是苹果公司开发的操作系统，极致的设计、易操作性是iOS系统最大的特点。苹果一直引领UI设计的方向，在2013年苹果推出了"扁平化"设计，迅速普及到其他操作系统的UI设计中，各大App也纷纷采用，推出全新的界面。至今，"扁平化"设计仍然是UI设计的主流风格。

针对iOS系统，在设计时需遵循5个原则，下面为大家逐一进行介绍。

3.1.1 统一化

统一化是指UI设计时的视觉统一和交互统一。视觉统一是指字体、颜色和元素的统一化，如标题字号的统一、主色调和辅助色的统一，以及图标的风格统一等。交互统一是指使用的一致性，在软件中保持交互形式的一致性可以降低操作难度，减少用户的操作时间。

图3-1所示的是苹果手机的计时器、秒表和闹钟界面，这些界面的操作方式都是通过点击按钮进行开启，而且在设置时间时，都是通过滑动数字进行设置。

交互设计还要遵循的一点是保持路径的统一化。在iOS系统中，当用户点击App的图标时，系统会弹出相应的页面，当用户退出App时，系统会返回到点击的App图标所显示的桌面位置。这种交互方式可以更好地体现页面与App之间的关系。

图 3-1

3.1.2 凸显内容

凸显内容是指在设计时去除多余的元素，保留主要功能。在iOS系统中，经常会将整个屏幕背景进行设计，更容易凸显页面所要传达的信息内容，如图3-2所示。

使用半透明效果的界面能增强场景的代入感，明确传达给用户界面打开的位置及层级的关联性。在下拉通知栏和信息弹窗中，这种设计较为常见，如图3-3所示。

在iOS 7.0版本后的界面中，按钮已经没有边框的存在了，只用颜色和高亮进行区分，就可实现可点击性的信息传达，如图3-4所示。

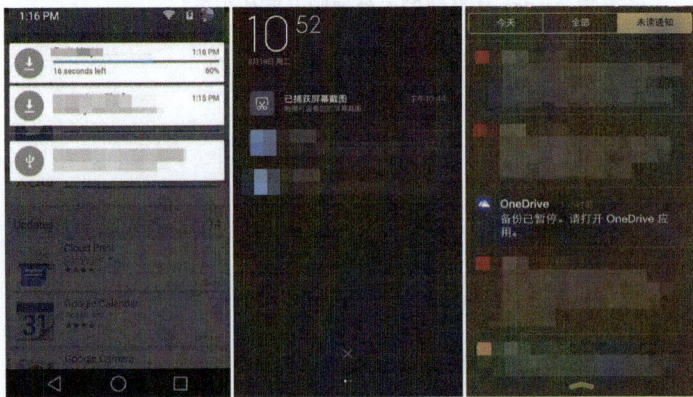

图 3-2 　　　　　　　　　　　　　　　　　　　　　　图 3-3 　　　　图 3-4

3.1.3 适应化

适应化是指场景适应和屏幕适应。场景适应表示App在运行时，会按照系统的设定显示不同的界面效果，如天气类App会根据不同的天气实时显示相对应的界面，如图3-5所示。

屏幕适应表示App可以切换显示阅读模式，如一些阅读类App会设计日夜模式切换功能，以保证用户在夜晚关灯的情况下可以舒适地进行阅读，如图3-6所示。

图 3-5

图 3-6

一些智能设备和软件结合也能实现场景适应。在Yeelight彩光灯泡的App界面设计中，通过不同颜色表示当前灯泡的状态及灯光的颜色和强度，用户能直观地选择想要的灯光模式和颜色，如图3-7所示。

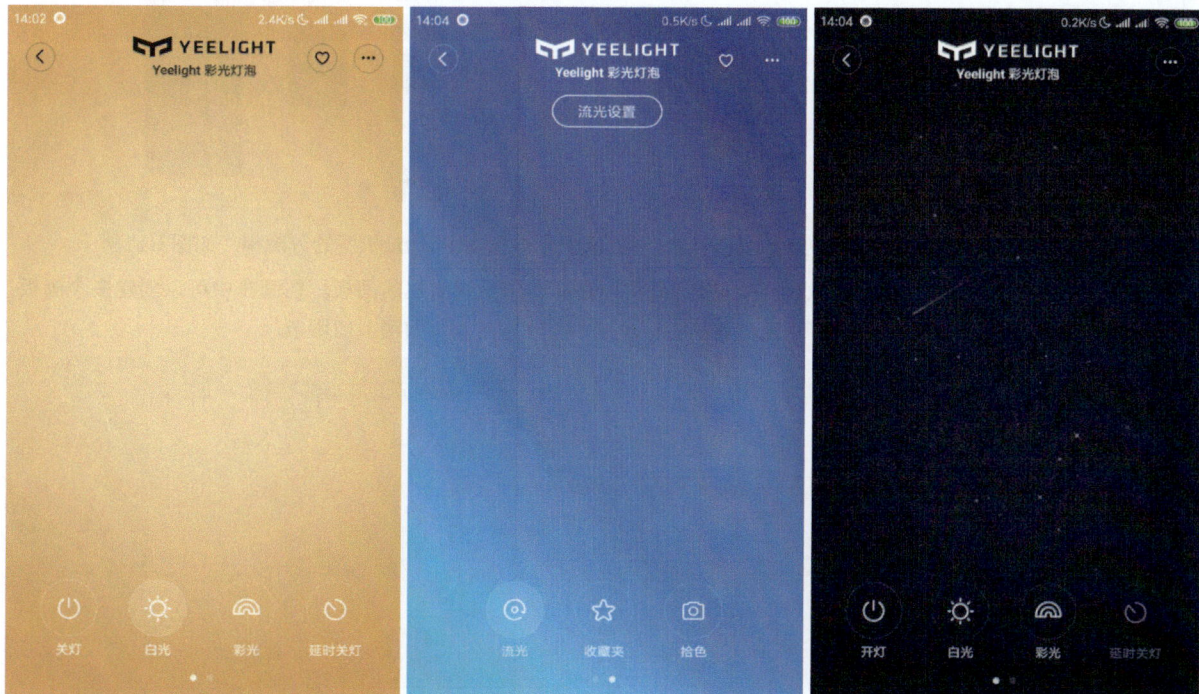

图 3-7

iOS系统不仅用于手机，还用于iPad。在iPad界面设计时要考虑横屏和竖屏两个效果，需要设置其适配性，如设置界面左侧菜单的宽度保持不变，右侧随着屏幕宽度的不同进行适应调整，这就是一种适配方式，可以有效地保证视觉上的统一性，如图3-8所示。

图 3-8

每一代的iPhone手机在屏幕尺寸和分辨率上都有区别，因此手机端的iOS在设计时也不同，为了让用户在不同的机型上都能看到相同效果的界面信息，就需要进行屏幕适应，如图3-9所示。

iPhone手机分为640px×1336px、750px×1334px和1242px×2208px这3种主要的分辨率，其中切图后的后缀分别为@2x、@2x和@3x，如图3-10所示。现在，一般在设计UI效果图时，使用750px×1334px的大小，也就是iPhone 6的尺寸，继而在iPhone 6的基础上进行适配。

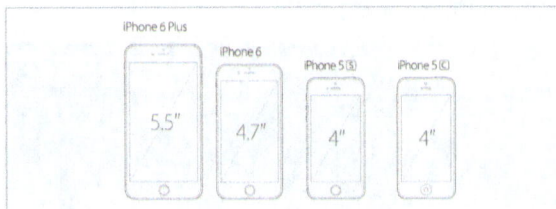

图 3-9

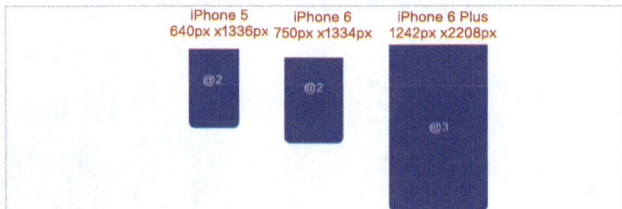

图 3-10

在Photoshop CC 2017中新建文档时，从"移动设备"选项卡中找到iPhone机型的分辨率，如图3-11所示。

选中iPhone 6的分辨率后单击"创建"按钮就可以在画布中找到创建的画板。在画布中可以创建多个画板，设计师可以同时处理多个页面，保证了界面的统一性，也提高了制作效率，如图3-12所示。

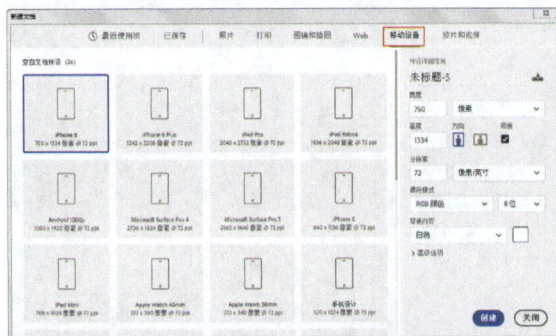

图 3-11

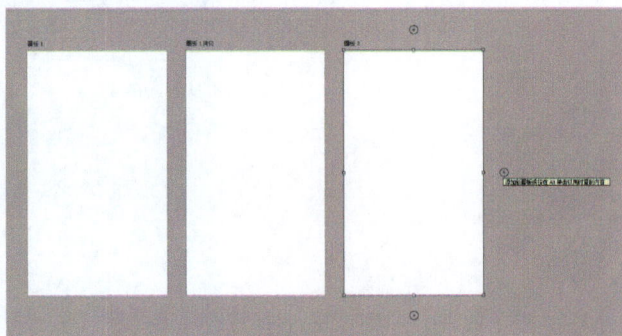

图 3-12

在iPhone 5适配iPhone 6时，头像和文字大小保持不变，导航条通过左右进行拉伸适配，文字部分的适配是通过屏幕的宽度折行显示，控件按钮的适配是保持相同的高度横向拉伸，图片的适配是等比例缩放。iPhone 6适配到iPhone 6 Plus就更容易，iPhone 6 Plus的尺寸是iPhone 6的1.5倍，只需要将切图的参数设置为@3x。

3.1.4 层级性

在设计UI时，一定要注意画面的主次关系，使整体页面有聚焦点，不能杂乱无章。

将用户的视觉集中在主要的区域是设计层级的重点。有层级的设计能引导用户更高效的阅读页面，阅读的顺序一般是从左到右，从上到下，因此层级信息也会按照这样的方式进行排列。例如，类别筛选会放在上方，下方显示筛选后的内容，如图3-13所示。

图片放在左边，描述性文字和按钮放在右边，也是在UI设计时经常会使用的形式，如图3-14所示。

图 3-13

图 3-14

运用色块或冷暖色调同样可以区分界面的主次。在设计界面时，通常使用冷色调作为背景，暖色调用作按钮的颜色加以突出，如图3-15所示。

在制作闪屏页时，可以将品牌图标或主图形放在比较靠中心的位置，如图3-16所示。在打开App的时候，用户就能快速了解这个产品的主要信息。

图 3-15

图 3-16

3.1.5 易操作性

易操作性体现在以下几个方面。

按钮之间要有足够的间距，这样可以避免误操作，如图3-17所示。一般情况下，界面中一排按钮不要超过5个。

遇到错误页或空白页面，可以使用图文搭配的形式进行提醒，如图3-18所示。这些页面最好配合用户反馈按钮，并指引用户找到目标。

页面中要时刻标注当前页面所在的位置，让用户清楚现在正处于什么样的状态，方便其进行后续操作，如图3-19所示。

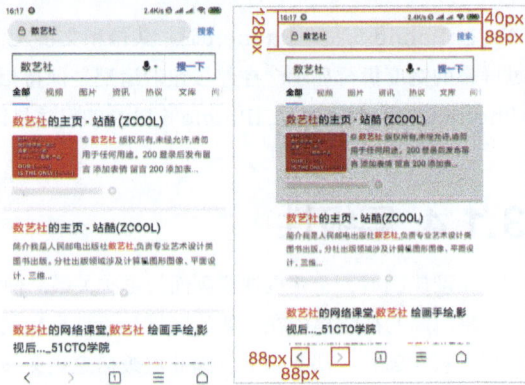

图 3-17

图 3-18

图 3-19

3.2 iOS 界面尺寸与控件的设计规范

界面尺寸和控件的设计规范是每一个UI设计师必须掌握的知识，以保证制作出来的界面与控件符合制作要求。

3.2.1 界面尺寸

iPhone手机虽然有许多型号，且界面分辨率不尽相同，但为了保证适配性，在工作中通常会选择iPhone 6的分辨率(750px×1334px)作为界面的输出大小，如图3-20所示。

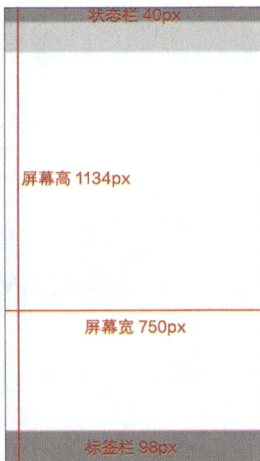

图 3-20

在设计iOS图标时，既要保证在最大分辨率(1024px×1024px)下能有足够的清晰度，也要保证在最小分辨率(29px×29px)下能看清，其输出尺寸规范如图3-21所示。

iPad的界面尺寸比iPhone大，包含两种尺寸，分别是1024px×768px和2048px×1536px，如图3-22所示。在设计UI时，需根据2048px×1536px这个尺寸设计效果图。在2048px×1536px的尺寸中，导航栏、状态栏和标签栏的高度与iPhone 6 一致。

图 3-21

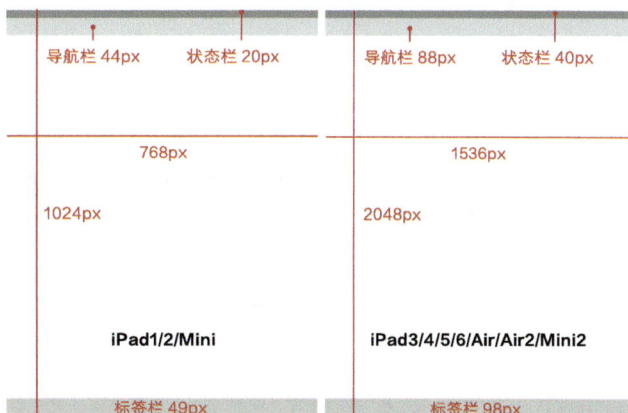

图 3-22

3.2.2 控件规范

iOS的界面控件包含导航栏、搜索栏、筛选框、标签栏、工具栏、开关、提示框、弹出层、控件配色和交互手势等，这些控件都有相应的设计规范。

◎ 导航栏

从iOS 7开始，导航栏和状态栏通常会选择统一的颜色。在iPhone 6的设计规范中，导航栏的整体高度为128px（原有状态栏与导航栏的总和），标题大小为34px(文字可以选择性加粗)，如果是以文字表示的导航栏按钮(如"返回")，则选用32px的字号，如图3-23所示。

除上述外，还有一种导航栏的标题是由主标题和副标题结合在一起表现的情况，这时，通常主标题字号为34px，副标题字号为24px，如图3-24所示。

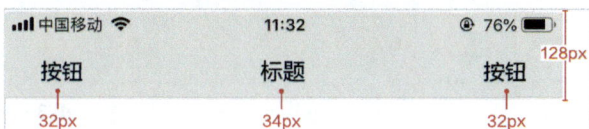

图 3-23

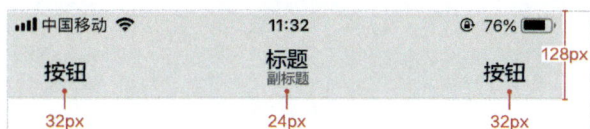

图 3-24

◎ 搜索栏

搜索栏分为普通搜索栏、顶部搜索栏和带按钮的搜索栏3种形式，如图3-25~图3-27所示。在一般情况下，普通搜索栏和带按钮搜索栏需要点击之后才可以输入，而顶部搜索栏可以直接进行输入。搜索栏输入框的背景栏高度为88px，输入框高度为56px，输入框内的文字字号为30px，圆角大小为10px。

图 3-25

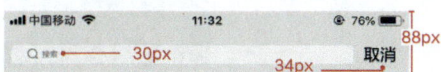

图 3-26

图 3-27

◎ **筛选框**

筛选框的高度为88px，筛选控件的宽度为58px，控件中的文字字号为26px，如图3-28所示。筛选控件在默认情况下是白底效果。点击控件后，控件会被填充颜色。

图 3-28

◎ **标签栏**

标签栏一般出现在软件界面的首页，用于主要页面之间的切换，切换时标签栏不会消失。标签栏整体高度为98px，底部按钮的文字大小为20px，图标大小可设置为48px×48px或44px×44px。一般来说，标签栏的按钮个数不会超过5个，如图3-29所示。

图 3-29

◎ **工具栏**

工具栏可以出现在页面的顶部，也可以出现在底部，其整体高度为88px，功能的控件可以用图标表示，也可以用文字表示。图标大小为44px×44px，文字字号为32px，如图3-30所示。工具栏中的控件是对页面进行一些功能性的操作，如删除、编辑等。

图 3-30

◎ **开关**

开关控件的滑块在左侧时表示开关关闭，在右侧时表示开关开启。开关按钮高度为62px，列表高度为88px，列表中的文字字号为34px，如图3-31所示。

图 3-31

◎ **提示框**

常规提示框的高度随内容适配，宽度为固定的540px，主标题文字字号为34px，副标题文字字号为26px，按钮栏高度为88px，可点击按钮的文字字号为34px，如图3-32所示。

其他类型的提示框如图3-33所示。需要注意提示框不要运用得过多，否则会导致警告的作用减弱或消失。

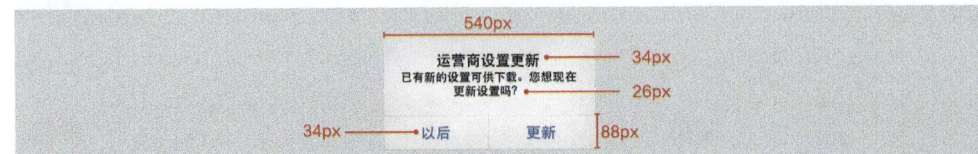

图 3-32　　　　图 3-33

◎ **弹出层**

弹出层是一种可展开的菜单选项，以半屏的浮层形式显示在界面中，基本是以由下往上的形式展开，如图3-34所示。弹出层的列表高度为96px，列表中的文字字号为34px，警告性文字可以标红处理，如图3-35所示。

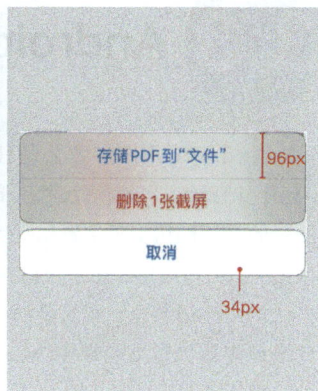

图 3-34 　　　　　　　　　　　图 3-35

◎ **控件配色**

颜色会在界面中起到传递信息和表现视觉层次的作用，在iPhone的原生颜色中选择了7种颜色，如图3-36所示。这些颜色的明暗度基本一致，将这些颜色转成灰度后，可以发现中间的蓝色是最暗的，如图3-37所示，因此蓝色在iPhone手机界面中可以用来作为按钮的颜色，可以点击的文字也基本采用这个蓝色的色值。剩下6种颜色则应用在不同的软件作为主色彩。

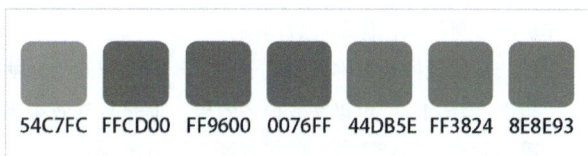

图 3-36 　　　　　　　　　　　图 3-37

◎ **交互手势**

交互手势是移动手机和平板电脑独特的功能。交互手势在使用时非常方便，可以完成很多控件的功能，很受用户的欢迎。iPhone主要有12种交互手势，如图3-38所示。

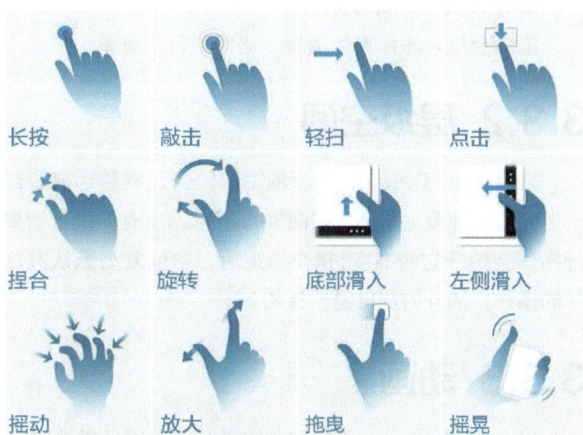

图 3-38

下面简单介绍各种手势的作用。

长按: 对光标进行定位或放大文字。

敲击: 多次点击在指纹识别器中录入指纹。

轻扫: 对页面进行左右切换。

点击: 点选空间或元素。

捏合: 两个手指收拢，将页面缩小。

旋转: 将页面进行旋转。

底部滑入: 从下往上滑动页面，唤醒系统功能按钮。

右侧滑入: 从右向左滑动页面，调出侧边栏页面。

摇动: 滑动页面，撤销信息。

放大: 两个手指分开，将页面放大。

拖曳: 将控件进行移动。

摇晃: 通过摇晃切换功能，如微信的"摇一摇"功能。

随着科技的不断发展，iOS系统不仅可以通过手势进行交互，还可以通过语音进行交互，如苹果的智能语音系统Siri。通过语音交流，就可以完成很多手势操作，极大提高了操作的便捷性，增加了操作中的乐趣。

3.3 Android 系统的设计原则

Android是由谷歌公司开发的一款操作系统。Android的界面不像iOS那样统一，会有许多的变化。基于Android系统，不同的品牌厂商会进行一定的优化和再开发，形成自身的主题系统，如小米公司的MIUI系统。不同品牌的Android手机主题和交互方式也有区别，本节将围绕Android的原生系统Material Design进行讲解。

Android的设计相对灵活，读者虽然不必完全拘泥于设计规范，但基本的设计规范仍然需要掌握。Material Design的核心理念是还原最真实的体验，重视跨平台的适配性，通过规范保障体验的高度一致，从而有效降低开发成本，如图3-39所示。

图 3-39

3.3.1 核心视觉载体

Material Design的核心视觉载体是最重要的信息载体元素。核心视觉载体可以层叠、合并或分离，能够伸展变形和改变形状。当处理内容信息时，将内容信息视为一个整体，这个整体可以缩小，也可以分割成不同大小的体块，且体块的位置可以在任意位置出现。

核心视觉载体也被称为"魔法纸片"，而处理的信息就被视为这张可以变形的纸片，如图3-40所示。

虽然"魔法纸片"可以完成很多效果，但是有些效果是不能完成的。

第1点： 一项操作不能同时触发两张纸片的反馈。

第2点： 层叠的纸片，在z轴的海拔高度不能相同。

第3点： 纸片不能互相穿透。

第4点： 纸片不能弯折。

第5点： 纸片不能产生透视，必须平行于屏幕。

图 3-40

3.3.2 层级空间

Material Design引入z轴空间，当元素越远离底部，投影会越浓，每一个元素的厚度为1dp，如图3-41所示。所有元素都有默认的高度，对它进行操作会抬升它的高度；操作结束后，它恢复为默认高度。同一种元素，同样的操作，抬升的高度是一致的。

图 3-41

3.3.3 动画

Material Design重视动画效果，动画不只是装饰，它还具备功能上的作用，有含义，能表达元素、界面之间的关系。

物理世界中的运动和变化都是有加速和减速过程的，忽然开始、忽然停止的匀速动画显得机械而不真实。制作动画的细节部分，要先考虑它在现实世界中的运动规律，如图3-42所示。

图 3-42

　　所有可点击的元素都应该有水波反馈效果动画。通过这个动画，将点击的位置与所操作的元素关联起来，体现了Material Design动画的功能性，如图3-43所示。

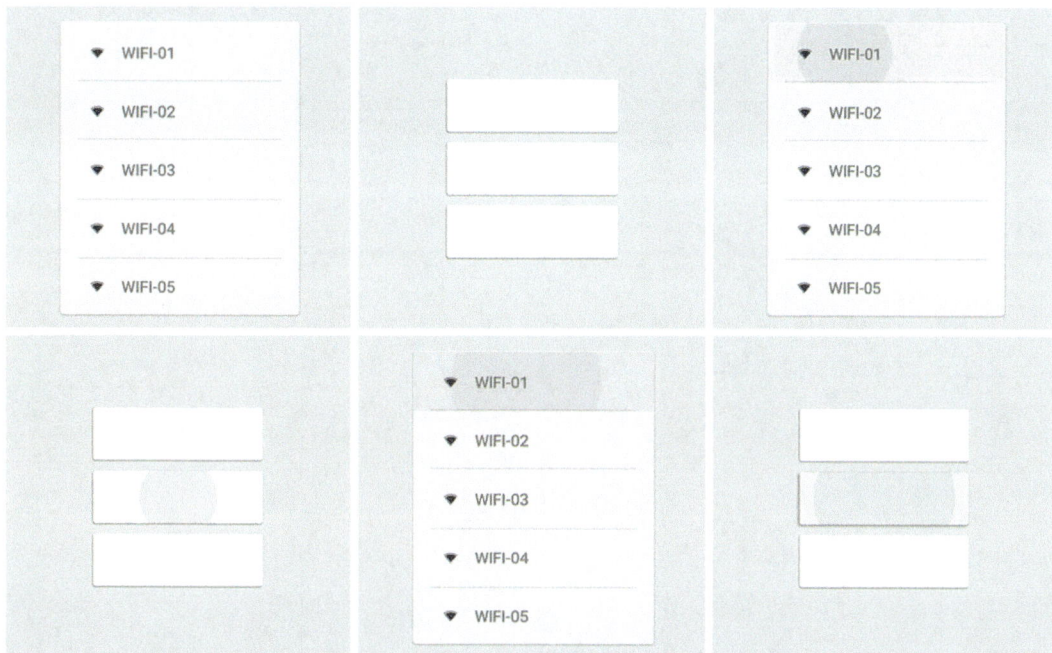

图 3-43

　　通过过渡动画表达界面之间的空间与层级关系，实现跨界面传递信息。图3-44所示的界面通过点击图片，产生圆心点放大、页面向上拉起和圆心点缩小的动画，体现了页面间的切换关系。

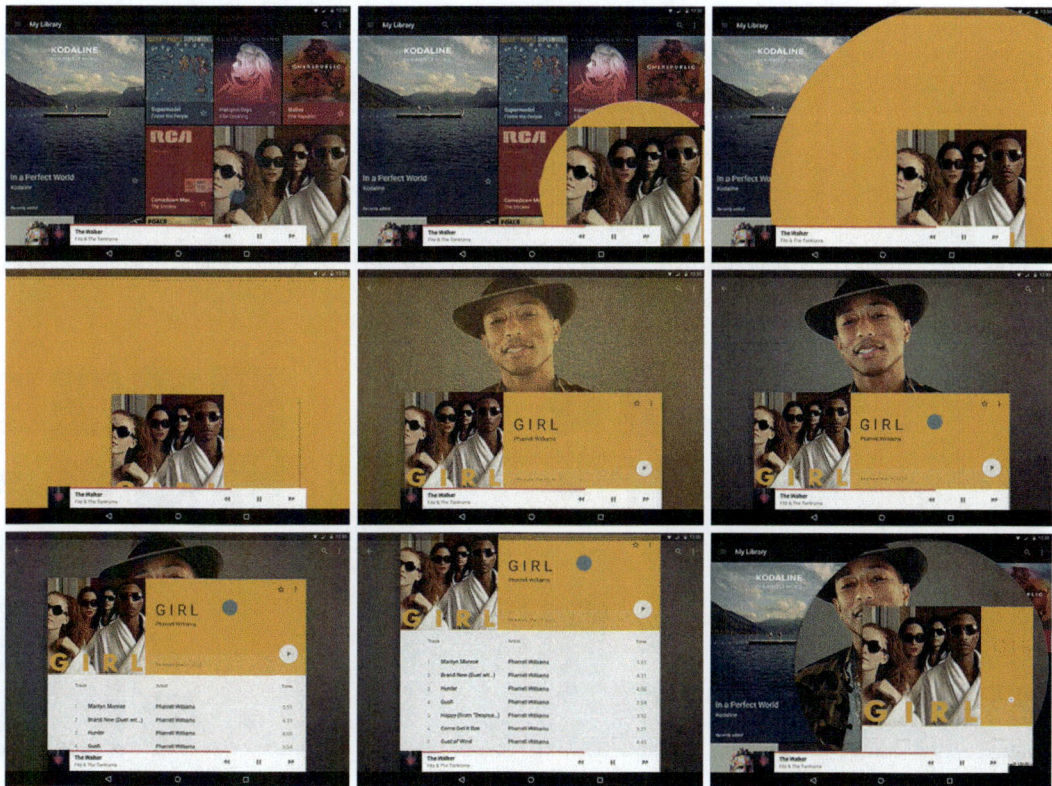

图 3-44

从父界面进入子界面，需要抬升子界面元素的海拔高度，悬浮在父界面上方，然后展开至整个屏幕，反之亦然，如图3-45所示。

图 3-45

多个相似元素、动画的设计要有先后次序，起到引导视线的作用。这样不仅能让画面变得活泼，还可以增强用户对界面层级的理解程度，如图3-46所示。

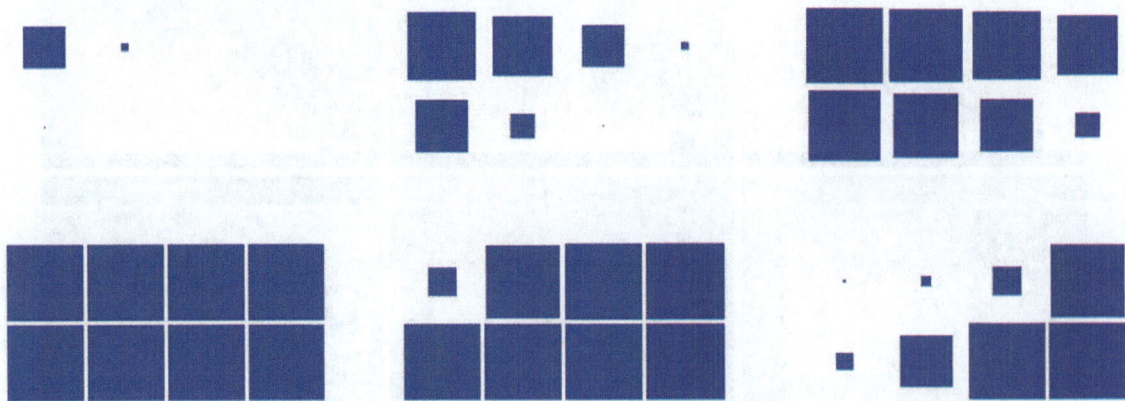

图 3-46

相似元素的运动，要符合统一的规律。图3-47所示的元素都是按照同一个方向进行运动的，画面整齐，富有韵律感。

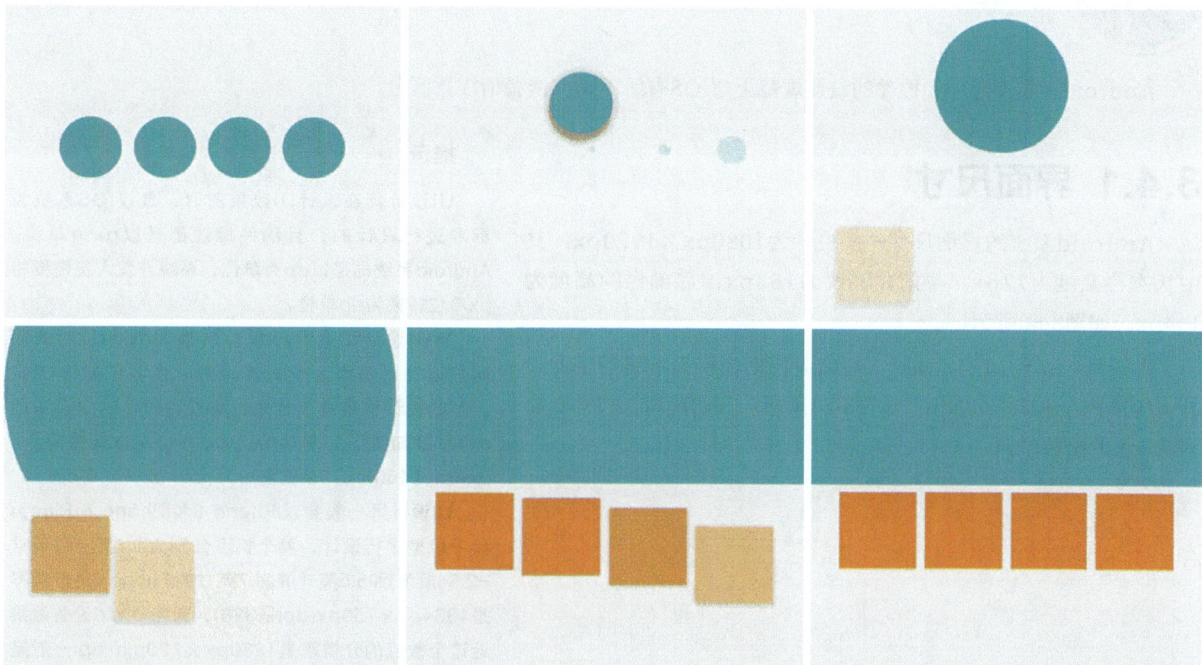

图 3-47

不仅页面可以制作动画，图标也可以制作动画。通过图标的变化和一些细节来达到令人愉悦的效果，如图3-48所示。

图 3-48

3.3.4 颜色

界面的颜色不宜过多。选取一种主色、一种辅助色（非必需），在此基础上进行明度、饱和度变化，构成配色方案，如图3-49所示。

Primary — Indigo		Accent — Pink	
500	#3F51B5	A200	#FF4081
100	#C5CAE9	Fallback	
500	#3F51B5	A100	#FF80AB
700	#303F9F	A400	#F50057

图 3-49

3.4 Android 界面尺寸与控件的设计规范

Android在界面尺寸和控件的设计规范上与iOS有所不同，读者请注意区分。

3.4.1 界面尺寸

Android系统的界面尺寸一般设计为1080px×1920px，其中状态栏高度为72px，导航栏高度为168px，底部栏的高度为144px，如图3-50所示。

在设计Android的界面时，经常会借助栅格系统进行辅助设计，栅格的最小单位为8dp，如图3-51所示。一切距离、尺寸都应该是8dp的整数倍。

图 3-50

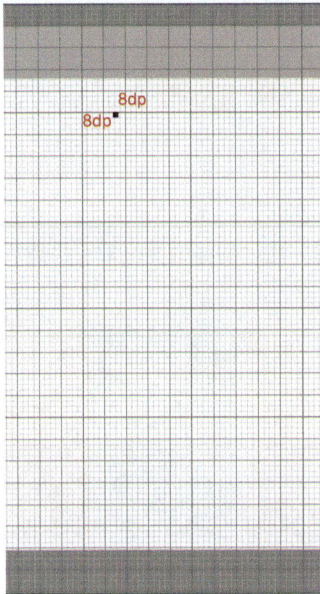

图 3-51

在信息流设计中，一般会保持左右边界32px的留白，如图3-52所示。信息流中的头像、图片和文本会根据间距进行左右对齐，以此保证页面的规范性。

在1080px×1920px的设计图中，文字的大小一般分为3个级别，标题文字为46px，正文描述文字为36px，信息和时间等文字为30px，如图3-53所示。

在个人主页一类的页面中，经常会出现单行列表的样式，这种单行列表高度一般为144px，列表中的文字字号为44px，如图3-54所示。

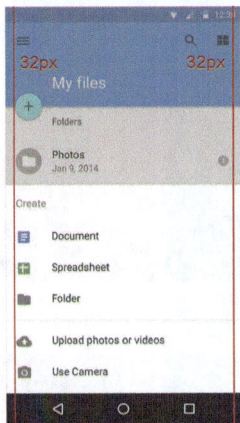

图 3-52

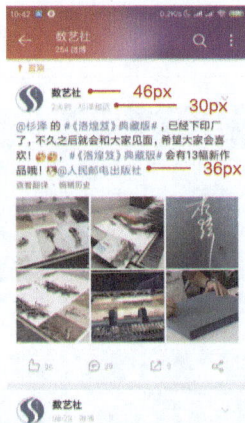

图 3-53

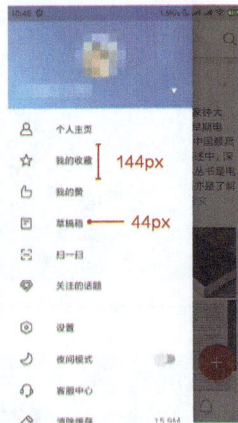

图 3-54

3.4.2 控件规范

Android的界面设计中的控件包含按钮、卡片、对话框、分割线、列表、菜单、加载方式、输入框和选择框等。

◎ **按钮**

Android的按钮可以分为悬浮型、凸起型和扁平型等，其层级关系为悬浮型＞凸起型＞扁平型，如图3-55所示。

悬浮型按钮用在最重要且随处可见或需操作的位置，在配色方面会比较突出，按钮的图案也比较简明，如图3-56所示的红色按钮，方便用户编辑发送新的内容。

使用悬浮型按钮需要注意以下几点。

第1点：悬浮型按钮数量不宜过多，一到两个即可。

第2点：悬浮按钮可以贴在纸片边缘或者接缝处，但不要贴在对话框、侧边抽屉和菜单的边缘。

第3点：悬浮按钮不能被其他元素盖住，也不能挡住其他按钮。

第4点：列表滚动至底部时，悬浮按钮应该隐藏，防止它挡住列表项。

第5点：悬浮按钮的位置不能随意摆放，可以贴着左右两边的对齐基线。

第6点：悬浮按钮通常触发正向的操作，如添加、创建、收藏之类的功能。

凸起型按钮从视觉上看点击性很强，给用户一种想要单击的感觉，通常用于页面中最重要的按钮，以方便用户查找。为了增强可查找性，这类按钮会用颜色进行区分，如图3-57所示的亮色显示的按钮，可以提醒用户关注博主。

扁平型按钮在视觉上看起来比较轻，用在界面中给人一种整体的感觉。这类按钮经常用在按钮较多或按钮重复的界面中，使画面视觉上更平衡，如图3-58所示。

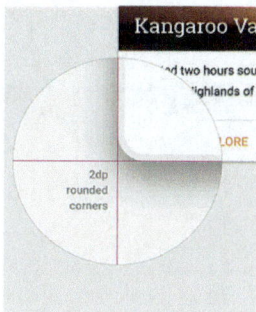

图 3-55

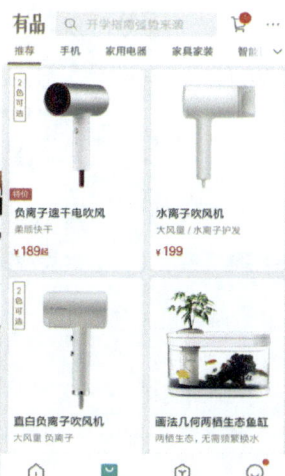

图 3-56

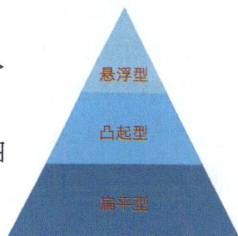

图 3-57

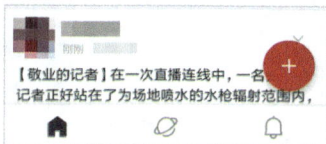

图 3-58

◎ **卡片**

Android的卡片统一带有2dp的圆角，如图3-59所示。购物类的App中一般会用到卡片进行设计，每一件商品被分割为一个卡片，如图3-60所示。

当出现以下情况时，建议使用卡片。

第1点：同时展现多种不同内容。

第2点：卡片内容之间不需要进行比较。

第3点：包含了长度不确定的内容，如评论。

第4点：包含丰富的内容与操作项，如点赞、滚动条和评论等。

提示

卡片最多有两块操作区域。辅助操作区最多包含两个操作项，更多操作需要使用下拉菜单。其余部分都是主操作区，如图3-61所示。

图 3-59

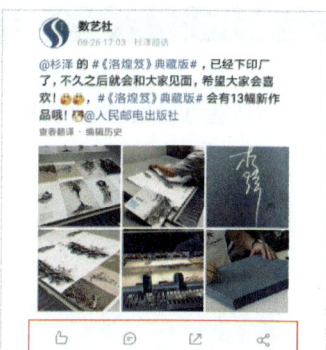

图 3-60

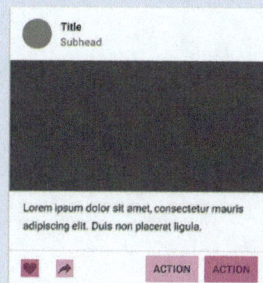

图 3-61

◎ **对话框**

　　Android的对话框包含标题、内容和操作项。点击对话框外的区域，不会关闭对话框，如图3-62所示。在对话框中改变内容，不会提交数据，点击确定后，才会发生变化，且对话框上不能再叠加新的对话框，如图3-63所示。

　　对话框可以是全屏式的，全屏对话框上方可以再层叠对话框。图3-64所示的左图的界面是一个普通界面，其中的任何改动立即生效。右图的界面是全屏对话框，其中任何改动，要点击SAVE后才生效，点击×取消。

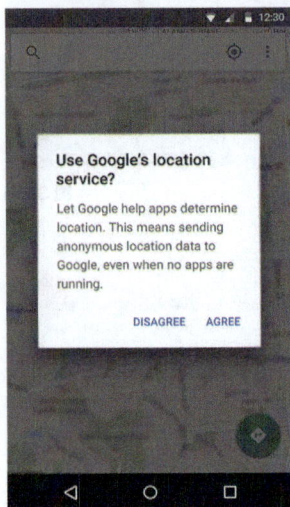 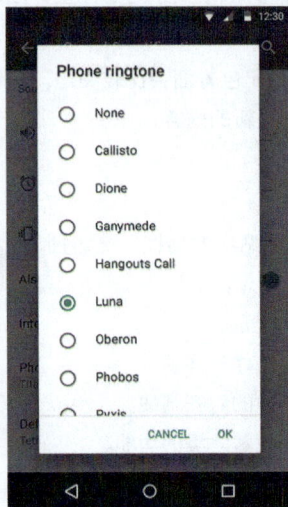 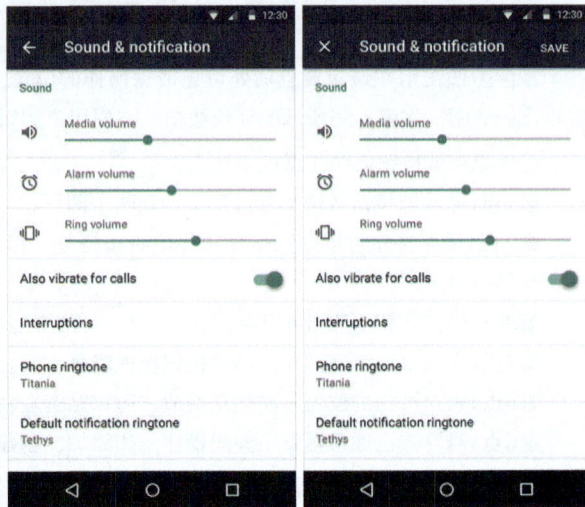

图 3-62　　　　　　　　　　图 3-63　　　　　　　　　　　　　　　　　　　　　图 3-64

　　对话框的四周留白比较大，通常是24dp，按钮栏宽度为80dp，按钮高度为36dp，其他参数如图3-65所示。

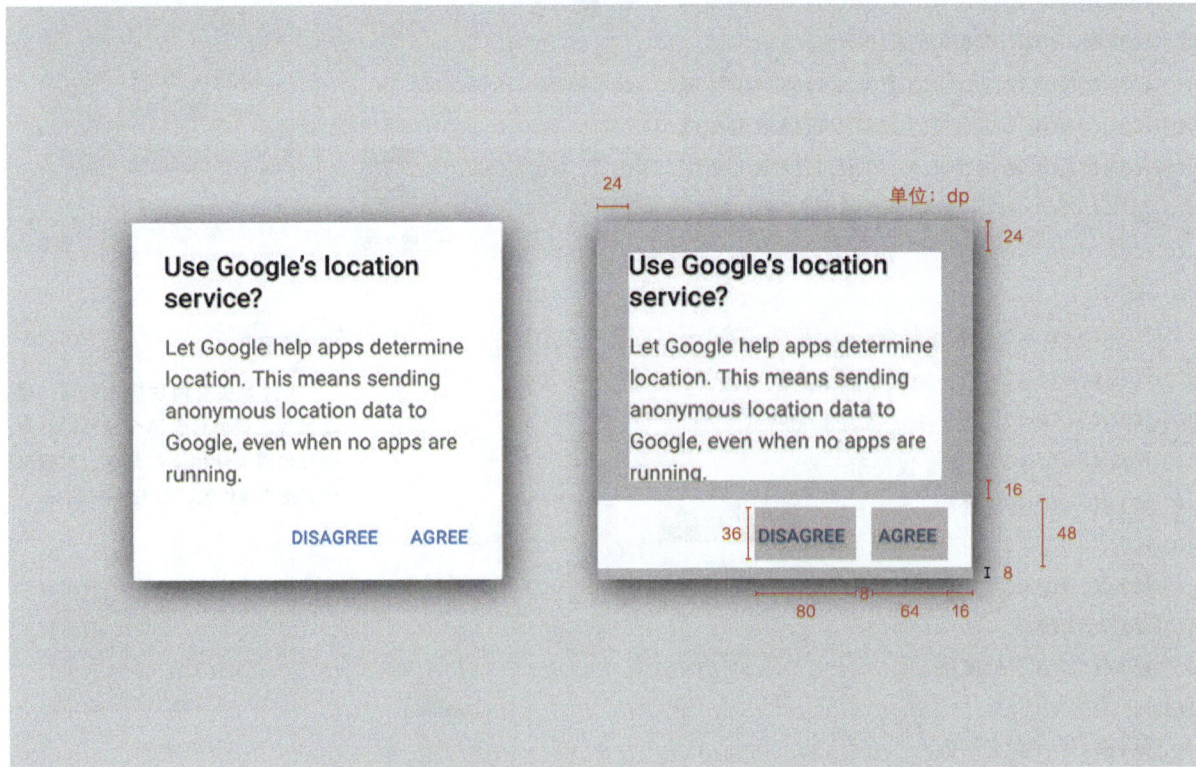

图 3-65

◎ **分割线**

　　Android的分割线在不同种类的页面中有不同的用法。当页面中有头像、图片等元素时，使用内嵌分割线，左端与文字对齐，如图3-66所示。没有头像、图标等元素时，要用通栏分割线，如图3-67所示。图片本身就起到划定区域作用的，如相册列表，就不需要分割线，如图3-68所示。

　　留白和小标题也能起到分割作用。能用留白的地方，优先使用留白，分割线的层级高于留白，如图3-69所示。

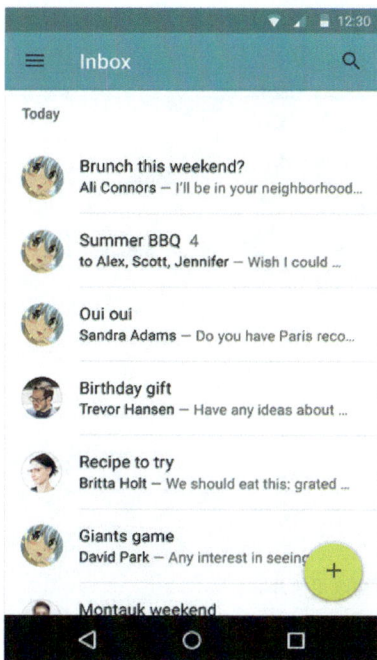

图 3-66

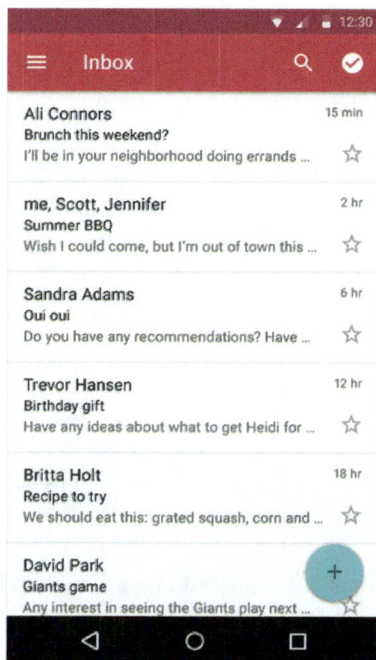

图 3-67

图 3-68

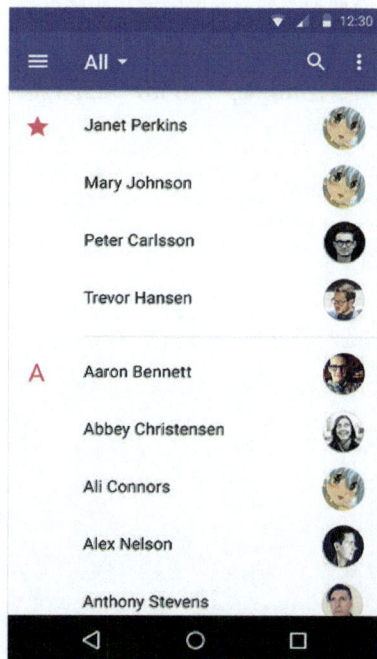

图 3-69

◎ 列表

Android的列表分为主操作区与副操作区。副操作区位于列表右侧，其余都是主操作区。在同一个列表中，主、副操作区的内容与位置要保持一致，如图3-70所示。

主操作区与副操作区的图标或图形元素是列表控制项，列表的控制项可以是勾选框、开关、拖动排序、展开/收起等操作，也可以包含快捷键提示、二级菜单等提示信息，如图3-71所示。

图 3-70

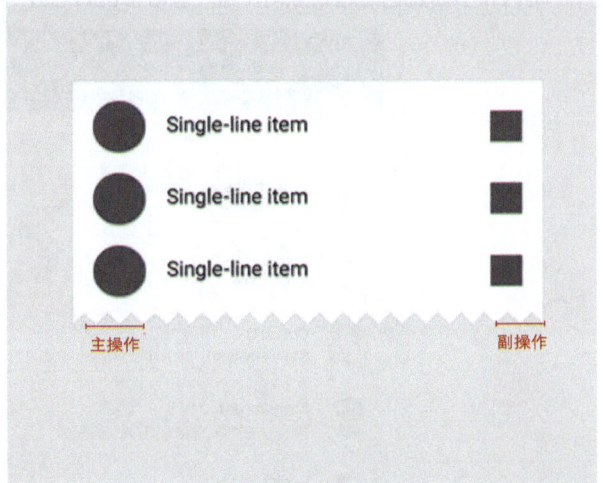

图 3-71

提示

列表由行构成，行内包含卡片。如果列表项内容文字超过3行，需改用卡片。

◎ 菜单

Android的菜单有两种类型，顺序固定和顺序可变。顺序固定的菜单，操作频繁的选项一般放在上面。顺序可变的菜单，可以把之前用过的选项排在前面动态排序，如图3-72所示。

当前不可用的选项要显示出来，并让用户知道在特定条件可以触发这些操作，如图3-73所示。

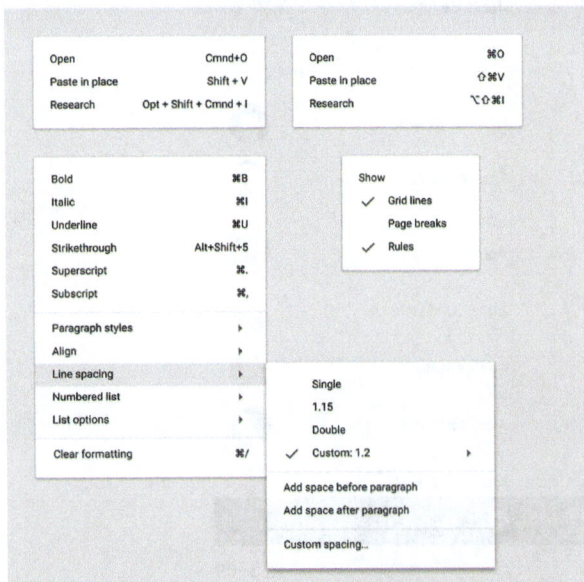

图 3-72

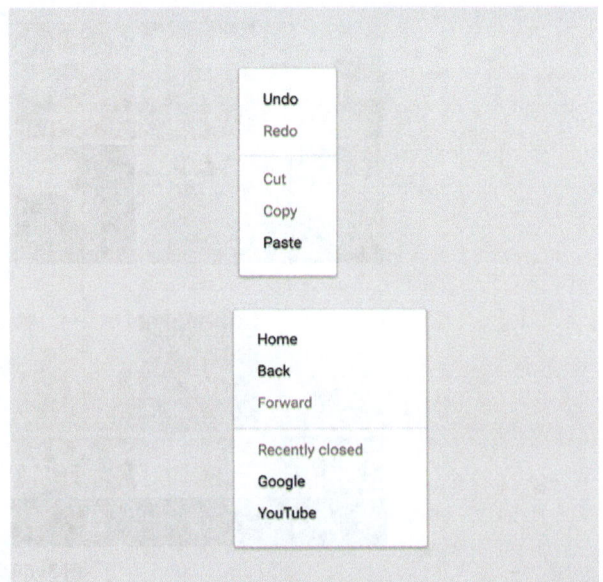

图 3-73

菜单的当前选项始终与当前选项水平对齐，如图3-74所示。菜单过长时需要显示滚动条，如图3-75所示。

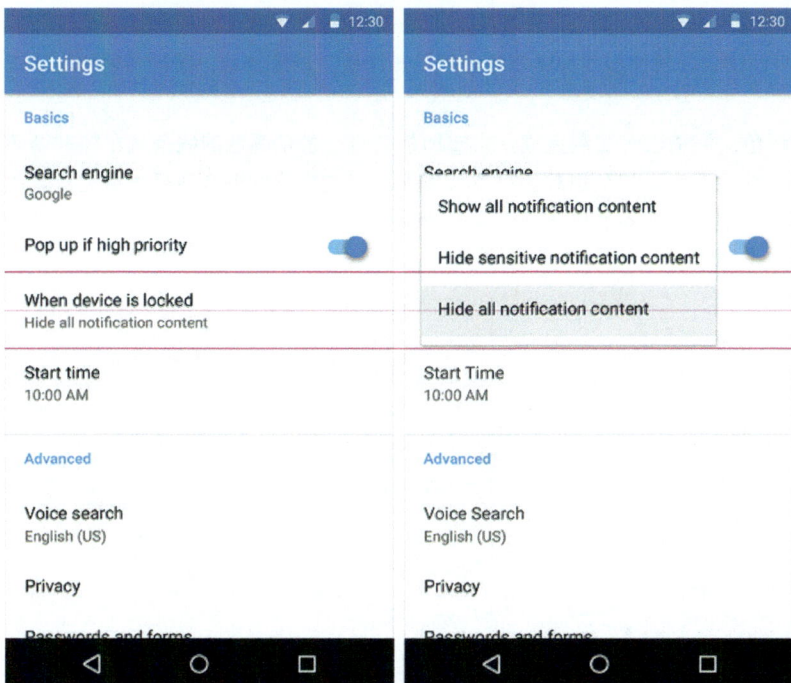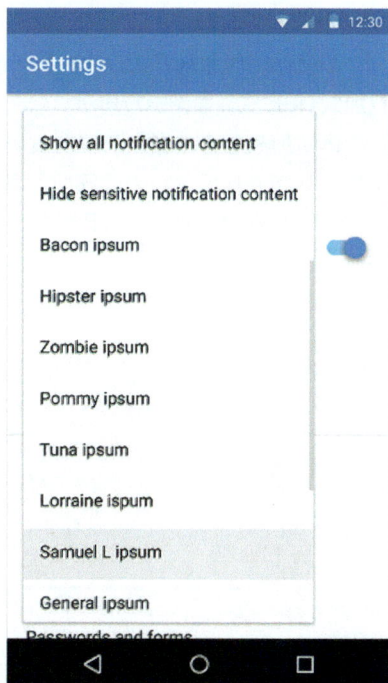

图 3-74   图 3-75

菜单距离顶部和底部各留出8dp距离，每个菜单宽48dp，文字与菜单边缘的距离为20dp，与菜单左侧的距离为16dp，如图3-76所示。

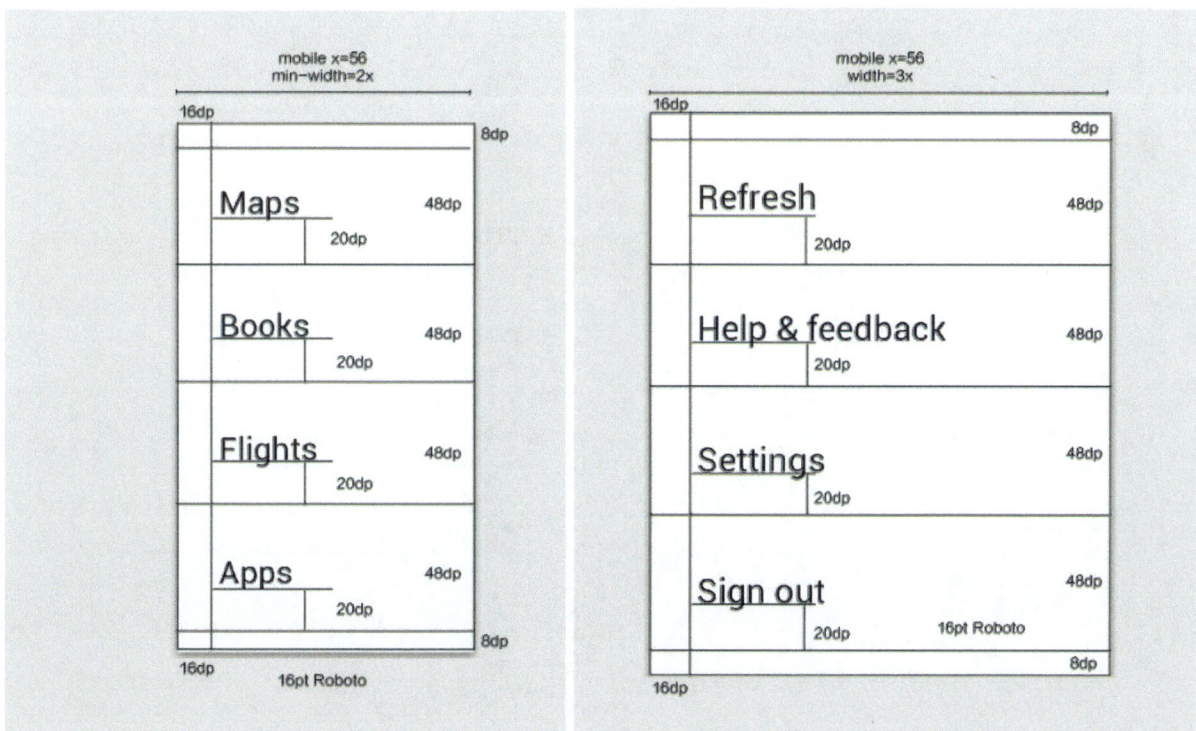

图 3-76

◎ 加载方式

Android的加载方式有线性和环形两种模式。线性加载按功能可分为已知加载、未知加载、缓冲加载和未知查找加载4种形式，如图3-77所示。

已知加载是将进度条从左向右填充颜色，满格表示加载完成。未知加载会有一条带颜色的线条从左往右循环位移，加载完毕后会消失。缓冲加载是先从左往右进行预加载，呈点状效果，当完整读取进度条后才会进行颜色填充。未知查找加载的方式比较特别，先出现一条填充的线条从右往左位移查找数据，查找完毕后再从左向后填充线条。

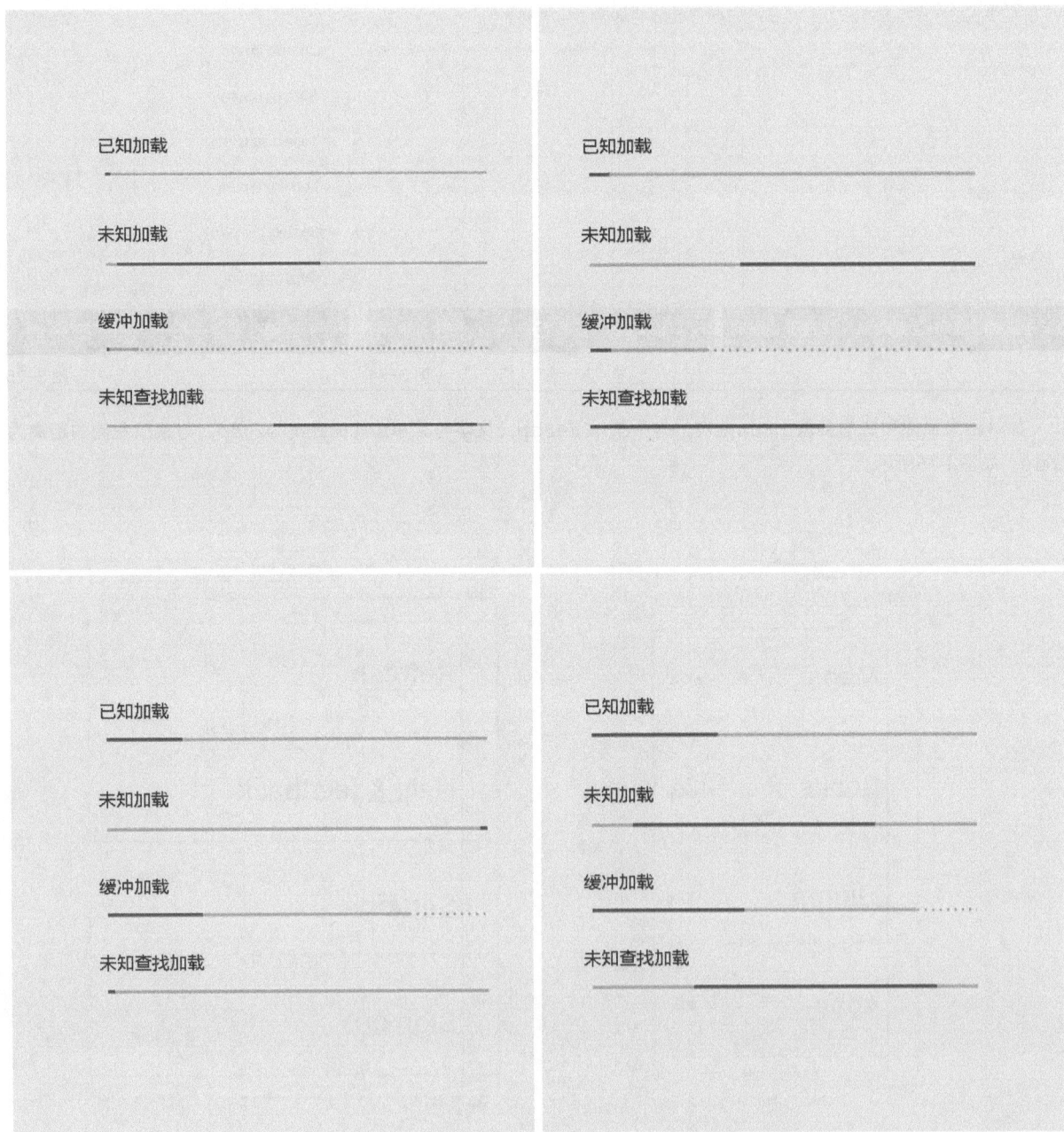

图3-77

环形加载分为已知加载和未知加载两种类型。其中已知加载的效果和线性已知加载的效果一样，都是进行颜色填充，而未知加载的圆环不会闭合，如图3-78和图3-79所示。

下拉刷新的加载动画比较特殊，列表不动，出现一张带有环形进度条的纸片，如图3-80所示。

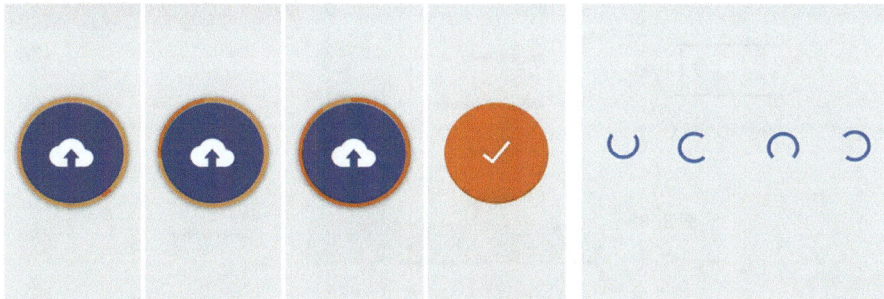
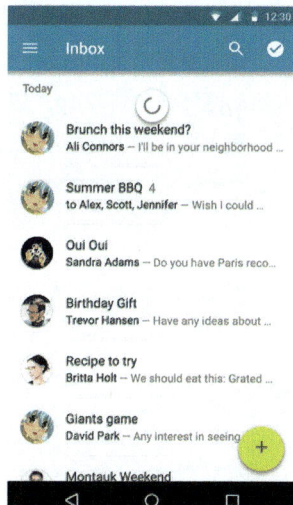

| 图 3-78 | 图 3-79 | 图 3-80 |

◎ **输入框**

在Android中简单的一条横线就能代表输入框，其宽度为2dp，在横线前可以带图标表示输入的内容，如图3-81所示。

当输入框为激活状态时，线条颜色会高亮显示，没有激活的输入框显示为灰色，内容错误的输入框颜色会改变，如图3-82所示。

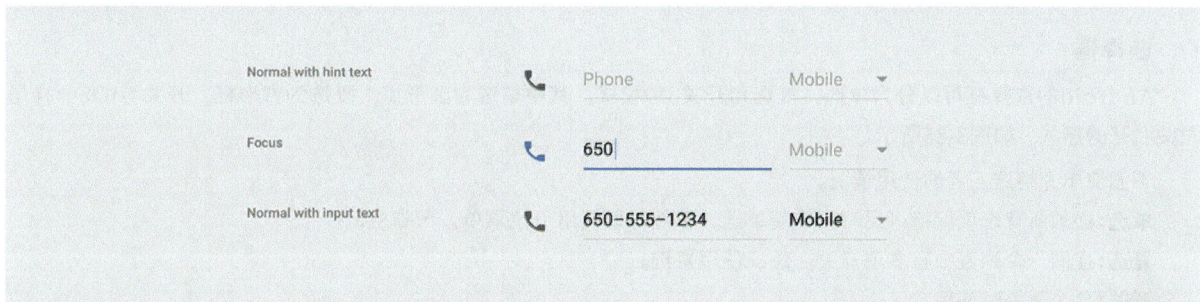

图 3-81

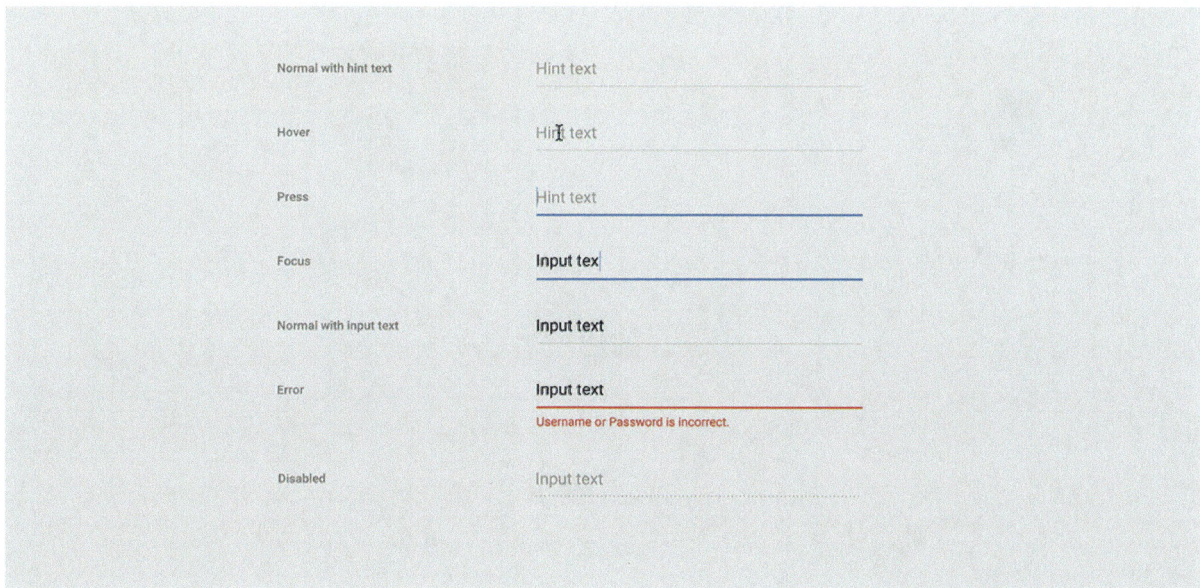

图 3-82

输入框点击区域高度至少48dp，横线距离点击区域的底部还有8dp，如图3-83所示。

输入框提示文字可以在输入内容后缩小停留在输入框左上角，提示文字与输入文字之间的距离为8dp，且整个输入框的区域增加到72dp，如图3-84所示。

输入框尽量带有自动补全功能，方便用户快速输入需要的内容，如图3-85所示。

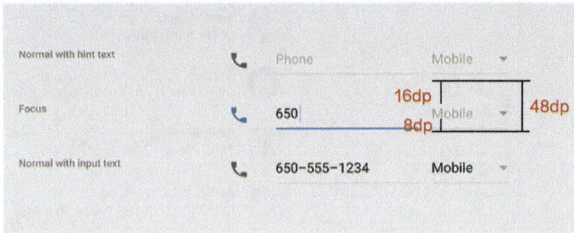

图 3-83

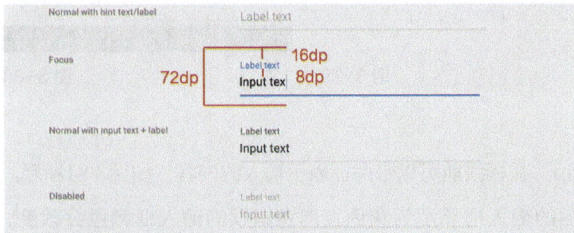

图 3-84

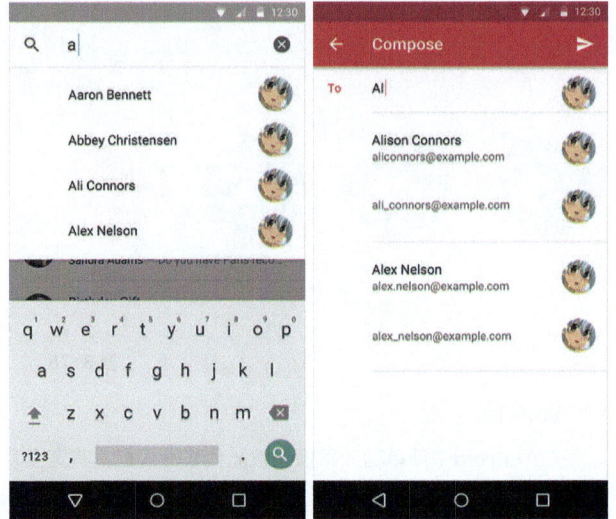

图 3-85

◎ 选择框

Android的选择框可以分为单选、复选和开关3种模式，其中单选为圆形点，复选为方形框，开关与iOS一样是左关右开的形式，如图3-86所示。

下面简单介绍这三者的使用情况。

单选： 必须所有选项保持可见时，才用单选。不然可以使用下拉菜单，节省空间。

复选： 在同一个列表中有多项开关，建议使用复选。

开关： 单个开关时使用。

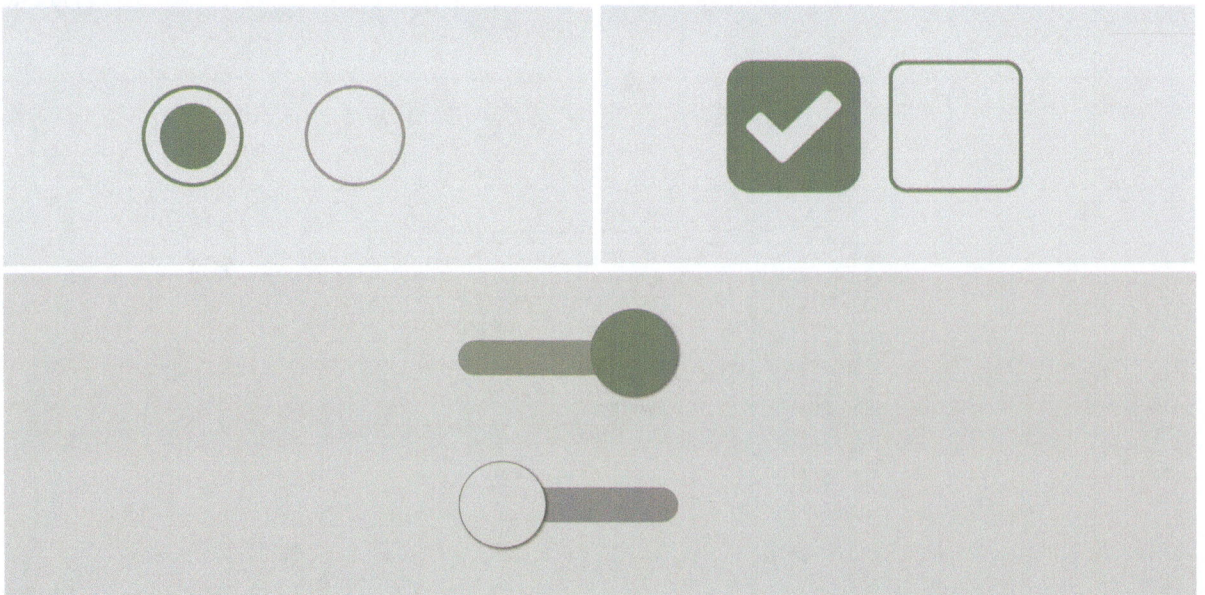

图 3-86

3.5 常用字体规范

文字是UI设计的一个重要元素。字体、字号、颜色和字间距等都是文字设计的重要组成部分。本节就将UI设计中的常用字体、字号、颜色、间距和对齐等规范进行讲解。

3.5.1 文字设计的要素

在进行UI的文字设计时，字体种类、背景和氛围这3个要素与整个画面设计的优美程度有直接关系。

◎ **字体种类**

在同一个界面中，切忌使用过多的字体种类，否则会显得界面杂乱不够专业。在设计时，最好选择同一系列的字体保证整体风格的统一，如图3-87所示，图中只是通过文字的大小、颜色和是否加粗来区别内容的层级关系。

> **提示**
>
> 在同一个App设计中，使用的字体种类最好不要超过3种。通过文字的大小和颜色就可以区分标题层级和正文内容。

图 3-87

◎ **文字与背景要分明**

文字的颜色和背景的颜色一定要有区别，这样用户在阅读时才能清楚地看见重点文字，在Banner设计中这一点尤为重要，如图3-88所示。

移动设备的界面设计也是同样的原理，文字和背景的区分要明显，否则用户在一些强光环境中就不能看清屏幕上的文字内容，如图3-89所示。

图 3-88

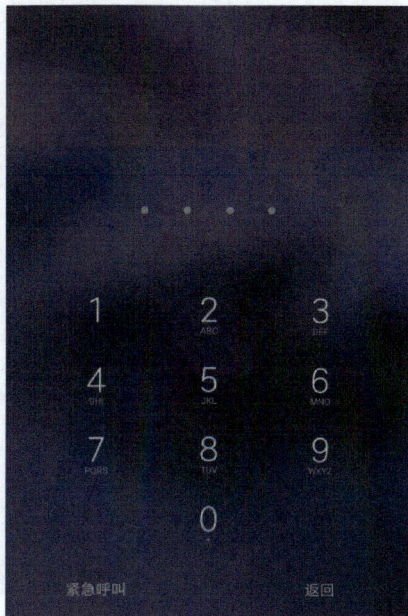

图 3-89

◎ 字体与氛围要匹配

文字设计要与设计氛围相匹配，移动界面有固定的字体，网页界面也有一些常用的字体。图3-90所示的Banner中的主标题文字通过设计后显得苍劲有力，富有动感，恰好与广告的主题相吻合，给用户带来很强的代入感。

图3-91所示的Banner中的主标题选用较为古朴的字体，所有文字的颜色也使用茶叶的绿色，和广告主题一致。不仅显得整体画面高端大气，还能增强用户的购买和点击率。

图 3-90

图 3-91

3.5.2 常用字体的类型

常用的字体按照风格可以分为平稳型、刚劲型和可爱型3种，在不同类型的产品中需使用不同风格的字体。下面逐一进行介绍。

◎ **平稳型**

平稳型字体常见的有微软雅黑、苹方字体、华文细黑和方正正中黑等，这些字体在设计时都比较常用。另外，方正兰亭系列的字体也是比较稳重的字体，且具有细腻感和科技时尚感，在网页设计中比较常见，如图3-92所示。

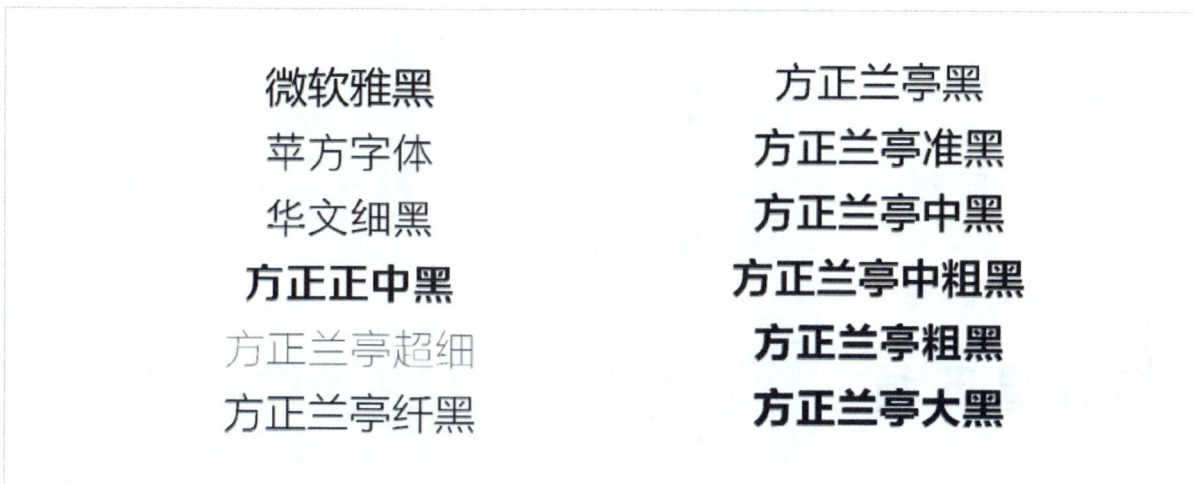

微软雅黑　　　　　方正兰亭黑

苹方字体　　　　　方正兰亭准黑

华文细黑　　　　　方正兰亭中黑

方正正中黑　　　**方正兰亭中粗黑**

方正兰亭超细　　　**方正兰亭粗黑**

方正兰亭纤黑　　　**方正兰亭大黑**

图 3-92

◎ **刚劲型**

刚劲有力的字体可以让画面整体更清晰明了，常见的字体类型有张海山锐线、造字工房版黑和造字工房劲黑等，如图3-93所示。

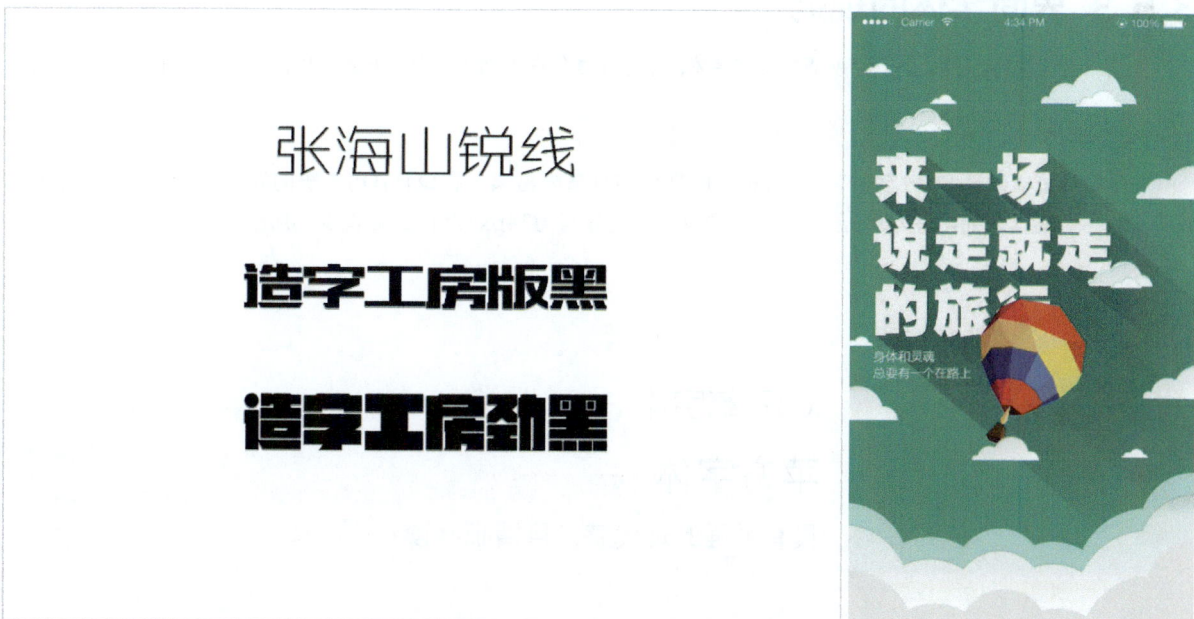

张海山锐线

造字工房版黑

造字工房劲黑

图 3-93

◎ **可爱型**

方正经黑、方正稚艺、汉仪小麦、汉仪悠然、汉仪跳跳和汉仪黑荔枝等字体都是可爱型字体。这类字体不像前两种风格的字体显得那么规整，而是透露出一种活泼、可爱的感觉，如图3-94所示。

图 3-94

> **提示**
>
> 这类字体大多数有版权，需要付费后才能商业使用。

3.5.3 界面字体的规范

作为一名合格的UI设计师，必须清楚文字字体、字号和颜色在界面中的使用方式，以保证整个界面文字的统一性。

◎ **系统字体**

iOS的系统字体是"苹方字体"，具有很强的现代感且清晰易读。在设计iOS系统的界面时，长文本的字号为26px~34px，短文本的字号为28px~32px，注释类文字的字号为24px~28px，如图3-95所示。

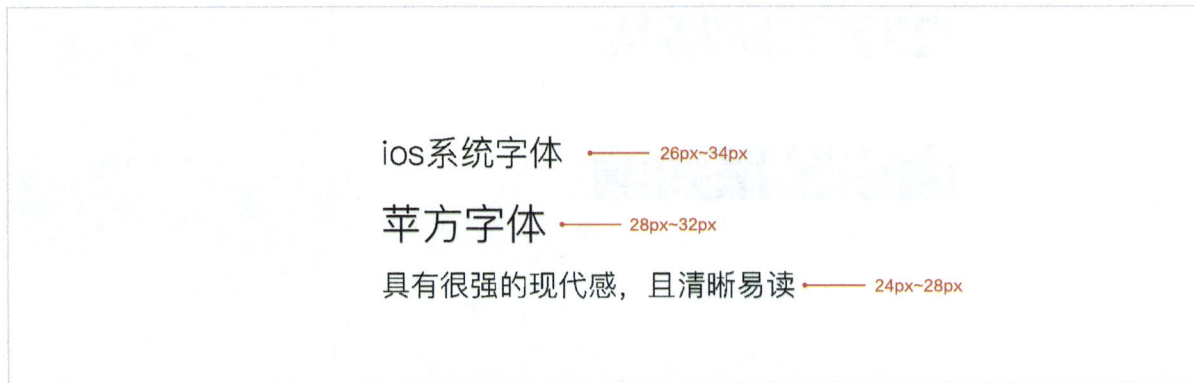

ios系统字体 —— 26px~34px

苹方字体 —— 28px~32px

具有很强的现代感，且清晰易读 —— 24px~28px

图 3-95

Android的系统字体是Roboto系列和Noto系列，每个系列的字体都有不同的类型，如图3-96和图3-97所示。

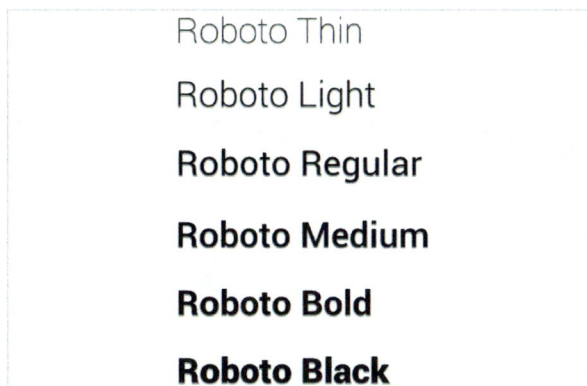

Roboto Thin
Roboto Light
Roboto Regular
Roboto Medium
Roboto Bold
Roboto Black

图 3-96

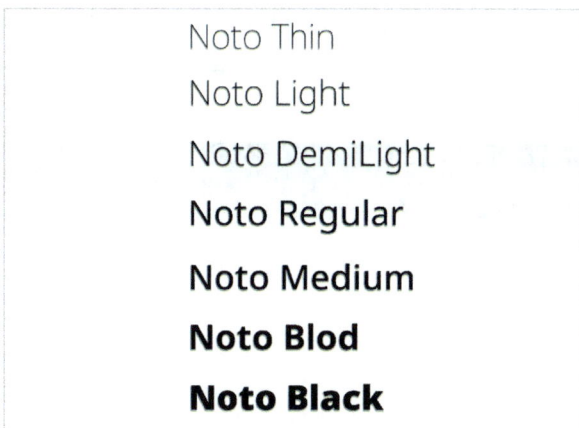

Noto Thin
Noto Light
Noto DemiLight
Noto Regular
Noto Medium
Noto Blod
Noto Black

图 3-97

提示

Adobe软件中的"思源黑体"系列字体是与谷歌公司共同开发的，属于谷歌Note字体系列中的一种。在谷歌公司的字体命名中"思源黑体"的名称是NotoSans。

◎ **字号规范**

App都是由多个页面共同组成的，为了保证统一性，在颜色、字号和间距上都要有一套统一的标准。App的设计稿一般是按照iPhone 6的尺寸进行设计，因此需要了解该种机型的字号标准。

iPhone 6的导航主标题字号为34px或36px。系统默认的字号为34px，个别软件为了强调页面的位置关系，会用36px的字号，如图3-98所示。

iOS的界面中使用苹方粗体，其中正文字号32px~34px，副文字号为24px~28px，最小的字号不小于20px。为了强调阅读性，阅读类App的标题部分会选择34px的字号，正文选择32px的字号，如图3-99和图3-100所示。

图 3-98

图 3-99

图 3-100

列表页的页面中，标题的字号为34px，副标题的字号为28px，消息和时间的字号为20px，如图3-101所示。

划分类别的提示文字一般用26px的字号，这样既可以方便用户阅读，又不会太过抢眼，如图3-102所示。

登录类的按钮上的文字一般使用34px的字号，这样既可以拉开与按钮间的层次，又可以起到引导的作用，如图3-103所示。

图 3-101

图 3-102

图 3-103

提示

在选择字号时一定要选择偶数字号。在开发界面时，字号需要除以2进行换算。在网页端的字号最小为12px，正文用14px或16px。

◎ **颜色规范**

界面中的文字分为主文、副文和提示文案3个层级。在白色背景下，文字颜色的层次分别为黑色、深灰色和灰色，如图3-104所示。

在浅灰色的背景中，分割线可以使用图3-105所示的两种灰色。当然这些颜色并不是固定的，可以根据界面的设计风格进行选择。

图 3-104

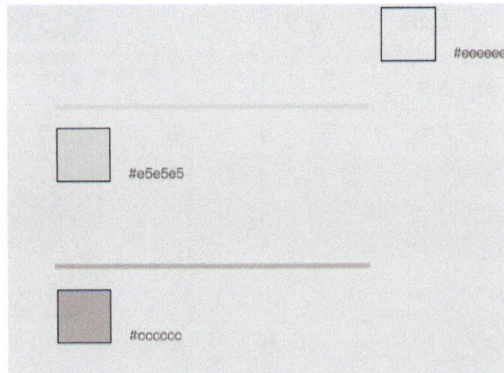

图 3-105

3.6 UI 设计的整体规范

建立一套UI设计规范，可以减少与开发人员对接时造成的错误。建立一套设计规范，不仅可以便于多位设计师共同协作，而且方便在不同平台上适配使用，同时还可以保持产品体验的一致性。

制定一套设计规范要从色彩控件、按钮控件、分割线、头像、提示框、文字、间距和图标这8个方面进行统一的规范。本节将逐一讲解这些规范。

3.6.1 色彩控件

统一界面的色彩，需要先将界面的主色、辅助色和点睛色罗列出来，这样在设计界面时，就可以围绕这些颜色进行设计，避免造成界面颜色的混乱。

色彩控件表示用一串代码或字母就能调取一个样式，如图3-106所示是色彩控件的多种状态。这些状态将阅读模式分为白天和夜晚，按钮颜色再由点击前和点击后进行区分。当然，设计师也可以将这些组件自定义名称，如S1、S2等，只要能区分组件即可。

将所有需要用到的颜色罗列出来，按照字体、线条和色块进行分类，并标注颜色色块、色值和空间代号，这样更有助于设计师之间的协作。

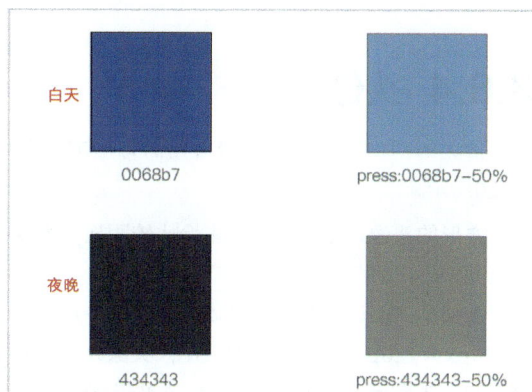

图 3-106

3.6.2 按钮控件

在移动设备中有3种按钮状态，分别是Normal（常态）、Pressed（点击）和Disable（不可用）。通常点击状态的按钮颜色为常态的50%，不可用状态时，按钮呈灰色，如图3-107所示。

在一款产品中，按钮的大小不尽相同，需要将所有的按钮都罗列出来制定统一规范。按钮的尺寸、字号、描边（一般为1px）、圆角（一般为8px）等都要统一，如图3-108所示。

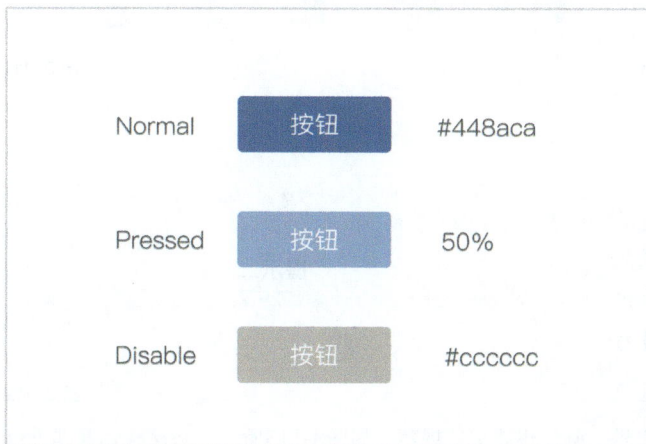

图 3-107

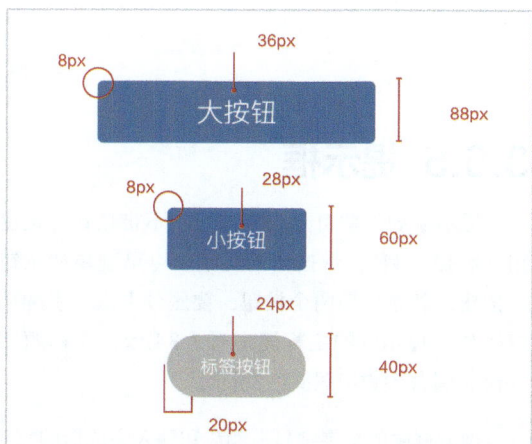

图 3-108

3.6.3 分割线

分割线的颜色需要根据背景颜色确定。在白色的背景下，分割线颜色为浅灰色(R:225,G:225,B:225)，线粗1px；在灰色背景下，分割线颜色为深灰色(R:204,G:204,B:204)，如图3-109所示。

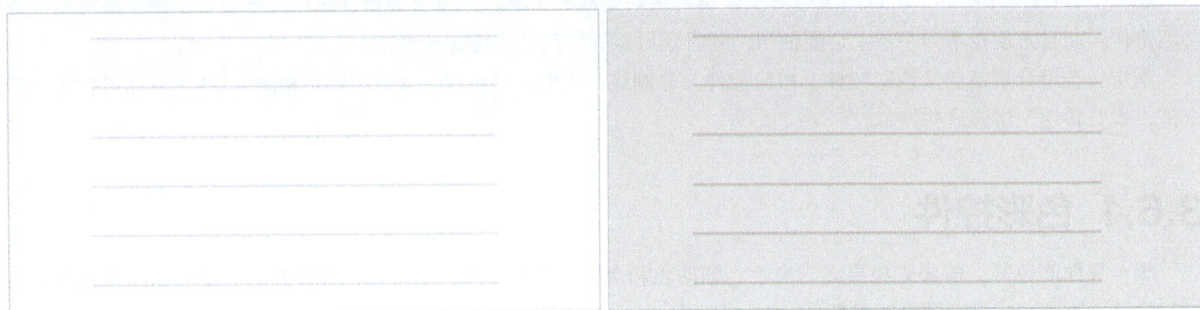

图 3-109

3.6.4 头像

常见的用户头像边框有带圆角的方形或圆形两种，为了保持产品的统一性，头像的设计也应该统一，如图3-110所示。

方形的头像边框边缘看起来会比较明显，容易造成视觉干扰，而圆形的头像边框则会将视线引导到画面中心位置，减少用户的阅读时间。

社交类产品运用头像的时候比较多，在不同的场景页面中其大小也有不同的要求。在个人中心页中，头像大小为120px×120px；在个人资料页中，头像大小为96px×96px；在消息列表页中，头像大小为72px×72px；在详情/导航页中，头像大小为60px×60px；在帖子列表页中，头像大小为40px×40px，如图3-111所示。

图 3-110

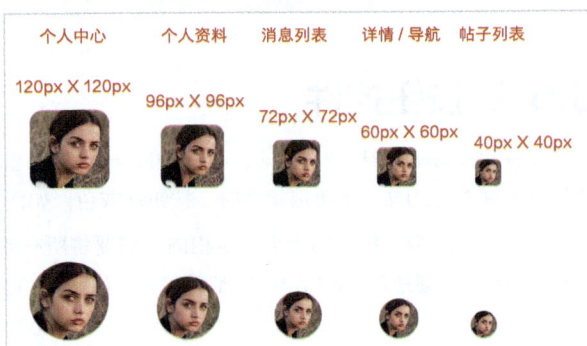

图 3-111

3.6.5 提示框

提示框的类型可分为带按钮、不带按钮、进度提示和加载提示4种。带按钮的提示框可呈现单独按钮或多个按钮，若是出现两个按钮，要区分主次，引导用户完成操作。提示框的主标题字号为34px，副标题字号为26px，具体参数如图3-112所示。

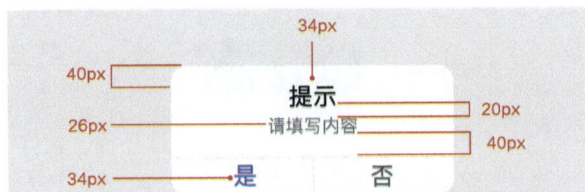

图 3-112

搜索框中的文字字号、颜色和输入完成后的文字字号、颜色也要进行规范，如图3-113所示。将这些元素都进行标注，以便统一设计。

当需要输入文字时，就必须使用输入框。输入框可以出现在导航区域或是页面底部的评论区域。当输入的文字过多时，还需要规范文字输入框的文字显示个数、文字与边框的间距等信息，如图3-114所示。

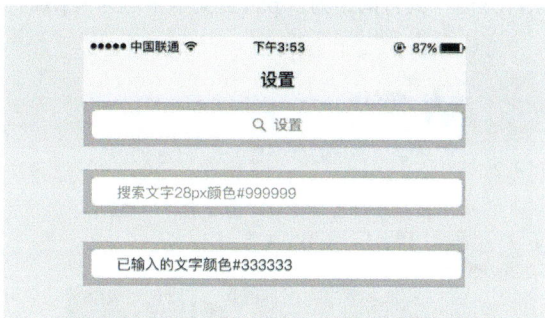

图 3-113

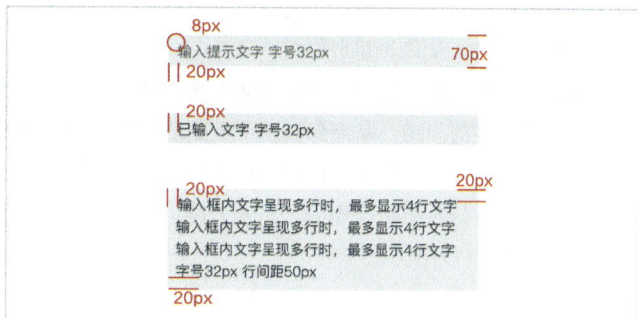

图 3-114

在一些聊天界面中会出现消息对话框，可以发送文字或图片。文字发送会以气泡效果呈现，自己说的话和对方说的话的气泡方向相反。发送中和发送失败时，会在气泡的前方出现相应的图标样式，如图3-115所示。发送图片时也会出现相应的状态，只是在发送图片时可以用百分比数字进行显示，如图3-116所示。

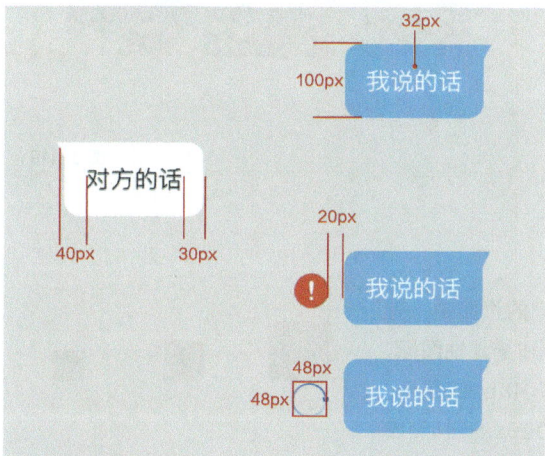

图 3-115

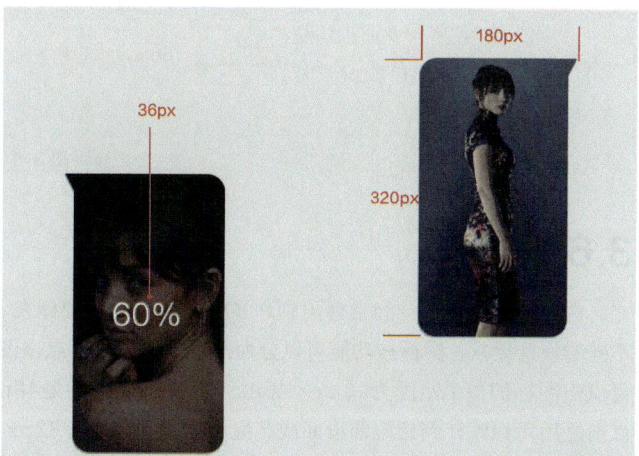

图 3-116

提示

输入语音的对话框规范与输入文字一样，这里不赘述。

3.6.6 文字

文字信息的重要性不同，选用的字号也不尽相同，像标题类的文字信息字号会大一些，提示类文字信息的字号会小一些。在阅读类软件中，正文的字号通常为34px，评论的字号为32px，昵称的字号为28px，描述性文字的字号为24px，最小字号不能小于20px，如图3-117所示。

提示

在图中的字号不是绝对的，如"微博"中正文和评论的字号都为34px，描述性文字的字号为28px。

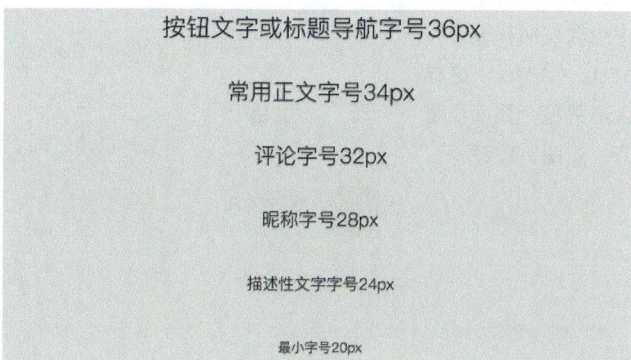

图 3-117

3.6.7 间距

当使用不同的文字字号时，其行间距也不同。当文字字号为34px时，其行间距为20px；当文字字号为32px时，其行间距为18px，如图3-118所示。

在阅读类App的页面中，为了保证页面的统一性，会在页面四周留出一定的间距，从而保证整个页面的规整。一般情况下，在页面的四周会留出30px的距离，这个数值不是绝对的，可以适当扩大，最大不超过40px，否则会降低页面使用率，浪费版面，如图3-119所示。

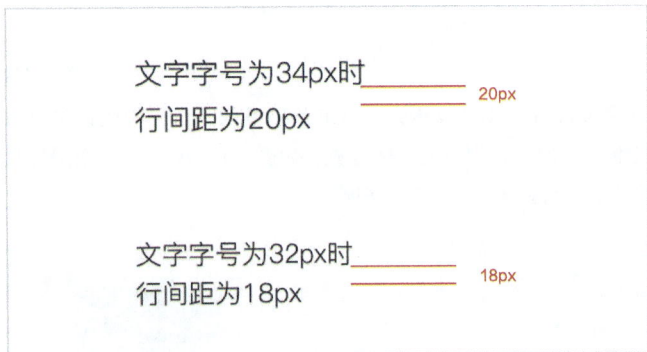

图 3-118

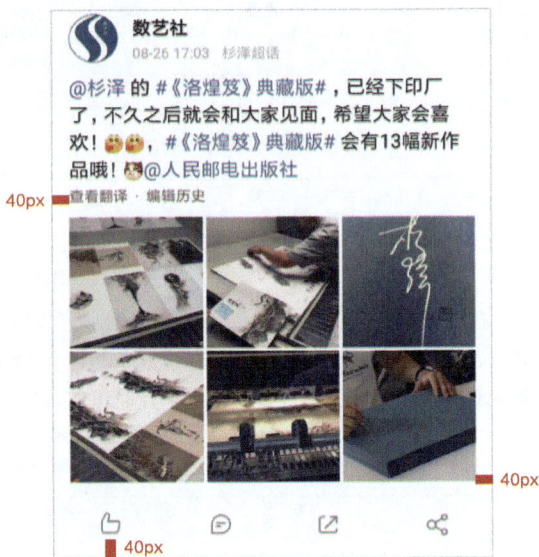

图 3-119

3.6.8 图标

在同一款软件中，经常会用到许多图标，而这些图标在不同的页面中，有不同的设计要求。图标按功能可以分为两类，分别是可点击图标和描述性图标。可点击图标的最小范围为40px×40px，其中最常见的是48px×48px的图标，点击之后可以跳转到相应的页面或产生反馈，此外还有32px×32px的图标；描述性图标的大小一般为24px×24px，其目的是用来增强易读性，并不具备独立操作，如图3-120所示。

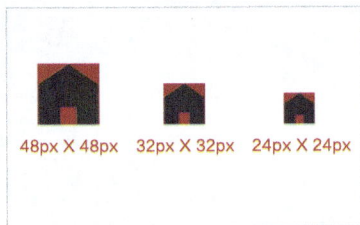

图 3-120

48px×48px的图标通常用在顶部导航栏和底部的菜单栏中，如图3-121所示，在一些分享页面中也会将图标设定为48px×48px，这样会显得整个页面很整齐，如图3-122所示。

图 3-121

图 3-122

第 4 章 图标设计

图标是UI设计中的一个重点。扁平化风格和线性风格的图标是近年来流行的风格，读者需要掌握二者设计和制作的方法及要点。对于其他风格的图标，读者只需要了解即可。

- 掌握扁平化风格图标的制作方法
- 掌握线性风格图标的制作方法
- 了解其他风格的图标

近年来UI设计越来越注重简洁性，扁平化风格的设计就成为界面图标的主要形式。扁平化的图标不仅要美观，还要直接表述图标所表达的含义。

4.1.1 课堂案例：制作扁平化风格的播放器图标

素材位置	无
实例位置	实例文件 >CH04> 课堂案例：制作扁平化风格的播放器图标 .ai
视频名称	课堂案例：制作扁平化风格的播放器图标 .mp4
学习目标	掌握扁平化风格图标的绘制方法

本案例是在Illustrator中制作扁平化风格的播放器图标，效果如图4-1所示。

图 4-1

01 启动Illustrator，使用"矩形工具"■在视口中绘制一个48px×48px的浅灰色矩形，关闭"描边"，如图4-2所示。这个灰色的矩形就作为图标的规范背景，所绘制的图标都不能超过这个矩形。

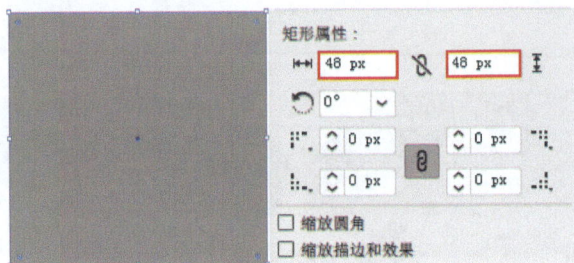

图 4-2

02 绘制暂停按钮。暂停按钮是由两个样式相同的圆角矩形组成的。使用"圆角矩形工具"■在灰色矩形内绘制一个12px×40px的圆角矩形，并设置圆角为6px，如图4-3所示。

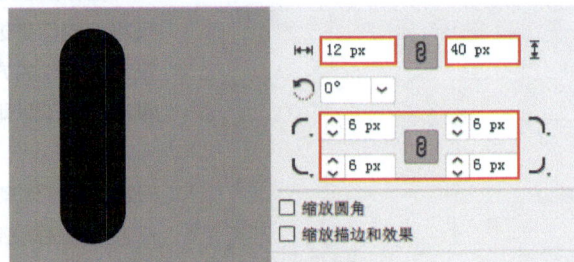

> **提示**
>
> 选中底部灰色的矩形，按Ctrl+2组合键可将其锁定，这样不会出现误操作而造成矩形位移的情况。

图 4-3

03 选中绘制的圆角矩形并按住Alt键，使用"选择工具"▶向右移动复制一份，如图4-4所示。

04 选中两个圆角矩形，执行"窗口>路径查找器"菜单命令打开"路径查找器"面板，单击"联集"按钮■使其合并为一个整体图形，如图4-5所示。

图 4-4

图 4-5

05 绘制播放按钮。 播放按钮是一个圆角三角形。将灰色的矩形复制一份并锁定，然后使用"多边形工具" ◎，在灰色矩形内绘制一个三角形，设置"多边形边数计算"为3，"多边形角度"为30°，"圆角半径"为2px，"多边形半径"为25px，如图4-6所示。

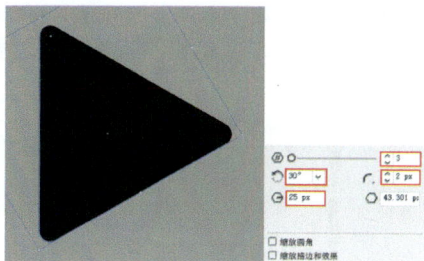

> **提示**
>
> 按Ctrl+Alt+2组合键可以解锁灰色矩形。

图 4-6

06 绘制快进按钮。 快进按钮是两个重叠的圆角三角形，可以在播放按钮的基础上进行制作。选中圆角三角形，按住Alt键并使用"选择工具" ▶ 向右移动复制一份，如图4-7所示。

07 此时快进按钮是两个独立的图形，需要将其合并为一个图形。选中两个圆角三角形，执行"窗口>路径查找器"菜单命令打开"路径查找器"面板，单击"联集"按钮 ❚ 使其合并为一个整体图形，如图4-8所示。

08 绘制快退按钮。 快退按钮与快进按钮呈对称效果，将快进按钮复制一份后单击鼠标右键，在弹出的菜单中选择"变换>对称"选项，然后在弹出的"镜像"对话框中选择"垂直"选项即可，如图4-9和图4-10所示。

图 4-7

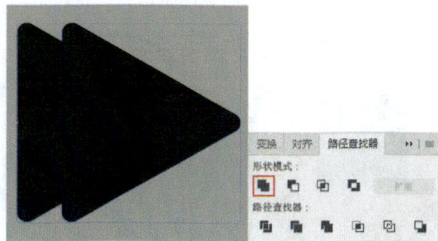

图 4-8

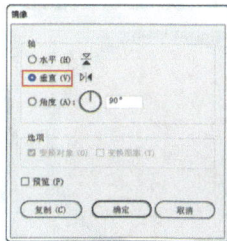

图 4-9

图 4-10

4.1.2 课堂案例：制作扁平化风格的旅游图标

素材位置	无
实例位置	实例文件 >CH04> 课堂案例：制作扁平化风格的旅游图标 .psd
视频名称	课堂案例：制作扁平化风格的旅游图标 .mp4
学习目标	掌握扁平化风格图标的绘制方法

本案例是在Photoshop中制作旅游类App的常用图标，效果如图4-11所示。

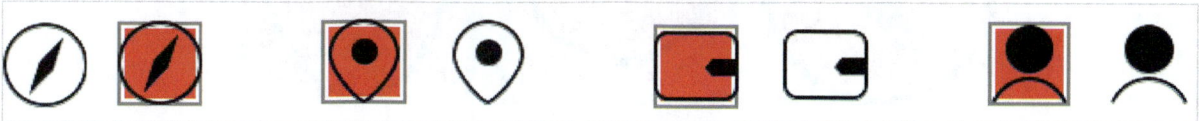

图 4-11

01 启动Photoshop，新建一个1000像素×750像素的空白文档，如图4-12所示。

02 绘制图标的规范背景。 使用"矩形工具" ▢ 绘制一个48像素×48像素的正方形，设置"填充"为灰色，禁用"描边"功能，如图4-13所示。

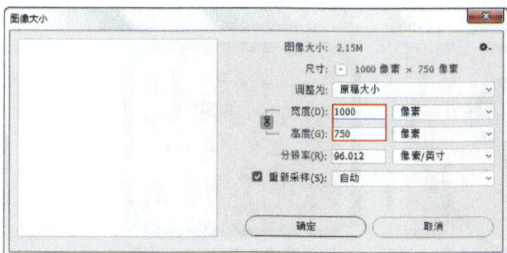

图 4-12

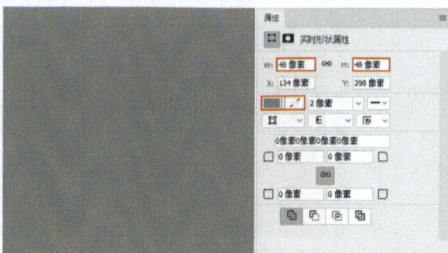

图 4-13

03 使用"矩形工具" 绘制一个44像素×44像素的正方形，设置"填充"为白色，禁用"描边"功能，如图4-14所示。

04 使用"矩形工具" 绘制一个40像素×40像素的正方形，设置"填充"为红色，禁用"描边"功能，如图4-15所示。

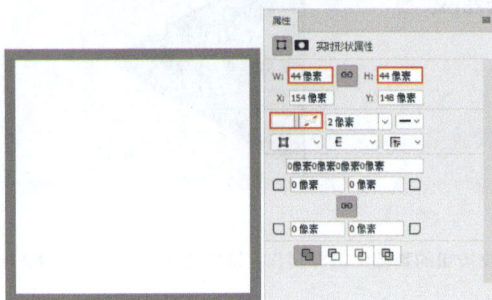
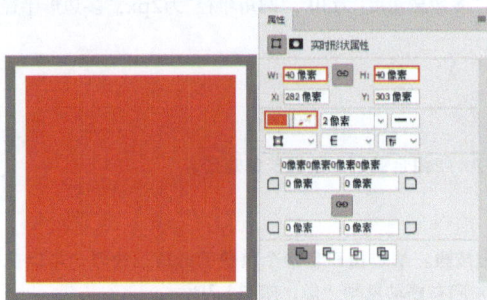

图 4-14　　　　　　　　　　　　　　　　　图 4-15

05 **绘制方向图标**。方向图标是由圆形路径和四边形组成的。使用"椭圆工具" 并按住Shift键在背景上绘制一个48像素×48像素的圆形，设置"描边宽度"为2像素，如图4-16所示。

06 使用"矩形工具" 绘制一个正方形，设置"填充"为黑色，如图4-17所示。

07 按Ctrl+T组合键打开"自由变换"工具，按住Shift键将正方形旋转45°，如图4-18所示。

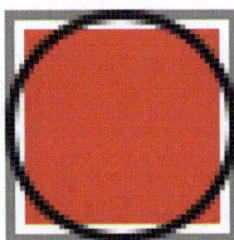
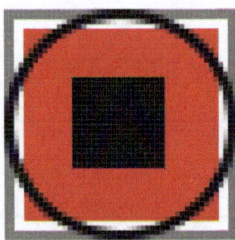

图 4-16　　　　　　　　图 4-17　　　　　　　　图 4-18

08 再次按Ctrl+T组合键打开"自由变换"工具，将形状进行调整并适当旋转，如图4-19所示。

09 **绘制地点图标**。地点图标是由两个圆形组成的。复制一份规范背景，使用"椭圆工具" 绘制一个40像素×40像素的圆形，如图4-20所示。

10 使用"直接选择工具" 选中圆形下方的锚点向下拖动，效果如图4-21所示。

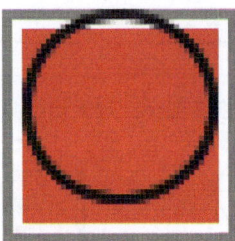
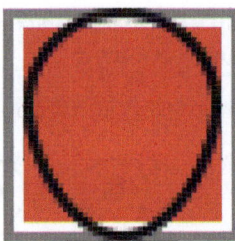

图 4-19　　　　　　　　图 4-20　　　　　　　　图 4-21

11 继续使用"直接选择工具" 调整锚点的角度，效果如图4-22所示。

12 使用"椭圆工具" 绘制一个15像素×15像素的圆形，设置"填充"为黑3色，关闭"描边"，如图4-23所示。

13 **绘制支付图标**。支付图标由圆角矩形和矩形两部分组成。将规范背景复制一份，使用"圆角矩形工具" 绘制一个48像素×40像素，"圆角半径"为8像素，"描边宽度"为2像素的圆角矩形，如图4-24所示。

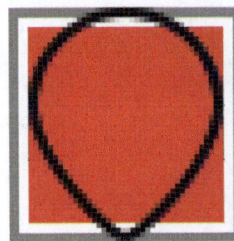
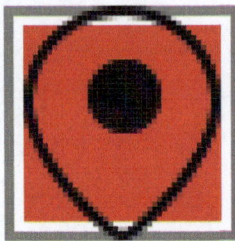
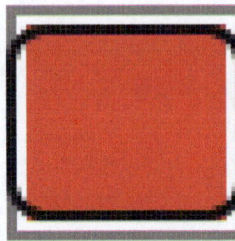

图 4-22　　　　　　　　图 4-23　　　　　　　　图 4-24

14 使用"矩形工具" ▢ 绘制一个13像素×10像素的矩形，设置"填充"为黑色，关闭"描边"功能，如图4-25所示。

15 使用"添加锚点工具" ✎ 在上一步绘制的矩形上添加一个锚点，如图4-26所示。

16 使用"直接选择工具" ▷ 将添加的锚点向左拖动一段距离，如图4-27所示。

17 调整锚点的造型，效果如图4-28所示。

18 **绘制用户图标**。用户图标由两个圆形组成。将规范背景复制一份，使用"椭圆工具" ◯ 绘制一个28像素×28像素的圆形，设置"填充"为黑色，关闭"描边"功能，如图4-29所示。

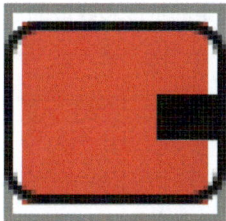 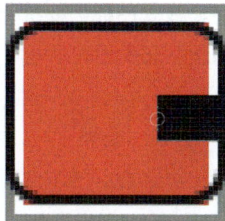 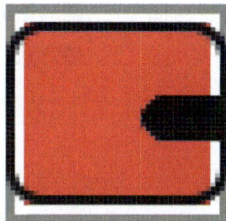 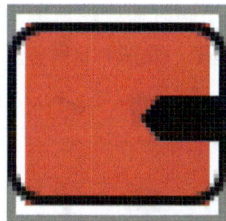 

图 4-25　　　　　　图 4-26　　　　　　图 4-27　　　　　　图 4-28　　　　　　图 4-29

19 继续使用"椭圆工具" ◯ 绘制一个48像素×48像素的圆形，设置"描边宽度"为2像素，如图4-30所示。

20 使用"添加锚点工具" ✎ 在上一步绘制的圆形上添加两个锚点，如图4-31所示。

21 使用"直接选择工具" ▷ 选中多余的锚点并删除，图标效果如图4-32所示。

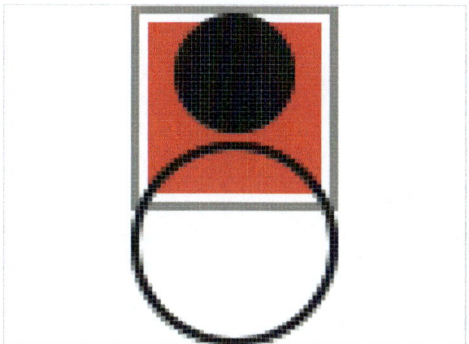 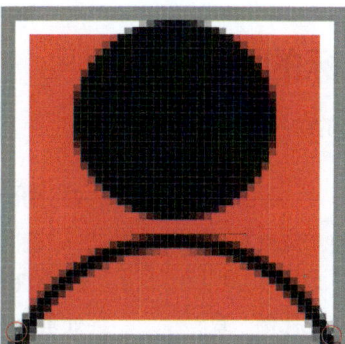 

图 4-30　　　　　　　　　　图 4-31　　　　　　　　　　图 4-32

4.1.3　扁平化图标的概念

　　扁平化图标最大的特点是简洁明了，可以让用户一眼识别图标的含义。虽然扁平化图标看起来简单，但在设计时，不仅要美观，还要容易识别，如图4-33所示。

　　扁平化图标经常用于界面和菜单栏中，这类图标在绘制时需要统一外观和识别性。在网上下载一些素材拼凑成一套图标，不仅会降低界面的档次，还会造成风格不统一的问题，如图4-34所示，这是图标设计中的大忌。

 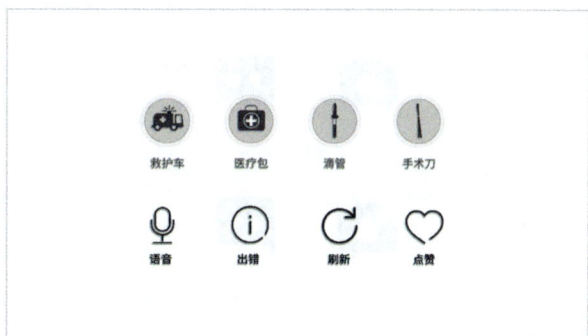

图 4-33　　　　　　　　　　　　　　　　　　　　　　图 4-34

4.1.4 扁平化图标的类型

扁平化图标有面式图标和线式图标两种类型。

◎ **面式图标**

面式图标由于填充面积较大，整体会显得很饱满，视觉平衡度也较高。在绘制时需要注意圆角和黑白面积，把握好形状的轮廓造型，如图4-35所示。

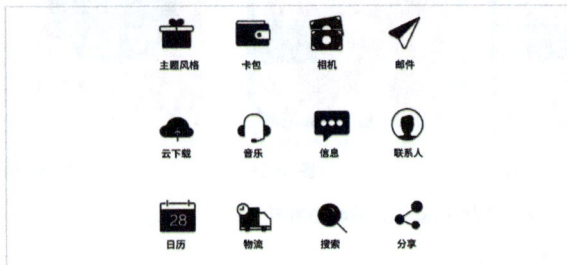

图 4-35

◎ **线式图标**

线式图标在视觉上更轻盈，具有设计感，且具有良好的拓展性。线式图标需要统一线条的宽度和线段的连接方式，如图4-36所示。

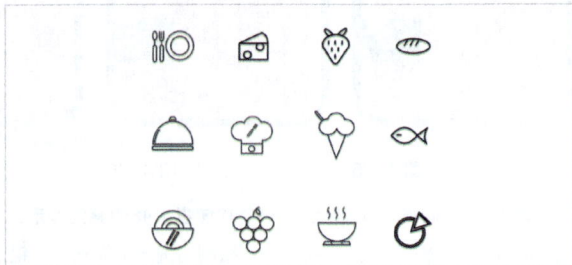

图 4-36

4.1.5 设计扁平化图标的注意事项

设计扁平化图标最重要的是设计的统一性，包括以下3点。

◎ **统一形体**

统一形体需要从图标的黑白面积、风格和细节3方面入手。

黑白面积：保证每个图标的黑白填充比例一致。

风格：一套图标统一都是面式或都是线式，不要出现混搭的情况。

细节：每个图标的圆角大小或留白宽度相同。

◎ **节奏平衡和视觉平衡**

图标的内部结构要注意元素之间的比例。人眼存在视差，在同一个尺寸规格条件下，不同形状的图标可以通过面积占比达到视觉平衡，如图4-38所示。在设计时，可以根据眼睛观察到的真实情况进行调整。

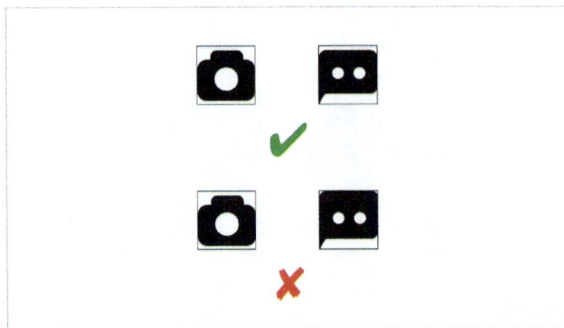

图 4-38

◎ **统一颜色风格**

图标的颜色可以丰富图标的细节。在处理颜色时，不仅要加强图标的层次感，还要统一图标的颜色风格，如图4-37所示。

图 4-37

提示

严谨的图标比例可以参照iOS的图标设计规范，先打好内部结构线后再绘制图标并分配元素比例，如图4-39所示。

图 4-39

4.2 线性风格图标

线性风格的图标设计简单，常用于界面的底部标签栏、导航功能按钮和分类按钮等位置。

4.2.1 课堂案例：制作线性风格的聊天图标

素材位置	无
实例位置	实例文件 >CH04> 课堂案例：制作线性风格的聊天图标 .psd
视频名称	课堂案例：制作线性风格的聊天图标 .mp4
学习目标	掌握线性风格图标的绘制方法

本案例是在Photoshop中制作UI设计中的聊天类软件的常用图标，效果如图4-40所示。

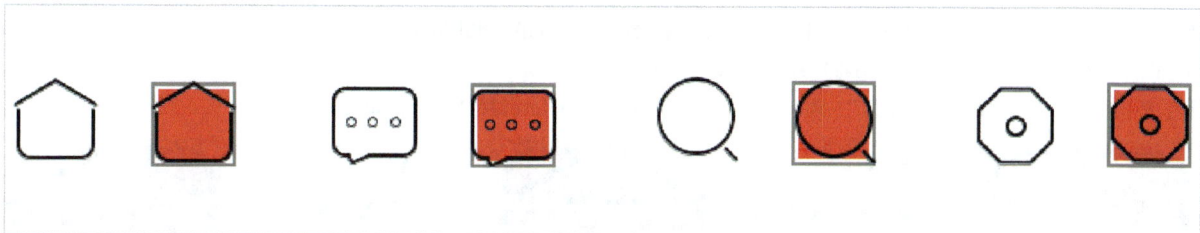

图 4-40

01 启动Photoshop，新建一个1000像素×750像素的空白文档，如图4-41所示。

02 **绘制图标的规范背景**。使用"矩形工具" ▢ 绘制一个48像素×48像素的正方形，并设置"填充"为灰色，禁用"描边"功能，如图4-42所示。

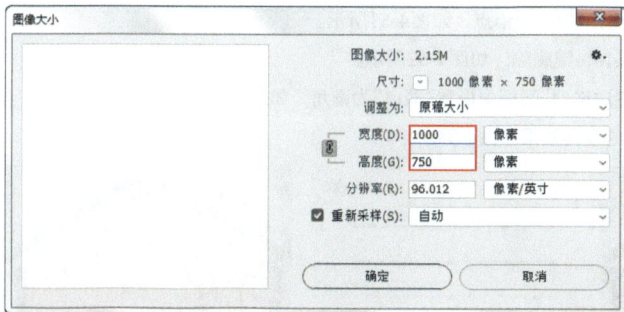

图 4-41

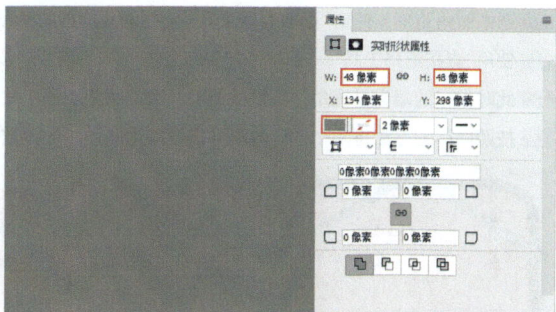

图 4-42

03 使用"矩形工具" ▢ 绘制一个44像素×44像素的正方形，并设置"填充"为白色，禁用"描边"功能，如图4-43所示。

04 使用"矩形工具" ▢ 绘制一个40像素×40像素的正方形，并设置"填充"为红色，禁用"描边"功能，如图4-44所示。

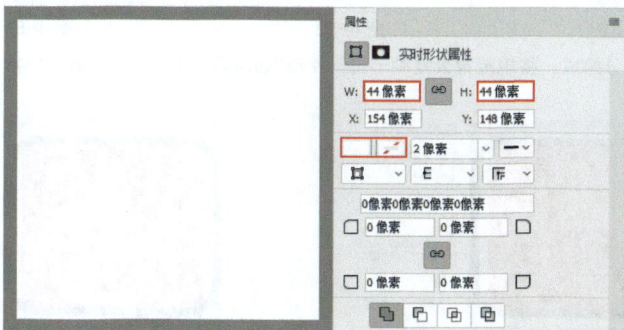

图 4-43

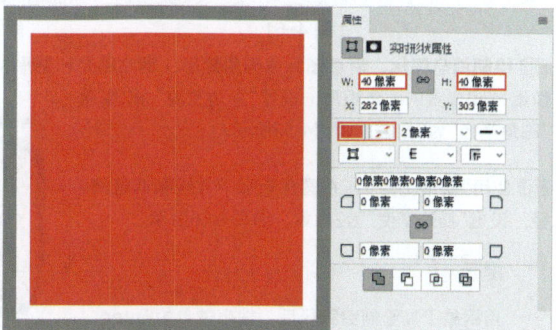

图 4-44

05 **绘制主页图标**。主页图标由圆角矩形和三角形组成。使用"圆角矩形工具" ▢ 在规范背景上绘制一个44像素×44像素的圆角矩形，设置"描边"为2像素，"圆角半径"为8像素，如图4-45所示。

06 选用"多边形工具" ◯ ，在背景上单击鼠标，在弹出的"创建多边形"对话框中设置"边数"为3，单击"确定"按钮 ▭ ，如图4-46所示。创建的三角形如图4-47所示。

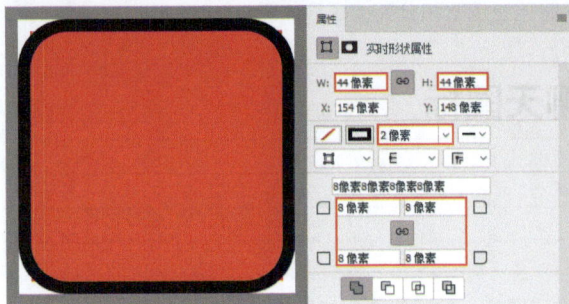
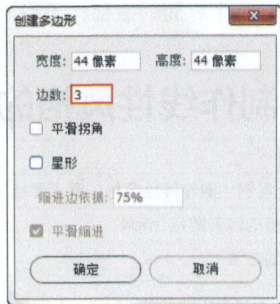
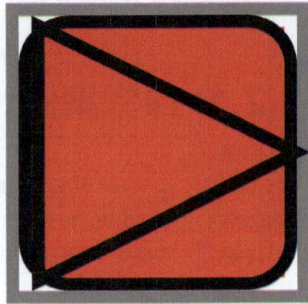

图 4-45　　　　　　　　　图 4-46　　　　　　　　　图 4-47

07 选中三角形，按Ctrl+T组合键打开"自由变换"工具，将其旋转90°，如图4-48所示。

08 保持三角形的自由变换状态，然后将其调整为图4-49所示的效果。

09 选中三角形，使用"直接选择工具" ▷ 选中三角形下方的线段，按Delete键将其删除，如图4-50所示。

提示

旋转时按住Shift键可以以整数角度进行精确旋转。

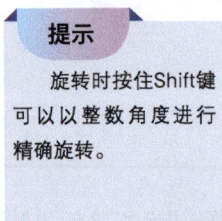
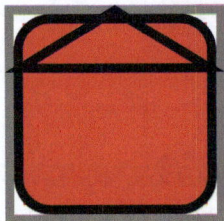

提示

在调整三角形时，需要将三角形的边缘紧贴灰色背景的边缘。

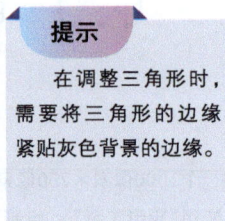
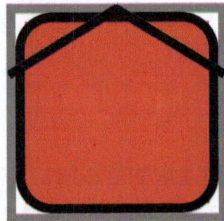

图 4-48　　　　　　　　　图 4-49　　　　　　　　　图 4-50

10 选中圆角矩形，使用"添加锚点工具" ▷ 在圆角矩形的两侧分别添加一个锚点，如图4-51所示。

11 使用"直接选择工具" ▷ 选中添加锚点上方的所有锚点，按Delete键删除，如图4-52所示。

12 此时按钮的端头是直角，不是很美观。选中圆角矩形，在"描边选项"面板中设置"端点"为圆角，如图4-53所示。

13 按照同样的方法将两个图形的端点都设置为圆角，主页按钮的最终效果如图4-54所示。

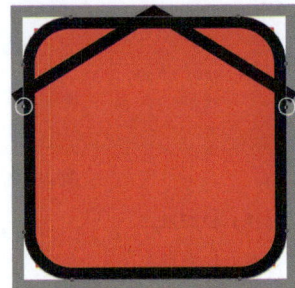
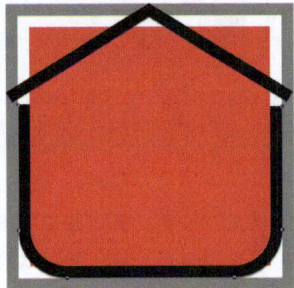
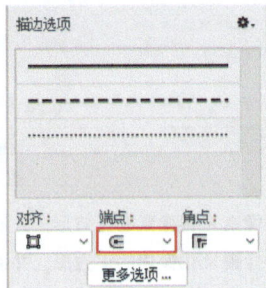
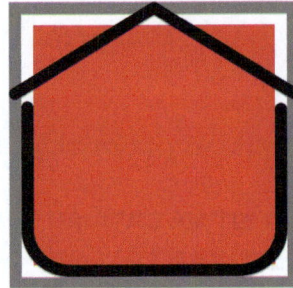

图 4-51　　　　　　　　　图 4-52　　　　　　　　　图 4-53　　　　　　　　　图 4-54

14 **绘制消息图标**。消息图标由圆角矩形、钢笔路径和圆形3部分组成。将规范背景复制一份，使用"圆角矩形工具" ▢ 绘制一个48像素×40像素的圆角矩形，设置"描边宽度"为2像素，"圆角半径"为8像素，如图4-55所示。

15 使用"钢笔工具" ✎ 在圆角矩形下方绘制钢笔路径，设置"描边宽度"为2像素，如图4-56所示。

提示

用钢笔工具绘制完路径后，按小键盘的Enter键可结束绘制。

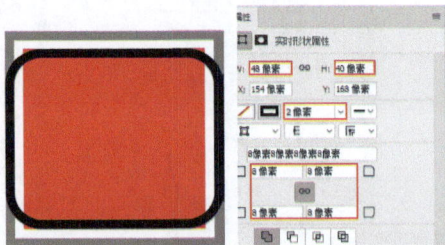

图 4-55　　　　　　　　　图 4-56

16 按照处理主页图标的方法删减圆角矩形部分路径，效果如图4-57所示。

17 将图标底部的角点设置为圆角，然后调整细节部分，效果如图4-58所示。

18 使用"椭圆工具" ⬭ 并按住Shift键在圆角矩形内绘制一个6像素×6像素的圆形，设置"描边宽度"为1像素，如图4-59所示。

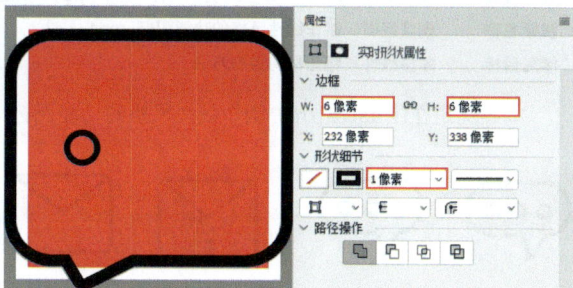

图 4-57 图 4-58 图 4-59

19 将绘制的圆形复制两份，消息按钮的最终效果如图4-60所示。

20 **绘制搜索按钮。** 搜索按钮较为简单，由圆形和线段组成。将规范背景复制一份，然后使用"椭圆工具" ⬭ 并按住Shift键在背景内绘制一个44像素×44像素的圆形，设置"描边宽度"为2像素，如图4-61所示。

21 使用"钢笔工具" ✏ 在右下角绘制一条直线，设置"描边宽度"为2像素，效果如图4-62所示。

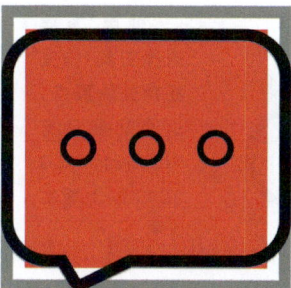
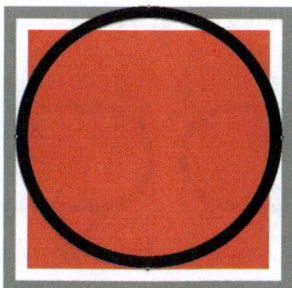

图 4-60 图 4-61 图 4-62

22 选中上一步绘制的直线，设置"端点"为"圆角"，并设置角点的位置，让线段与圆形之间有一段距离，如图4-63所示。

23 **绘制设置按钮。** 设置按钮由八边形和圆形组成。复制一份规范背景，选用"多边形工具" ⬡，在背景上单击一次，在弹出的"创建多边形"面板中设置"宽度"和"高度"都为48像素，"边数"为8，如图4-64所示。创建的图形效果如图4-65所示。

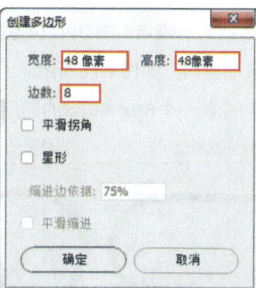

图 4-63 图 4-64 图 4-65

24 使用"椭圆工具" ⬭ 并按住Shift键在八边形内部绘制一个12像素×12像素的圆形，设置"描边宽度"为2像素，如图4-66所示。

25 将圆形与八边形中心对齐，设置按钮的效果如图4-67所示。

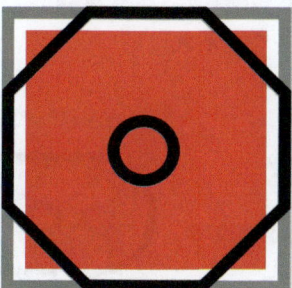
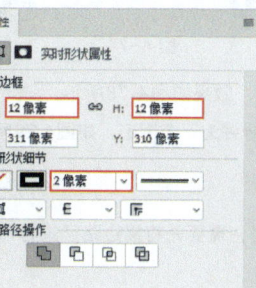

图 4-66 图 4-67

4.2.2 课堂案例：制作线性风格的功能图标

素材位置	无
实例位置	实例文件 >CH04> 课堂案例：制作线性风格的功能图标 .ai
视频名称	课堂案例：制作线性风格的功能图标 .mp4
学习目标	掌握线性风格图标的绘制方法

本案例是在Illustrator中制作线性风格的功能图标，效果如图4-68所示。

图 4-68

01 启动Illustrator，使用"矩形工具" ▣在视口中绘制一个48px×48px的浅灰色矩形，并关闭"描边"，如图4-69所示。

02 **绘制咨询图标**。咨询图标由圆角矩形、钢笔路径和圆形组成，制作过程相对复杂。使用"圆角矩形工具" ▣绘制一个48px×24px，"圆角半径"为12pt的圆角矩形，并设置"描边粗细"为2pt，如图4-70所示。

03 使用"钢笔工具" ✎在圆角矩形下方绘制钢笔路径，如图4-71所示。

04 使用"直接选择工具" ▷选中拐角处的圆点并拖曳，原本尖锐的拐角变成圆角，如图4-72所示。

提示

使用"直接选择工具"拖曳拐角处的圆点，这个功能只有Illustrator CC 2017以上版本才有。

 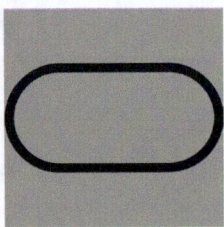  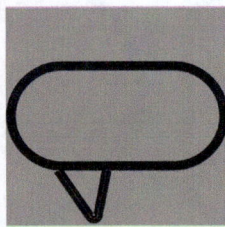

图 4-69　　　　　　　图 4-70　　　　　　　图 4-71　　　　　　　图 4-72

05 继续调整线条的细节部分，让两个图形完全拼合，如图4-73所示。

06 使用"添加锚点工具" ✚在圆角矩形上添加两个锚点，如图4-74所示。

07 使用"直接选择工具" ▷选中添加的两个锚点，按Delete键删除，效果如图4-75所示。

08 调整图形大小，将其缩放到背景框以内，如图4-76所示。

09 使用"椭圆工具" ○在圆角矩形内绘制一个6px×6px的圆形，并设置"描边粗细"为2pt，如图4-77所示。

    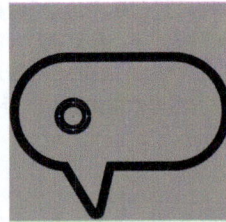

图 4-73　　　　　　图 4-74　　　　　　图 4-75　　　　　　图 4-76　　　　　　图 4-77

10 将上一步绘制的圆形复制两份，效果如图4-78所示。

11 使用"联集"工具 ▣将所有图形合并为一个图形，如图4-79所示。

提示

描边路径在使用"联集"工具时，需要先将描边路径进行"轮廓化描边"操作才能形成正确的联集效果。

选中描边路径，执行"对象>路径>轮廓化描边"菜单命令后再进行"联集"操作即可。

图 4-78　　　　　　　图 4-79

12 **绘制邮件图标**。邮件图标相对简单，只需要绘制圆角矩形和路径。复制一份灰色背景框，使用"圆角矩形工具"▢在背景内绘制一个44px×35px，"圆角半径"为4px，"描边粗细"为2pt的圆角矩形，如图4-80所示。

13 使用"钢笔工具"✐在圆角矩形内绘制钢笔路径，"描边粗细"为2pt，如图4-81所示。

14 使用"直接选择工具"▷将上一步绘制的路径角点变为圆角，如图4-82所示。

15 将两个路径分别进行"轮廓化描边"操作，然后使用"联集"工具▬合并为一个图形，如图4-83所示。

16 **绘制分享图标**。分享图标由3个不同大小的圆形和两条钢笔路径组成。将灰色背景复制一份，使用"椭圆工具"◯在背景上绘制一个13px×13px，"描边粗细"为2pt的圆形，如图4-84所示。

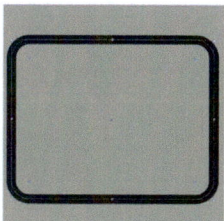    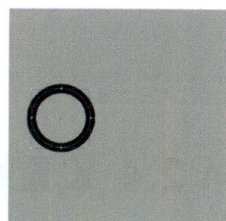

图 4-80 　　　　　　图 4-81 　　　　　　图 4-82 　　　　　　图 4-83 　　　　　　图 4-84

17 继续使用"椭圆工具"◯绘制一个6px×6px，"描边粗细"为2pt的圆形，如图4-85所示。

18 将上一步绘制的圆形向下复制一份，如图4-86所示。

19 使用"钢笔工具"✐绘制两条路径，并设置"描边粗细"为2pt，如图4-87所示。

20 选中上一步绘制的路径，然后设置"端点"为"圆头端点"，如图4-88所示。

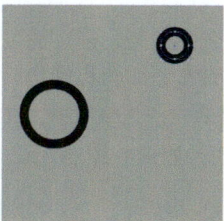 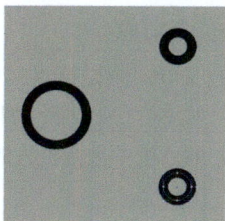 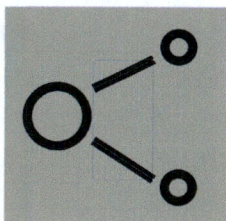 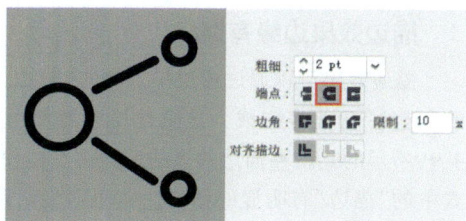

图 4-85 　　　　　　图 4-86 　　　　　　图 4-87 　　　　　　　　　　　图 4-88

21 将所有路径分别进行"轮廓化描边"操作，然后使用"联集"工具▬合并为一个图形，如图4-89所示。

22 **绘制提醒图标**。提醒图标由矩形、钢笔路径和圆形组成。将灰色背景复制一份，使用"矩形工具"▢在背景上绘制一个35px×35px，"描边粗细"为2pt的正方形，如图4-90所示。

23 使用"直接选择工具"▷选中上方两个角点，然后将其变为圆角，如图4-91所示。

24 选中下方两个角点，将其也变为圆角，下方圆角的弧度比较小，如图4-92所示。

25 使用"钢笔工具"✐在上方绘制一条路径，并设置"描边粗细"为2pt，如图4-93所示。

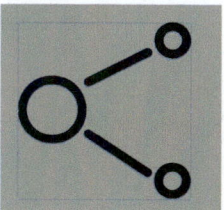 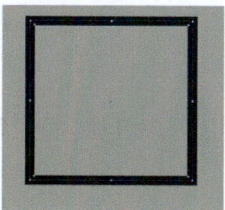  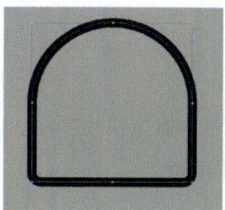 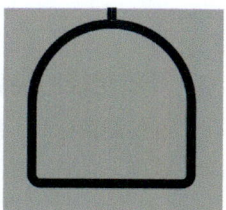

图 4-89 　　　　　　图 4-90 　　　　　　图 4-91 　　　　　　图 4-92 　　　　　　图 4-93

26 将上一步绘制的路径端点转换为圆角，如图4-94所示。

27 使用"椭圆工具"◯在下方绘制一个12px×12px，"描边粗细"为2pt的圆形，如图4-95所示。

28 使用"直接选择工具"▷选中圆形上半部分的角点，然后按Delete键删除，如图4-96所示。

29 将所有路径分别进行"轮廓化描边"操作，然后使用"联集"▬工具合并为一个图形，如图4-97所示。

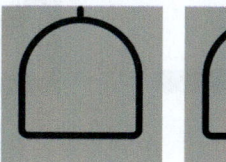 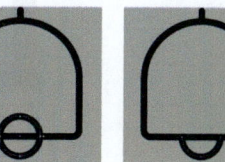 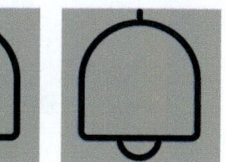

图 4-94 　　　　　　图 4-95 　　　　　　图 4-96 　　　　　　图 4-97

4.2.3 线性图标的概念

线性图标是依据线条的走势绘制图标的轮廓。线性图标的线条很简单，图形指示有明确的含义，描边宽度一般为2px，个别情况下也会将描边宽度增加到3px，如图4-98所示。

图 4-98

4.2.4 设置线性图标的注意事项

线性图标可以在Illustrator中进行设计，然后导入Photoshop中优化。在Photoshop中打开Illustrator图形时边缘线可能会出现问题，像素也可能无法对齐，因此建议大家优先考虑在Photoshop中设计并优化线性图标。

在Photoshop中设计并绘制线性图标主要使用形状工具、钢笔工具和锚点调整工具。这些工具最为重要的功能就是"描边"功能，初学者在使用描边功能时可能会遇到以下问题。

◎ **描边效果边缘有锯齿**

描边效果可以通过图层样式中的"描边"或者路径的"描边"功能来完成，这里建议读者使用后者。图4-99所示的是两种描边效果的差异，左边使用图层样式中的"描边"有明显的锯齿，右边则使用路径的"描边"边缘平滑。

图 4-99

◎ **多种描边角点**

路径的"描边"效果可以实现直角、圆角和倒角的角点效果，如图4-100所示。调整的方法也很简单，在"描边选项"的面板中进行设置即可，如图4-101所示。

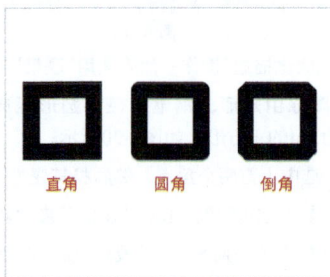

图 4-100

图 4-101

◎ **开放路径的描边**

在绘制图标时，经常会遇见开放路径，这时就必须使用路径的"描边"功能才能达到预想的效果，如图4-102所示。否则，会形成封闭的路径。

图 4-102

4.3 其他类型的图标

除了前边介绍的扁平化图标和线性图标外，还有其他类型的图标，包括像素图标、拟物化图标、立体图标、卡通图标、文字图标和功能图形化图标等。这些图标在制作方式和创意思路上都有所不同。

4.3.1 像素图标

像素图标是以像素为单位制作的插图。像素图标更多是运用在职能设备中，如手表。像素图标比较简约，易读性比较高，如图4-103所示。这种类型的图标在日常App制作中已不常见，读者了解即可。

图 4-103

4.3.2 拟物化图标

拟物化图标是指用材质和光影表现真实物体的图标，如iOS 6的系统界面，如图4-104所示。拟物化图标最大的好处是识别性强，就算不熟悉智能设备的用户也能轻松的识别其含义。拟物化图标也存在一个致命性的缺点，即不太适用于界面整体的功能化展示，且制作难度和制作成本太高。

在拟物化设计到扁平化设计演变的过程中衍生出了"微质感化"风格，如图4-105所示，这种风格平衡了视觉效果与设计效率。

图 4-104

图 4-105

4.3.3 立体图标

立体图标是近几年逐渐流行的一种图标。立体图标具有层次感且在视觉上更耐看，经常出现在网页设计和专题页设计中，如图4-106所示。

以前在制作立体图标时，需要设计师在平面软件中设计，耗费大量的时间和精力，还非常考验设计师对图形透视和结构的把控能力。现在则是在CINEMA 4D软件中进行制作，不仅制作简单，而且效果很好。

图 4-106

4.3.4 卡通图标

很多企业会为自身打造一个卡通形象，通过卡通形象让用户记住产品。例如，京东、天猫和苏宁，分别用狗、猫和狮子作为自身的卡通形象。设计师用这些卡通形象进行设计，从而形成企业的UI图标，如图4-107所示。

卡通图标以卡通形象为主，通过固定的颜色搭配和产品名称，让用户形成产品关联。设计师需要将卡通形象处理得可爱、有趣、造型简单且容易识别，使用户看到相关的卡通形象，就能联想到产品。

图 4-107

4.3.5 文字图标

与卡通图标不同，文字图标非常直观，通过设计产品名称的关键字的造型，使其成为产品的图标。例如，支付宝、今日头条和哔哩哔哩等，通过对产品名称关键字的设计，既直接明了，又令人印象深刻，如图4-108所示。当用户看到这样的图标时，立刻就能识别是哪个App。

图 4-108

4.3.6 功能图形化图标

功能图形化图标是将产品的功能设计成图形效果。这类图标在设计时要有独特的造型且不能太复杂，用户在查看App图标时，就能快速选中需要功能的图标。功能图形化图标在日常生活中是很常见的，如菜鸟裹裹、QQ音乐和百度地图等，图标不仅简洁，而且能清楚地表现该图标代表产品的功能，如图4-109所示。

图 4-109

📖 课堂练习：在 Illustrator 中绘制手机功能图标

素材位置	无
实例位置	实例文件 >CH04> 课堂练习：在 Illustrator 中绘制手机功能图标 .ai
视频名称	课堂练习：在 Illustrator 中绘制手机功能图标 .mp4
学习目标	练习扁平化图标的绘制方法

本案例是在Illustrator中绘制手机功能图标，效果如图4-110所示。本案例的图标为扁平化风格，都是一些在手机中常见的功能图标。

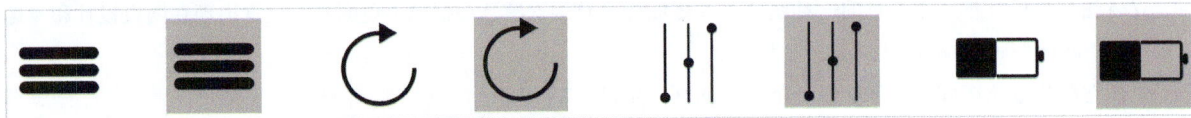

图 4-110

📑 课后习题：在 Photoshop 中绘制功能图标

素材位置	无
实例位置	实例文件 >CH04> 课后习题：在 Photoshop 中绘制功能图标 .psd
视频名称	课后习题：在 Photoshop 中绘制功能图标 .mp4
学习目标	练习线性风格图标的绘制方法

本案例是在Photoshop中绘制智能家电App的图标，效果如图4-111所示。本案例的图标为线性风格，依靠线条表现图标的信息。

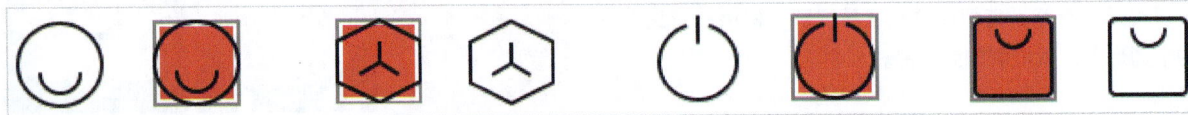

图 4-111

第 5 章 | 闪屏页设计

　　闪屏页在App中是重要的页面之一，会第一时间出现在用户的眼前。本章将为读者介绍闪屏页的概念及相关风格。

- 掌握闪屏页的概念
- 掌握闪屏页的常见类型及制作方法

5.1 闪屏页的概念

在打开App时闪屏页就会启动，这个页面会给用户留下对该软件的第一印象，在设计时也就十分考究。闪屏页出现的时间很短，一般最多持续3秒钟，如何在短时间内表达产品的特性就是设计师需要重点考虑的问题。

图5-1所示的是一些App的闪屏页，根据不同的软件类型会设计不同的页面效果。闪屏页会填充整个屏幕，充分表现产品的相关特性，加深用户对产品的认知度。

图 5-1

5.2 闪屏页的常见类型

闪屏页根据类型可以分为宣传型、关怀型和推广型3类，不同类型的闪屏页承载的内容和表达方式也不相同。

5.2.1 课堂案例：制作中秋主题的闪屏页

素材位置	素材文件 >CH05>01.psd
实例位置	实例文件 >CH05> 课堂案例：制作中秋主题的闪屏页 .psd
视频名称	课堂案例：制作中秋主题的闪屏页 .mp4
学习目标	掌握关怀型闪屏页的制作方法

本案例是在Photoshop中制作中秋主题的关怀型闪屏页，效果如图5-2所示。

图 5-2

01 启动Photoshop，执行"文件>新建"菜单命令，在弹出的"新建文档"对话框中选择iPhone 6模板（750像素×1334像素），如图5-3所示。单击"创建"按钮 创建 后形成白色底色的画板，如图5-4所示。

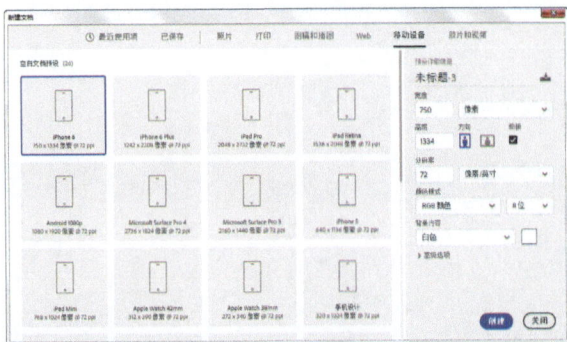

图 5-3

图 5-4

02 **绘制深色背景**。选择图层1，单击"创建新的填充或调整图层"按钮 ⊙，为其添加一个"渐变填充"调整图层，并设置"渐变"为墨蓝色到深蓝色渐变，"角度"为60度，如图5-5所示。填充后的背景效果如图5-6所示。

03 **添加主题文字**。使用"横排文字工具" T 分别输入"中秋团圆"4个字，并使用"移动工具" ✛ 将其位置进行排列，如图5-7所示。

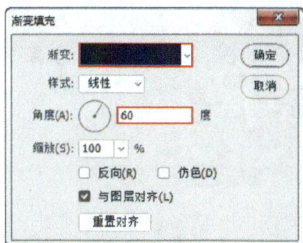

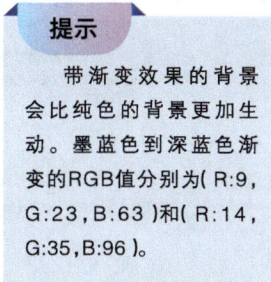
提示
带渐变效果的背景会比纯色的背景更加生动。墨蓝色到深蓝色渐变的RGB值分别为(R:9，G:23，B:63)和(R:14，G:35，B:96)。

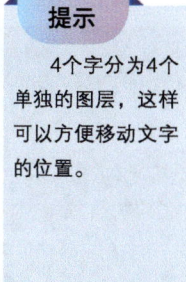
提示
4个字分为4个单独的图层，这样可以方便移动文字的位置。

图 5-5	图 5-6	图 5-7

04 选中输入的文字，设置"字体"为"方正隶变简体"，"字体大小"为200点，"颜色"为深黄色(R:231，G:196，B:100)，如图5-8所示。

05 **绘制分割线**。使用"钢笔工具" ✐ 在文字上方绘制倾斜的直线，作为分割线，并设置直线"描边宽度"为4像素，"颜色"为深黄色(R:231，G:196，B:100)，如图5-9所示。

06 使用"添加锚点工具" ✐ 在分割线上添加锚点，如图5-10所示。

07 使用"直接选择工具" ▹ 删除分割线的一部分，形成如图5-11所示的效果。

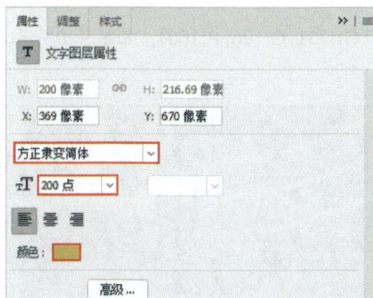

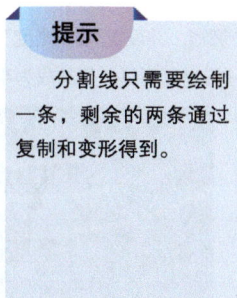
提示
分割线只需要绘制一条，剩余的两条通过复制和变形得到。

图 5-8	图 5-9	图 5-10	图 5-11

08 此时"秋"字的右下角与分割线穿插，需要删除这部分字。选中"秋"图层，单击鼠标右键，在菜单中选择"栅格化文字"选项，如图5-12所示。此时"秋"图层会由原来的文本图层转换为普通图层，如图5-13所示。

09 使用"橡皮擦工具" ✐ 将"秋"字的右下角擦掉，效果如图5-14所示。这样分割线与主题文字之间就有了一种层次感。

10 调整分割线与主题文字之间的距离，效果如图5-15所示。

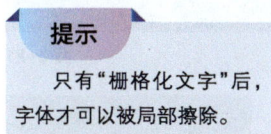
提示
只有"栅格化文字"后，字体才可以被局部擦除。

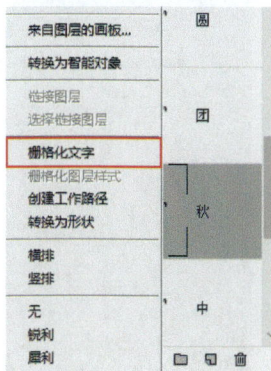

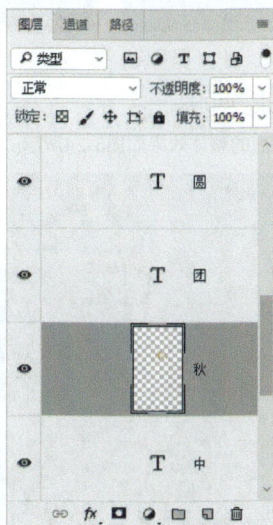

图 5-12	图 5-13	图 5-14	图 5-15

11 **绘制月亮。**使用"椭圆工具"○在主题文字后绘制一个圆形，设置"描边宽度"为4像素，"颜色"为深黄色（R:231,G:196,B:100），如图5-16所示。

12 复制两个圆形，然后等比例放大，效果如图5-17所示。

13 按照处理分割线的方法，将圆形也部分删除，使画面更有层次感，如图5-18所示。

图 5-16 图 5-17 图 5-18

14 **添加其余文字。**在主体部分下方输入文字"情系佳节"和"圆满中秋"，设置"字体"为"方正兰亭刊宋"，"字体大小"为36点，"颜色"为深黄色（R:231,G:196,B:100），如图5-19所示。

15 **绘制元素。**使用"椭圆工具"○绘制一个圆形，并设置"描边宽度"为1像素，"颜色"为深黄色（R:231,G:196,B:100），如图5-20所示。

16 使用"直接选择工具"▷将圆的下半部分的锚点删除，使其成为半圆形，如图5-21所示。

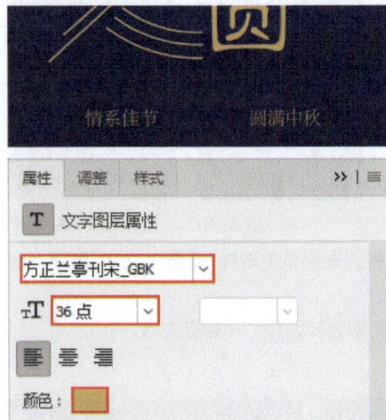

图 5-19 图 5-20 图 5-21

17 按照绘制月亮的方法，将半圆形复制4份，并等比例放大，效果如图5-22所示。

18 将绘制好的元素整体复制两份并进行组合，效果如图5-23所示。页面的整体效果如图5-24所示。

图 5-22 图 5-23 图 5-24

19 **导入素材**。将"素材文件>CH05>01.psd"文件中的素材导入画板，放置在合适的位置，如图5-25所示。

20 **绘制跳过按钮**。使用"圆角矩形工具" ■ 在页面右上角绘制一个126像素×52像素，"圆角半径"为26像素的圆角矩形，并设置"填充颜色"为深黄色（R:231,G:196,B:100），如图5-26所示。

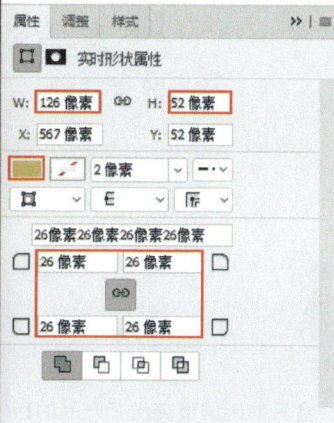

图 5-25　　　　　　　　　　　　　　　　　　　　　图 5-26

21 选中圆角矩形的图层，设置"不透明度"为30%，如图5-27所示。

22 使用"横排文本工具" T 输入"跳过"，并设置"字体"为"方正兰亭黑"，"字体大小"为30点，"颜色"为深黄色（R:231,G:196,B:100），如图5-28所示。

23 调节页面的细节部分，闪屏页最终效果如图5-29所示。

图 5-27　　　　　　　　　　　图 5-28　　　　　　　　　　　图 5-29

5.2.2 宣传型

宣传型的闪屏页是最为常见的，体现了产品的品牌设定。其页面一般由产品名称、产品形象和广告语3个部分组成，如图5-30所示。宣传型闪屏页是最为直接的类型，设计力求简单明了，突出品牌特点。

图 5-30

盒马的闪屏页突出了产品的Logo和品牌名称，产品的宣传语在下方用稍小的文字表现。京东的闪屏页突出产品的卡通狗形象和主色调。菜鸟裹裹的闪屏页则是突出产品的功能，在页面的中间用文字描述出产品的用途。

5.2.3 关怀型

关怀型闪屏页多出现在节假日来临时，一些App会通过闪屏页营造节日气氛，体现人文关怀，如图5-31所示。

图 5-31

这一类型的App的闪屏页往往通过插画和文案营造节假日的氛围，拉近产品与用户之间的距离，增加用户对品牌的好感度。

5.2.4 推广型

有时候App会推出一些活动或是做一些广告，在闪屏页上呈现会起到很好的推广作用。例如，降价促销、抽奖和赠送样品等活动信息都可以以闪屏页的形式在第一时间传达给用户，如图5-32所示。

图 5-32

推广型闪屏页多以插画形式表现，要着重体现活动的主题和时间节点，营造热闹的活动氛围，同时要抓住重点，避免杂乱的信息影响主题的体现。

📖 课堂练习：制作品牌宣传型闪屏页

素材位置	素材文件 >CH05>02.psd
实例位置	实例文件 >CH05> 课堂练习：制作品牌宣传型闪屏页 .psd
视频名称	课堂练习：制作品牌宣传型闪屏页 .mp4
学习目标	练习宣传型闪屏页的制作方法

本案例是在Photoshop中制作品牌的宣传型闪屏页，如图5-33所示。案例的制作过程相对简单，重点突出产品的Logo即可。

图 5-33

📖 课后习题：制作推广型闪屏页

素材位置	素材文件 >CH05>03.psd
实例位置	实例文件 >CH05> 课后习题：制作推广型闪屏页 .psd
视频名称	课后习题：制作推广型闪屏页 .mp4
学习目标	练习推广型闪屏页的制作方法

本案例是在Photoshop中制作推广型闪屏页，案例效果如图5-34所示。在案例的制作过程中，文案和红包元素是表现的重点。

图 5-34

第 6 章 | 引导页与浮层引导页设计

引导页可以让用户快速了解App的价值和功能，起到一定的引导作用。浮层引导页一般出现在功能操作提示中。本章将为读者讲解这两种引导页的相关知识与设计方法。

- 掌握引导页的概念
- 掌握引导页的常见类型及制作方法
- 掌握浮层引导页的概念及制作方法

6.1 引导页的概念

当初次打开一个App或App版本更新后，会出现引导页。引导页可以向读者介绍软件的功能、特点和使用方法。图6-1所示的是一些App的引导页，不同的软件类型会设计不同的页面效果。引导页会填充整个屏幕，有些软件的引导页会由几个页面组成，形成左右滑动的滚屏效果。

图6-1

6.2 引导页的常见类型

引导页根据类型可以分为功能介绍型、情感型和幽默型3类，不同类型的引导页承载的内容和表达方式不同。

6.2.1 课堂案例：制作功能介绍型引导页

素材位置	素材文件 >CH06>01.psd
实例位置	实例文件 >CH06> 课堂案例：制作功能介绍型引导页 .psd
视频名称	课堂案例：制作功能介绍型引导页 .mp4
学习目标	掌握功能介绍型引导页的制作方法

本案例是在Photoshop中制作一款信息App的引导页。引导页体现了这款软件的语音输入功能，属于功能介绍型的引导页，案例效果如图6-2所示。

图 6-2

01 启动Photoshop，执行"文件>新建"菜单命令，在弹出的"新建文档"对话框中选择iPhone 6模板（750像素×1334像素），如图6-3所示。单击"创建"按钮 后形成白色底色的画板，如图6-4所示。

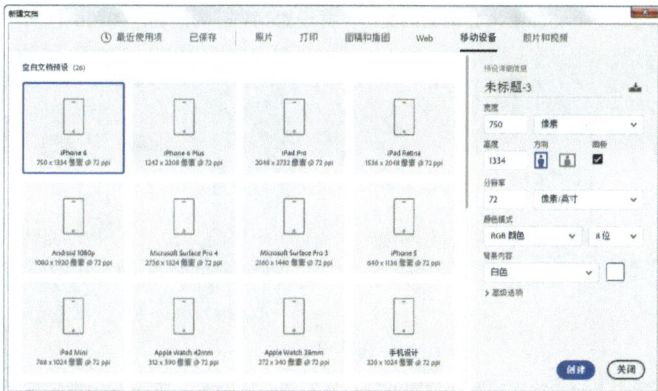

图 6-3

图 6-4

02 绘制圆形背景。 使用"椭圆工具" 在背景上绘制一个480像素×480像素的圆形，设置"填充"为蓝色（R:126，G:206，B:244），关闭"描边"，如图6-5所示。

03 绘制卡通图标。 使用"圆角矩形工具" 在蓝色的圆形上方绘制一个210像素×160像素，"圆角半径"为40像素的圆角矩形，设置"填充"为白色，"描边"为黑色，"描边宽度"为2像素，如图6-6所示。

图 6-5

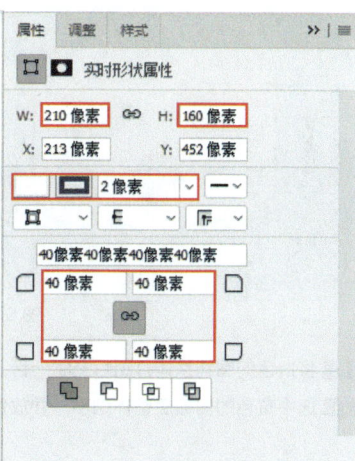

图 6-6

04 使用"添加锚点工具" 在圆角矩形的下方添加3个锚点，如图6-7所示。

05 使用"直接选择工具" 将中间的锚点向下拖曳一段距离，效果如图6-8所示。

图 6-7

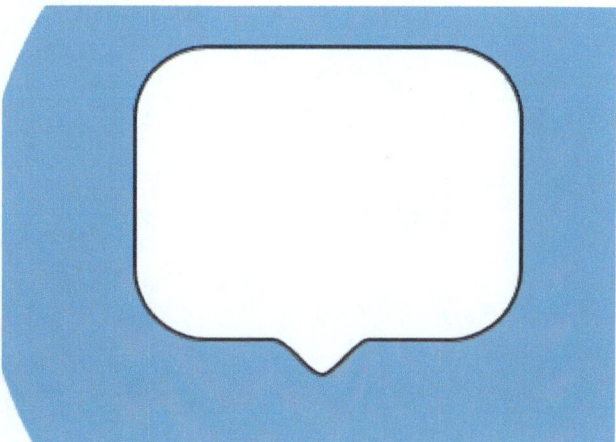

图 6-8

提示

中间的锚点向下拖曳后，可以适当将两边的锚点稍稍向外移动一些距离，这样图标的效果会更好看。

06 使用"椭圆工具" ◯ 绘制两个30像素×30像素的圆形，并设置"填充"为黑色，如图6-9所示。

07 继续使用"椭圆工具" ◯ 绘制一个45像素×45像素的圆形，并设置"填充"为黑色，如图6-10所示。

图 6-9

图 6-10

08 使用"直接选择工具" ▸ 选中上一步绘制的圆形顶部的锚点，如图6-11所示，按Delete键将其删除形成半圆形，如图6-12所示。

09 调整图标的细节，使其更加美观，如图6-13所示。

图 6-11

图 6-12

图 6-13

10 将白色的图标整体打组后复制一份，然后调整底色为黄色（R:255, G:224, B:139），效果如图6-14所示。

11 选中黄色的图标后整体缩小，并放置在合适的位置，如图6-16所示。

图 6-14

提示

白色的圆角矩形调整锚点造型后不能直接更改颜色，这一步可以为其添加黄色的填充调整图层改变颜色，图层面板如图6-15所示。

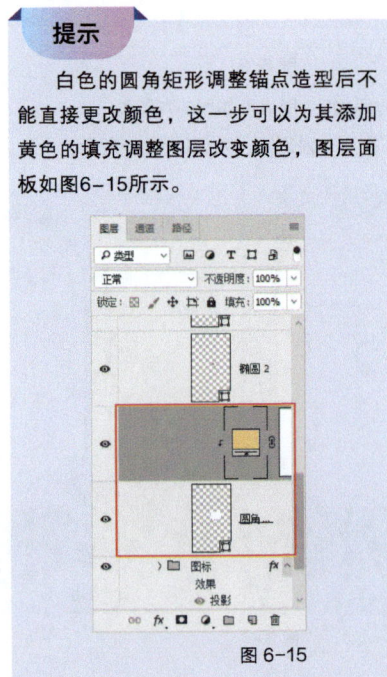

图 6-15

图 6-16

12 双击图标组，在弹出的"图层样式"对话框中勾选"投影"选项，并设置"角度"为130度，"距离"为4像素，"大小"为2像素，如图6-17所示。添加投影后的效果如图6-18所示。

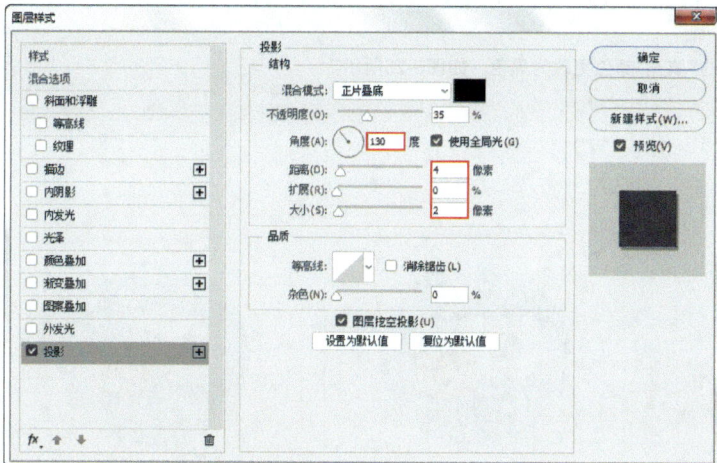

图 6-17

图 6-18

提示

添加投影效果可以增加画面的层次感。

13 **导入装饰素材**。将"素材文件>CH06>01.psd"中的装饰素材导入画板，并将其放置在蓝色圆形的外围，如图6-19所示。

14 **添加文字**。使用"横排文字工具" T 在画板蓝色圆形下方输入"信息语音回复"，并设置"字体"为"思源黑体"，"字体大小"为60点，"颜色"为蓝色（R:126, G:206, B:244），如图6-20所示。

15 使用"横排文字工具" T 继续输入"语音控制 快捷方便"，并设置"字体"为"思源黑体"，"字体大小"为36点，"颜色"为黑色，如图6-21所示。

图 6-19

图 6-20

图 6-21

16 **绘制跳过按钮**。使用"圆角矩形工具" 在画板右上角绘制一个120像素×60像素的圆角矩形，设置"填充"为蓝色（R:126, G:206, B:244），"圆角半径"为20像素，如图6-22所示。

17 使用"横排文字工具" T 输入"跳过"，设置"字体"为"思源黑体"，"字体大小"为32点，"颜色"为白色，效果如图6-23所示。

图 6-22

图 6-23

18 **绘制圆点指示器。**使用"椭圆工具" 🔘 在文字下方绘制一个15像素×15像素的圆形，并设置"填充"为灰色（R:204，G:204，B:204），如图6-24所示。

19 将上一步绘制的圆形复制3份，并将其中一个圆点的"填充"颜色更改为黑色，如图6-25所示。

20 调整页面整体细节，案例最终效果如图6-26所示。

| 图 6-24 | 图 6-25 | 图 6-26 |

6.2.2　功能介绍型

　　功能介绍型是引导页中最基础的类型。这种类型的引导页要简明扼要的表达关键信息，切忌表达不清。一般用户在一个页面停留的时间最长3秒，这就要求设计师在3秒内表达清楚所要传递给用户的信息。图6-27所示的是功能介绍型引导页，通过页面图标和简短明了的文案，清晰的传达给用户每个按钮所代表的功能和使用方法。

　　功能介绍型的引导页可以分为带按钮和不带按钮两种。社交类的产品会强制用户登录，因此在引导页中需要加入登录的按钮，如图6-28所示。

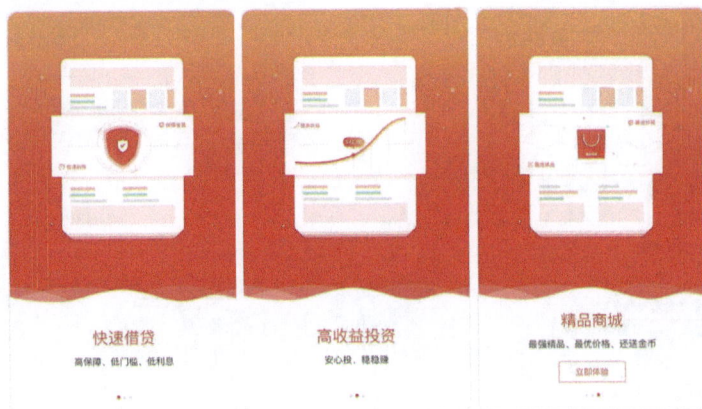

图 6-27

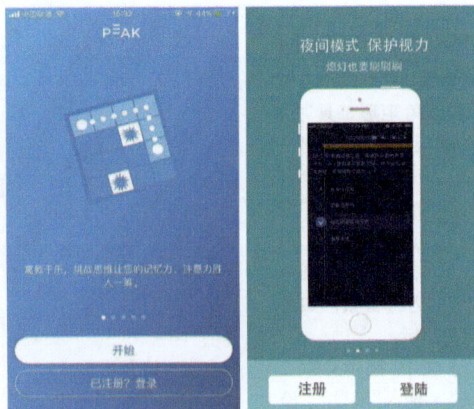

图 6-28

6.2.3 情感型

情感型引导页通过图片和文案，将用户的需求通过某种形式进行表现，突出App的价值，如图6-29所示。这种类型的引导页在设计上要做到形象、生动和立体，力求带给用户惊喜。

图 6-29

6.2.4 幽默型

幽默型引导页对设计师的要求比较高，需要设计师运用拟人化和交互化的表达方式，根据目标用户的特点和需求进行设计。让用户产生身临其境的感觉，从而在页面上停留更长的时间是幽默型引导页的目的，如图6-30所示。幽默型的引导页阅读量一般比较高，设计难度比较大。

图 6-30

6.3 浮层引导页

浮层引导页与引导页不同，主要是起到功能介绍的作用。

6.3.1 课堂案例：制作浮层引导页

素材位置	素材文件 >CH06>02.psd
实例位置	实例文件 >CH06> 课堂案例：制作浮层引导页 .psd
视频名称	课堂案例：制作浮层引导页 .mp4
学习目标	掌握浮层引导页的制作方法

本案例是为一款智能App制作一个浮层引导页。浮层引导页的线框和字体都采用手绘的效果，因此在制作中多使用钢笔工具，案例效果如图6-31所示。

01 打开本书学习资源中的"素材文件>CH06>02.psd"文件，如图6-32所示，这是App的智能场景切换页面。

02 **制作蒙版效果。**为背景图层添加"色相/饱和度"调整图层，设置"明度"为-70，如图6-33所示。

 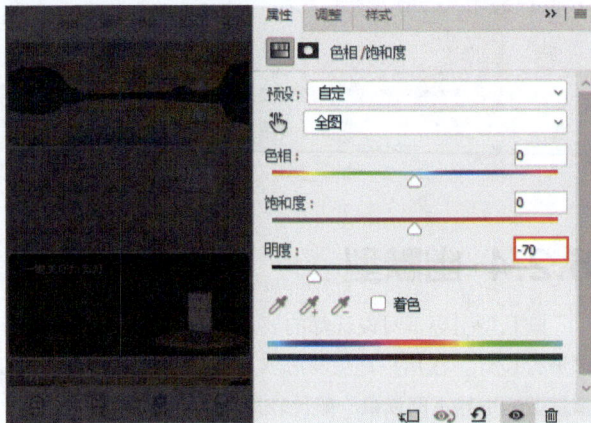

图 6-31　　　　　　图 6-32　　　　　　　　　　　　　　　　图 6-33

03 **绘制线框和箭头。**使用"钢笔工具" 绘制一个虚线框，设置"描边"为白色，"描边宽度"为2像素，如图6-34所示。在绘制线框时，不需要将线框绘制的过于工整，尽量保留手绘的效果。

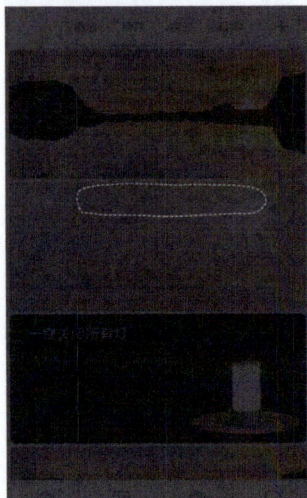

> **提示**
>
> 在"描边选项"面板中选择虚线就可以将线框由实线转换为虚线，如图6-35所示。
>
> 单击"更多选项"按钮 更多选项...，会弹出"描边"对话框，在最下方输入数值可以让虚线的长度和间隙有不同的距离，这样会更接近手绘效果，如图6-36所示。

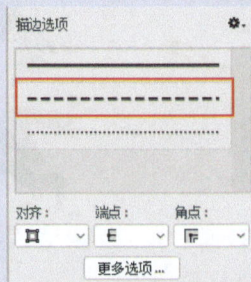 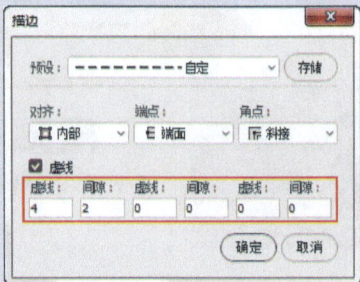

图 6-35　　　　　　图 6-36

图 6-34

04 使用"钢笔工具" ☑ 绘制一条曲线，设置"描边"为白色，"描边宽度"为2像素，如图6-37所示。

05 继续使用"钢笔工具" ☑ 绘制箭头，设置"描边"为白色，"描边宽度"为2像素，如图6-38所示。

06 **输入文字。** 使用"横排文字工具" T 在虚线框内输入"滑动切换多种智能场景"，设置"字体"为"汉仪丫丫体简"，"字体大小"为30点，"颜色"为白色，如图6-39所示。

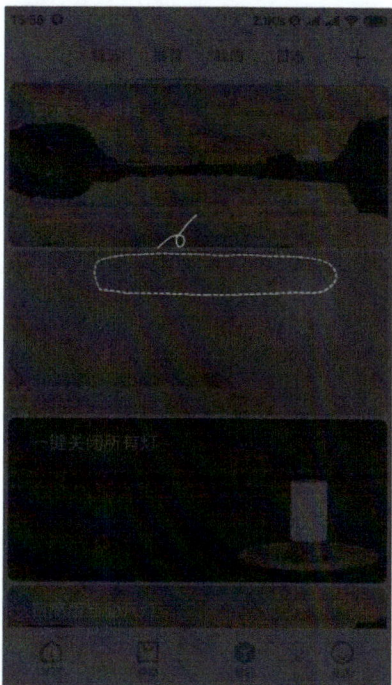 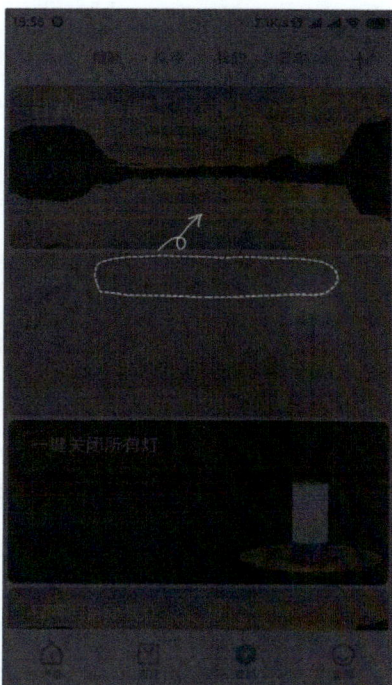 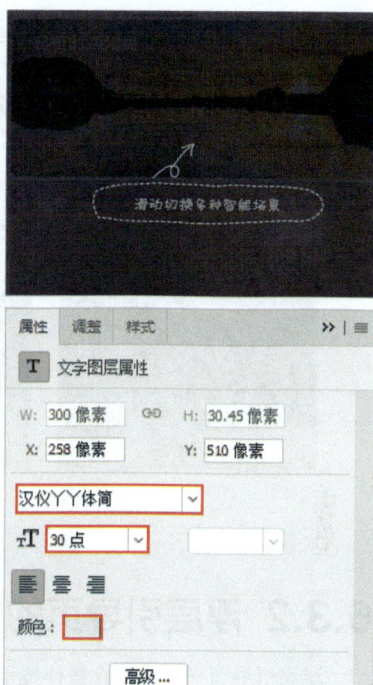

图 6-37　　　　　　　　　　　　图 6-38　　　　　　　　　　　　图 6-39

提示

浮层引导页文字的字体要选择类似手写体的字体。

07 **绘制按钮。** 使用"钢笔工具" ☑ 绘制按钮形状的图形，设置"描边宽度"为2像素，"描边"为白色，如图6-40所示。

08 继续使用"钢笔工具" ☑ 绘制一条路径作为按钮的厚度，如图6-41所示。

09 使用"钢笔工具" ☑ 绘制按钮的阴影线条，如图6-42所示。

 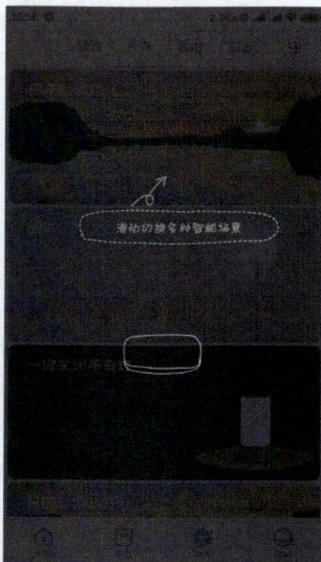 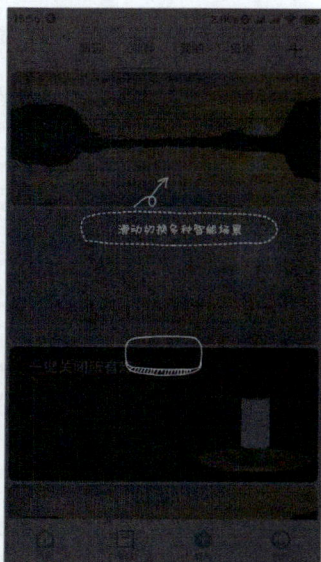

图 6-40　　　　　　　　　　　图 6-41　　　　　　　　　　　图 6-42

提示

在绘制阴影线条时，每绘制一条就按一下小键盘的Enter键，这样绘制的线条就是单独的一个图层，再绘制下一个线条时，不会出现连接效果。

10 继续使用"钢笔工具" 绘制按钮旁的装饰线，可以起到提示的作用，如图6-43所示。

11 输入按钮文字。 使用"横排文字工具" 在按钮空白处输入"我知道了"，设置"字体"为"汉仪丫丫体简"，"字体大小"为30点，"颜色"为白色，如图6-44所示。

12 局部调整画面的细节，案例最终效果如图6-45所示。

图 6-43

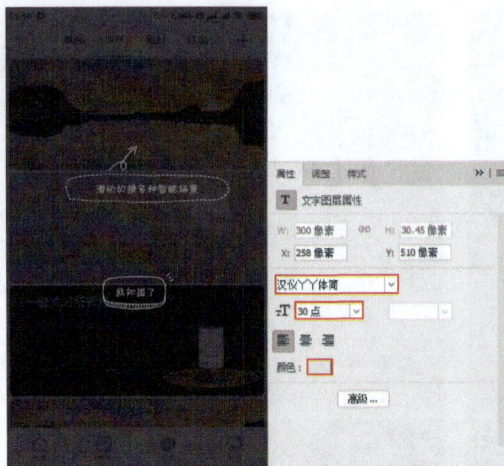
图 6-44

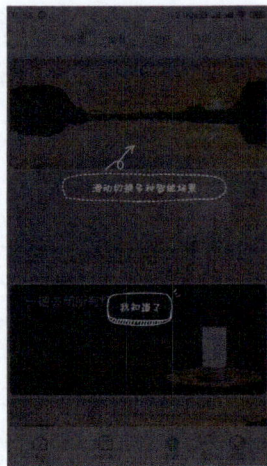
图 6-45

6.3.2 浮层引导页的概念

浮层引导页一般出现在操作提示中，旨在为用户提供更加简洁明了的功能介绍。这种引导页的浮层通常用手绘形式进行表现，配合箭头或圆圈并用高亮颜色突出提示信息，同时采用蒙版方式突出功能，如图6-46所示。浮层引导页会以半透明蒙版的形式覆盖在主页面上，主页面低亮度显示，浮层引导页则是高亮显示，这样用户就能明显地看到相关提示信息。

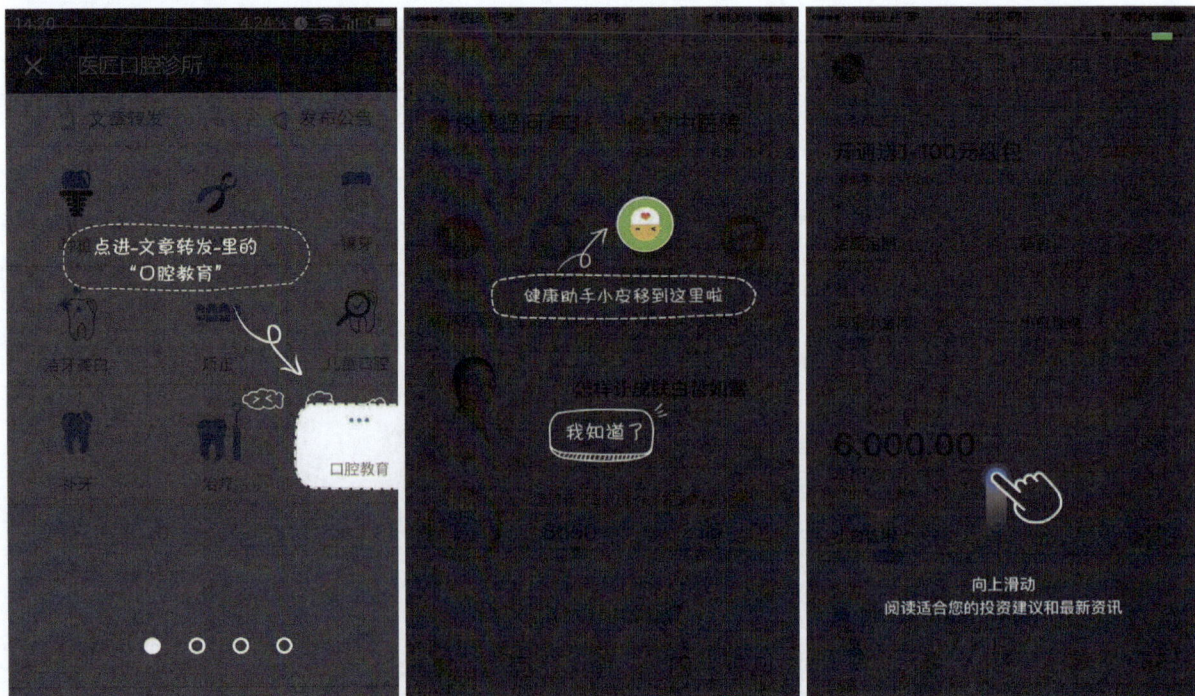
图 6-46

课堂练习：制作旅游 App 引导页

素材位置	素材文件 >CH06>03.psd
实例位置	实例文件 >CH06> 课堂练习：制作旅游 App 引导页 .psd
视频名称	课堂练习：制作旅游 App 引导页 .mp4
学习目标	练习引导页的制作方法

本案例是在Photoshop中制作旅游App的引导页，如图6-47所示。案例的制作过程相对简单，按钮和文字是案例制作的重点。

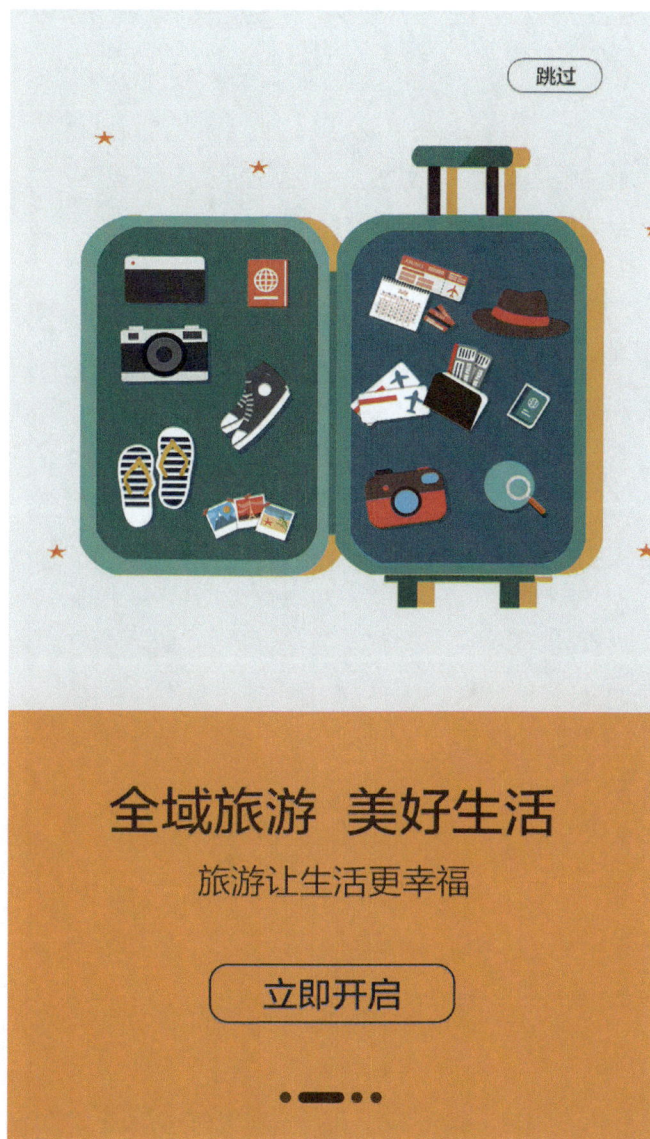

图 6-47

📖 课后习题：制作文档 App 引导页

素材位置	素材文件 >CH06>04.psd
实例位置	实例文件 >CH06> 课后习题：制作文档 App 引导页 .psd
视频名称	课后习题：制作文档 App 引导页 .mp4
学习目标	练习引导页的制作方法

本案例是在Photoshop中制作文档App的引导页，效果如图6-48所示。引导页中展示了App更新后的新功能，需要重点表现。

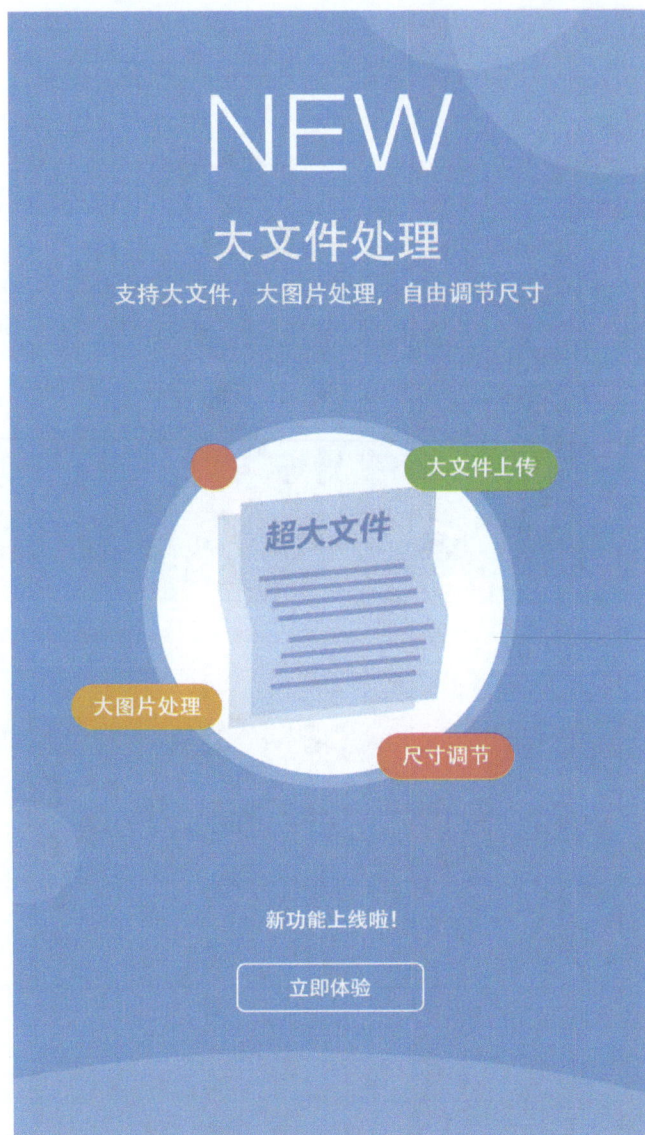

图 6-48

第 7 章 | 空白页设计

当遇到网络问题或遇到没有内容的页面时，系统会自动跳转到空白页。本章将为读者讲解空白页的相关概念及制作方法。

- 掌握空白页的概念
- 掌握空白页的分类及制作方法

7.1 空白页的概念

空白页是在遇到网络问题或跳转到没有内容的页面时弹出的页面。在一般情况下，这种页面会通过文字信息提示用户当前页面的错误类型，如没有信息、列表为空和无网络等，如图7-1所示。

好的空白页不仅能提示用户，还能引导用户进行实质性的操作，从而加强App的可操作性。空白页在设计时一定要简洁明了，避免过于复杂的设计。

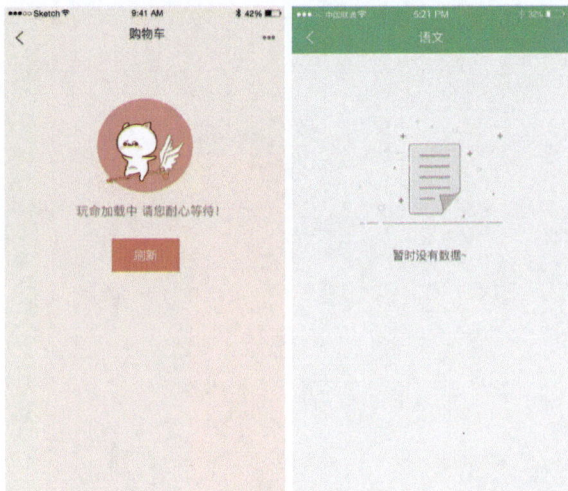

图 7-1

7.2 空白页的常见类型

空白页根据提示类型分为首次进入型和错误提示型两种。

7.2.1 课堂案例：制作资料审核空白页

素材位置	素材文件 >CH07>01.psd
实例位置	实例文件 >CH07> 课堂案例：制作资料审核空白页 .psd
视频名称	课堂案例：制作资料审核空白页 .mp4
学习目标	掌握空白页的制作方法

本案例是在Photoshop中制作一款App的资料审核空白页。空白页中需要体现资料审核的文字信息和交互按钮，案例效果如图7-2所示。

01 启动Photoshop，执行"文件>新建"菜单命令，在弹出的"新建文档"对话框中选择iPhone 6模板（750像素×1334像素），如图7-3所示。单击"创建"按钮 后形成白色底色的画板，如图7-4所示。

图 7-2 　　　　　　　　　　　　　　　　　　图 7-3 　　　　　　　图 7-4

02 **制作导航栏**。使用"矩形工具" ▢ 在背景上绘制一个750像素×128像素的矩形，设置"填充"为蓝色（R:0, G:160, B:233），并关闭"描边"，如图7-5所示。

> **提示**
>
> iPhone 6中导航栏和状态栏高度分别为88像素和40像素。

03 使用"横排文字工具" T. 在蓝色的标题栏上输入"审核资料"，设置"字体"为"苹方"，"字体大小"为36点，"颜色"为白色，如图7-6所示。此处，需要注意文字距离标题栏底部有30像素的距离。

> **提示**
>
> 按住Shift键并按下键盘上的↑键，可以一次移动10像素。

04 使用"矩形工具" ▢ 在标题栏左侧绘制一个32像素×32像素的矩形，设置"描边"为白色，"描边宽度"为4像素，同时旋转45°，如图7-7所示。

05 使用"直接选择工具" ▷ 将矩形的右半部分删除，返回按钮就制作完成了，如图7-8所示。

 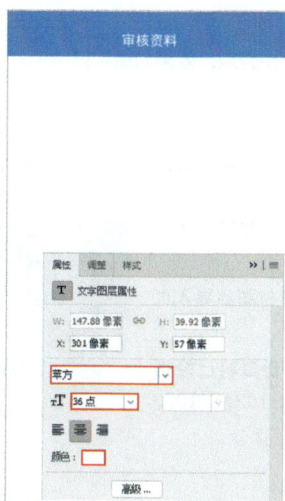  

图 7-5　　　　　　　图 7-6　　　　　　　图 7-7　　　　　　　图 7-8

06 **添加状态栏元素**。使用"椭圆工具" ◯ 在页面顶部绘制一个12像素×12像素的圆形，并设置"填充"为白色，如图7-9所示。

07 将上一步绘制的圆形复制4份，并将最后两份的"填充"关闭，设置"描边"为白色，"描边宽度"为1像素，如图7-10所示。

08 使用"横排文字工具" T. 在右侧输入"中国移动"，设置"字体"为"苹方"，"字体大小"为24点，"颜色"为白色，如图7-11所示。

09 导入学习资源"素材文件>CH07>01.psd"中的Wi-Fi图标放在文字旁边，效果如图7-12所示。

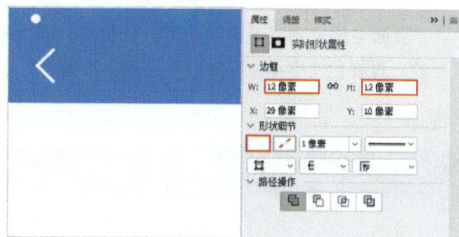

图 7-9

 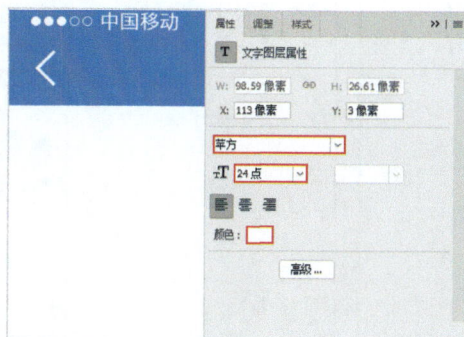 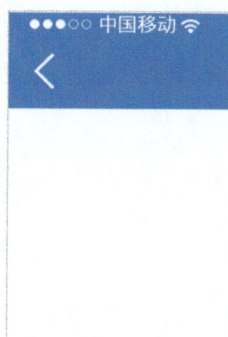

> **提示**
>
> 　在第1章的案例中绘制过Wi-Fi图标，读者也可以直接导入。

图 7-10　　　　　　　　　图 7-11　　　　　　图 7-12

10 使用"横排文字工具" T.在状态栏的中间位置输入时间"10:01"，设置"字体"为"苹方"，"字体大小"为24点，"颜色"为白色，如图7-13所示。

11 继续使用"横排文字工具" T.输入"100%"，并设置"字体"为"苹方"，"字体大小"为24点，"颜色"为白色，如图7-14所示。

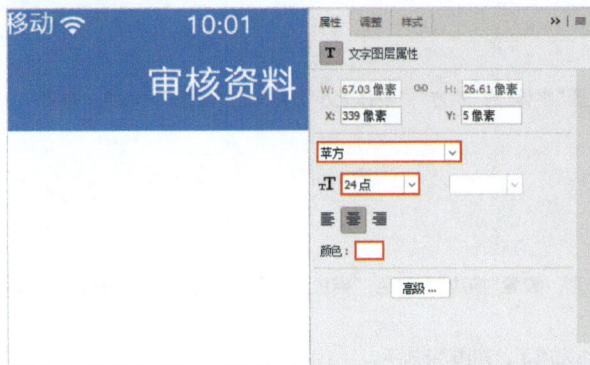

图 7-13

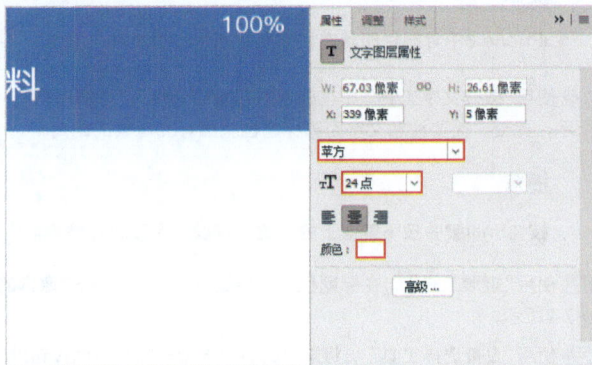

图 7-14

12 导入学习资源"素材文件>CH07>01.psd"中的电量图标并放在文字旁边，效果如图7-15所示。

提示

在第1章的案例中绘制了电量图标，读者也可以导入使用，注意电量图标显示电量与电量文字提示相匹配。

13 将状态栏中的元素对齐，然后移动距离，使其与顶部边缘相距10像素，效果如图7-16所示。

14 **导入素材图**。将学习资源"素材文件>CH07>01.psd"文件中的素材图层导入页面，如图7-17所示。

15 **添加文案**。使用"横排文字工具" T.在素材图下方输入"您的身份资料已经提交"，设置"字体"为"苹方"，"字体大小"为34点，"颜色"为深灰色(R:102，G:102，B:102)，如图7-18所示。

图 7-15

提示

页面中的文字尽量简洁明了，让用户一眼就能明白进行的操作是否已达到目的。过多的文字描述会降低用户的体验感。

图 7-16

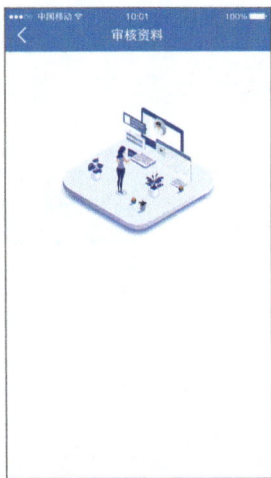

图 7-17

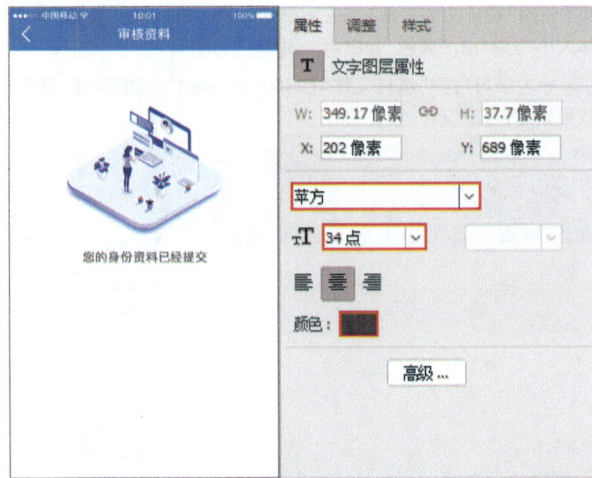

图 7-18

16 继续使用"横排文字工具" T,输入"正在审核中…"，设置"字体"为"苹方"，"字体大小"为30点，"颜色"为灰色（R:153,G:153,B:153），如图7-19所示。

17 **绘制按钮。** 使用"圆角矩形工具"在文字下方绘制一个450像素×80像素，圆角"半径"为40像素的圆角矩形，设置"填充"颜色为蓝色（R:0,G:160,B:233），效果如图7-20所示。

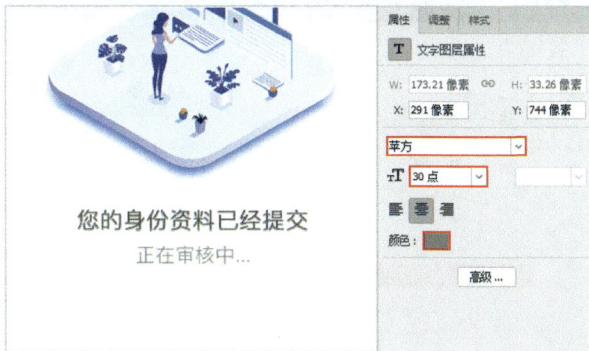

图 7-19

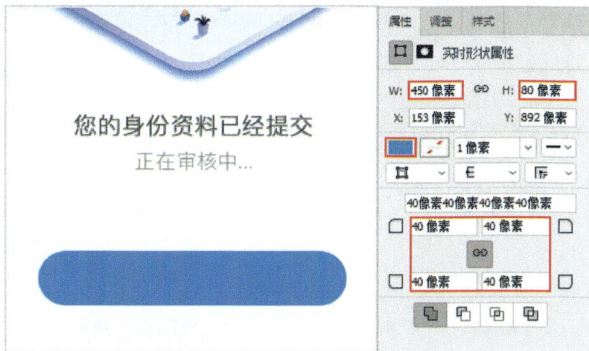

图 7-20

18 使用"横排文字工具" T,在按钮上输入"我知道了"，设置"字体"为"苹方"，"字体大小"为34点，"颜色"为白色，如图7-21所示。

19 调整页面整体细节，案例最终效果如图7-22所示。

图 7-21

图 7-22

7.2.2 首次进入型

用户在初次打开App时，App会利用空白页指引用户进行一些必要操作，并且引导用户找到一些需要的内容，如图7-23所示。

图 7-23

这一类的空白页会通过有特点、明显的按钮引导用户进行下一步操作，并在满足条件后支持使用某些功能。设计师在设计这类空白页时，一定要考虑设计跳转按钮的位置。

7.2.3 错误提示型

错误提示型的空白页不仅在App中常见，而且在网页中很常见。"网络中断"和"找不到页面"是最常见的类型，如图7-24所示。这种页面一定会有指引用户刷新网页的操作按钮或返回上一级页面的操作按钮。

图 7-24

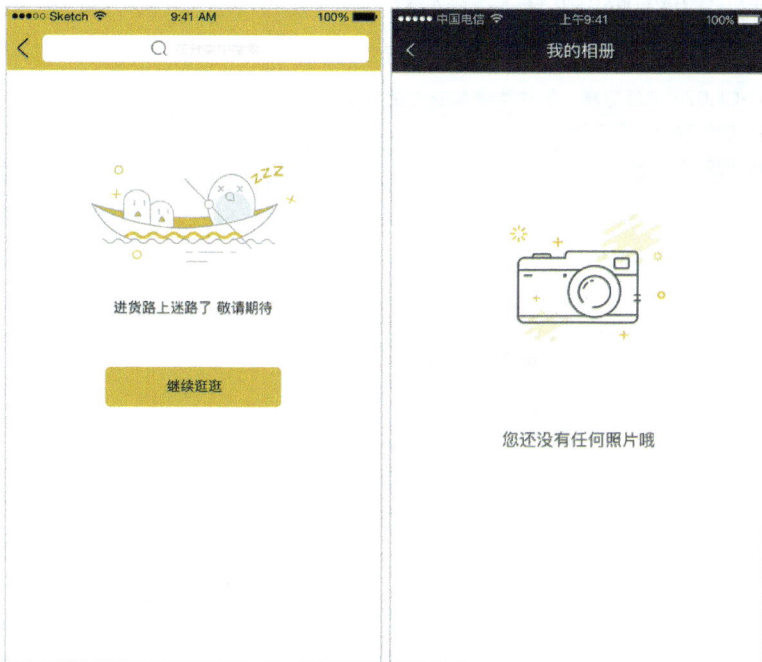

图 7-24（续）

📖 课堂练习：制作消息中心空白页

素材位置	素材文件 >CH07>02.psd
实例位置	实例文件 >CH07> 课堂练习：制作消息中心空白页 .psd
视频名称	课堂练习：制作消息中心空白页 .mp4
学习目标	练习空白页的制作方法

本案例是在Photoshop中制作消息中心空白页，如图7-25所示。案例的制作过程相对简单，导航栏和分类按钮是制作的重点。

图 7-25

📖 课后习题：制作购物车空白页

素材位置	素材文件 >CH07>03.psd
实例位置	实例文件 >CH07> 课后习题：制作购物车空白页 .psd
视频名称	课后习题：制作购物车空白页 .mp4
学习目标	练习空白页的制作方法

本案例是在Photoshop中制作购物车空白页，效果如图7-26所示。空白页的制作过程相对简单，很多元素使用之前案例中制作好的并导入到相应的位置即可。

图 7-26

第 8 章 ｜首页设计

首页是App中必不可少的部分，不同的使用功能，要求首页的布局方式也不同。本章将为读者讲解首页的常见类型及其相关知识。

- 掌握首页的概念
- 掌握首页的常见分类及制作方法

8.1 首页的概念

首页承载App的整体形象，优秀的首页设计能让用户产生良好的使用感受。不同功能类型的App，会有不同类型的首页展示方式，因此选择适合产品本身的首页展示方式是非常重要的，如图8-1所示。

图 8-1

8.2 首页的常见类型

首页的类型大致可以分为4类，分别是列表型、图标型、卡片型和综合型。

8.2.1 课堂案例：制作外卖 App 首页

素材位置	素材文件 >CH08>01.psd
实例位置	实例文件 >CH08> 课堂案例：制作外卖 App 首页 .psd
视频名称	课堂案例：制作外卖 App 首页 .mp4
学习目标	掌握综合型首页的制作方法

本案例是先在Illustrator中绘制按钮，再在Photoshop中制作的一款外卖App的首页。首页中需要体现外卖的类别、产品和搜索框，案例效果如图8-2所示。

图 8-2

绘制按钮

01 启动Illustrator，使用"矩形工具" ▢ 在视口中绘制一个48px×48px的浅灰色矩形，并关闭"描边"，如图8-3所示。

02 **绘制主页按钮**。主页按钮由两个编辑后的矩形构成。使用"矩形工具" ▢ 在灰色背景上绘制一个30px×30px的矩形，并设置"描边粗细"为2pt，如图8-4所示。

图 8-3

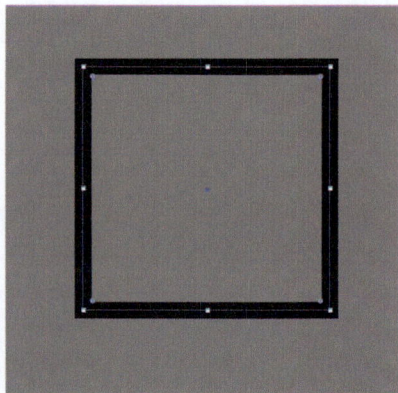

图 8-4

03 将矩形旋转45°，然后使用"直接选择工具" ▷ 删掉下方的锚点，如图8-5所示。

04 在"描边"面板中设置"端点"为"圆头端点"，"边角"为"圆角连接"，如图8-6所示。

05 使用"矩形工具" ▢ 绘制一个30px×30px的矩形，设置"描边粗细"为2pt，如图8-7所示。

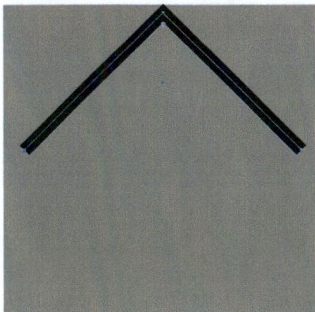
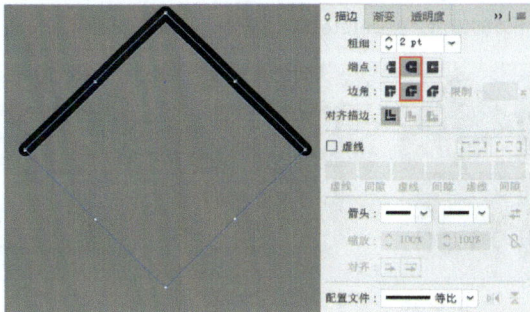
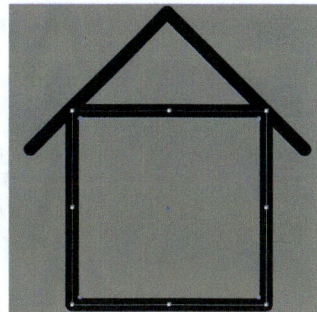

图 8-5　　　　　　　　　　　　　　　图 8-6　　　　　　　　　　　　　　　图 8-7

06 使用"直接选择工具" ▷ 将上一步绘制的矩形顶端的边删掉，并在"描边"面板中设置"端点"为"圆头端点"，"边角"为"圆角连接"，如图8-8所示。

07 调整下方矩形的高度，使其与上方的图形中间有一定的空隙，如图8-9所示。

08 选中绘制的两个图形，执行"对象>路径>轮廓化描边"菜单命令，然后使用"联集"工具 ▤ 将其合并为一个图形，方便后期导入Photoshop中，如图8-10所示。

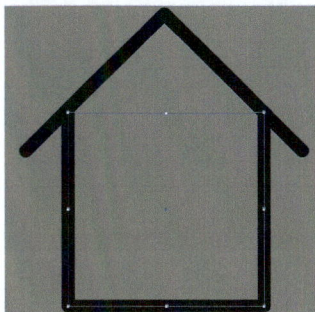

图 8-8　　　　　　　　　　图 8-9　　　　　　　　　　图 8-10

> **提示**
>
> 如果不进行"轮廓化描边"的操作就将其联集，会改变按钮的形状。

09 **绘制分类图标**。分类图标由4个圆角矩形组成。复制一份灰色的背景，使用"圆角矩形工具" ▢ 绘制一个20px×20px，"圆角半径"为2px的圆角矩形，并设置"填充"为黑色，如图8-11所示。

10 按住Alt键，将上一步创建的圆角矩形复制3份，如图8-12所示。

11 选中右上角的圆角矩形，旋转45°，如图8-13所示。

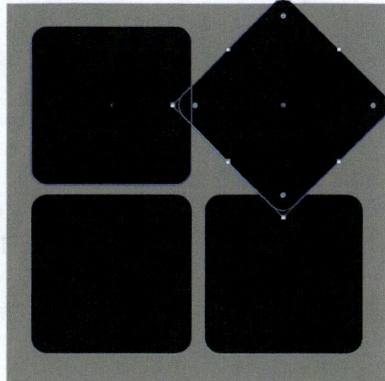

图 8-11　　　　　　　　　　图 8-12　　　　　　　　　　图 8-13

12 将旋转的圆角矩形适当缩小，使整个按钮边缘一致，如图8-14所示。

13 使用"联集"工具 将4个圆角矩形合并为一个完整的图形，如图8-15所示。

14 **绘制购物车图标。** 购物车图标要稍微复杂一些，由圆角矩形和两个弧形组成。复制一份灰色背景，使用"圆角矩形工具" 绘制一个30px×30px，"圆角半径"为2px的圆角矩形，设置"描边粗细"为2pt，如图8-16所示。

15 使用"椭圆工具" 在矩形上方绘制一个15px×15px的圆形，设置"描边粗细"为2pt，如图8-17所示。

16 使用"直接选择工具" 选中圆形下方的锚点，按Delete键将其删除，如图8-18所示。

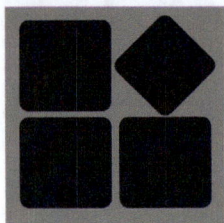
图 8-14

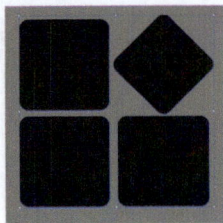
图 8-15

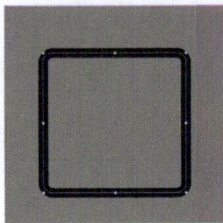
图 8-16

图 8-17

图 8-18

17 将上一步修改后的弧形向下复制一份，并水平对称变换，效果如图8-19所示。

图 8-19

提示

选中复制后的弧形，单击鼠标右键，在弹出的菜单中选择"变换>对称"选项，并在弹出的"镜像"面板中选择"水平"选项，如图8-20所示。

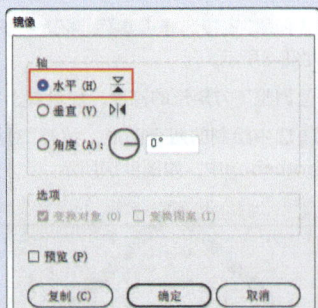
图 8-20

18 选中所有图形执行"轮廓化描边"命令，使用"联集"工具 将其合并为一个图形，如图8-21所示。

19 **绘制我的图标。** 我的图标很简单，由一个圆形和一个弧形组成。将灰色背景复制一层，使用"椭圆工具" 在背景上绘制一个22px×22px的圆形，设置"描边粗细"为2pt，如图8-22所示。

20 将上一步绘制的圆形向下复制一份，修改"椭圆宽度"和"椭圆高度"均为35px，如图8-23所示。

21 使用"直接选择工具" 将圆形的下半部分删除，效果如图8-24所示。

22 选中两个圆形执行"轮廓化描边"命令，使用"联集"工具 将其合并为一个图形，如图8-25所示。

图 8-21

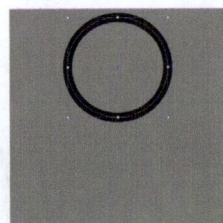
图 8-22

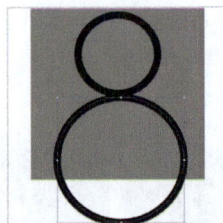
图 8-23

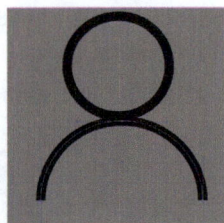
图 8-24

图 8-25

23 **绘制设置按钮。** 设置按钮很简单，由3条直线组成。复制一份灰色背景，使用"钢笔工具" 在背景上绘制一条直线，并设置"描边粗细"为2pt，如图8-26所示。

24 在"描边"面板中设置直线的"端点"为"圆头端点"，如图8-27所示。

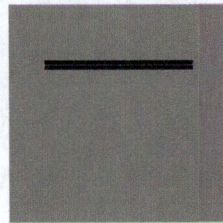
图 8-26

图 8-27

25 将修改后的直线向下复制两份，并将中间的直线缩短，效果如图8-28所示。

26 选中3条直线执行"轮廓化描边"命令，并使用"联集"工具 ◨ 将其合并为一个图形，如图8-29所示。

27 **绘制更多按钮**。更多按钮由3个相同大小的圆点组成。复制一份灰色背景，使用"椭圆工具" ◎ 绘制一个10px×10px的圆形，并设置"填充"为黑色，如图8-30所示。

28 将上一步绘制的圆形向右复制两份，并使用"联集"工具 ◨ 将其合并为一个图形，如图8-31所示。

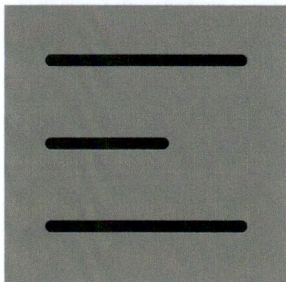 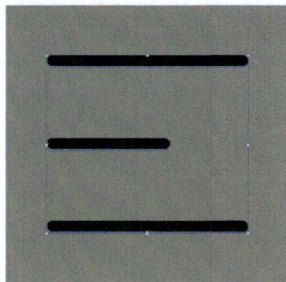 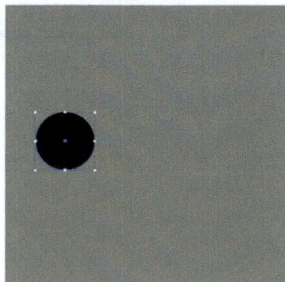 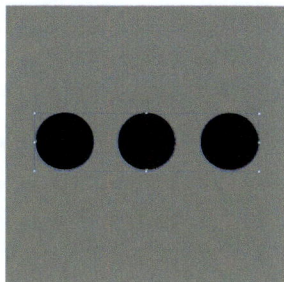

图 8-28　　　　　　　　图 8-29　　　　　　　　图 8-30　　　　　　　　图 8-31

制作界面

01 启动Photoshop，执行"文件>新建"菜单命令，在弹出的"新建文档"对话框中选择iPhone 6模板(750像素×1334像素)，如图8-32所示。单击"创建"按钮 创建 后形成白色底色的画板，如图8-33所示。

02 **制作状态栏和搜索栏**。使用"矩形工具" □ 在背景上绘制一个750像素×128像素的矩形，设置"填充"为浅灰色(R:247，G:247，B:250)，关闭"描边"，如图8-34所示。

03 使用"圆角矩形工具" □ 绘制一个560像素×56像素，"半径"为10像素，"填充"为灰色(R:238，G:238，B:238)的圆角矩形作为搜索框，如图8-35所示。

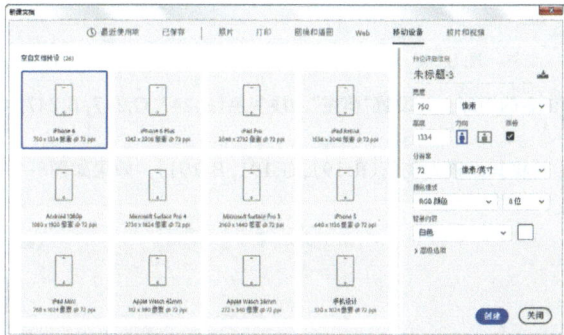   

图 8-32　　　　　　　　图 8-33　　　　　　　　图 8-34　　　　　　　　图 8-35

04 分别导入绘制的设置按钮和更多按钮，放置在搜索框的两侧，然后将图标设置为灰色，如图8-36所示。

提示

改变图标的颜色有两种方法。

第1种：双击图标的图层，打开"图层样式"面板，在"颜色叠加"选项中设置颜色，如图8-37所示。

第2种：为图层添加"纯色"调整图层，然后将其作为图标图层的剪切图层，如图8-38所示。

 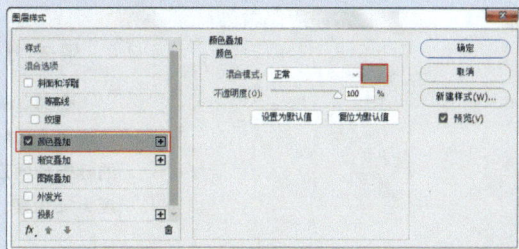 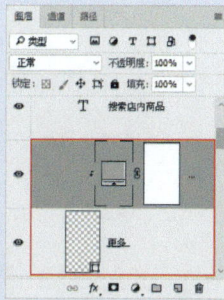

图 8-36　　　　　　　　　　　　　　図 8-37　　　　图 8-38

05 继续导入学习资源中的"状态栏"图层组，将其放置在页面的顶部，如图8-39所示。

06 使用"横排文字工具" T.在搜索框内输入"搜索店内商品"，并设置"字体"为"苹方"，"字体大小"为30点，"颜色"为灰色（R:191，G:191，B:191），如图8-40所示。

07 导入学习资源中"搜索图标"图层放置在搜索框内，并将其设置为灰色（R:191，G:191，B:191），如图8-41所示。

提示

iOS系统中搜索栏的字号规定为30像素。

图 8-39　　　　　　　　图 8-40　　　　　　　　图 8-41

08 **制作标签栏**。使用"矩形工具" □.在页面下方绘制一个750像素×98像素的矩形，并设置"填充"为浅灰色（R:247，G:247，B:247），如图8-42所示。

09 导入绘制的主页、我的、分类和购物车共4个图标放在标签栏上，并将其设置为灰色（R:191，G:191，B:191），效果如图8-43所示。

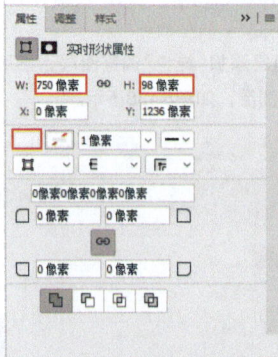

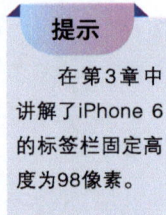

提示

在第3章中讲解了iPhone 6的标签栏固定高度为98像素。

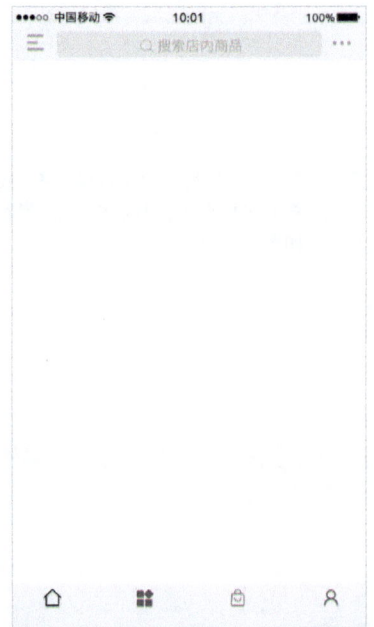

图 8-42　　　　　　　　　　　　　　　　图 8-43

10 选中"主页"图层，然后双击图层打开"图层样式"对话框，勾选"颜色叠加"选项，并设置"颜色"为橙色（R:255,G:113,B:50），如图8-44所示。叠加颜色后的按钮效果如图8-45所示。

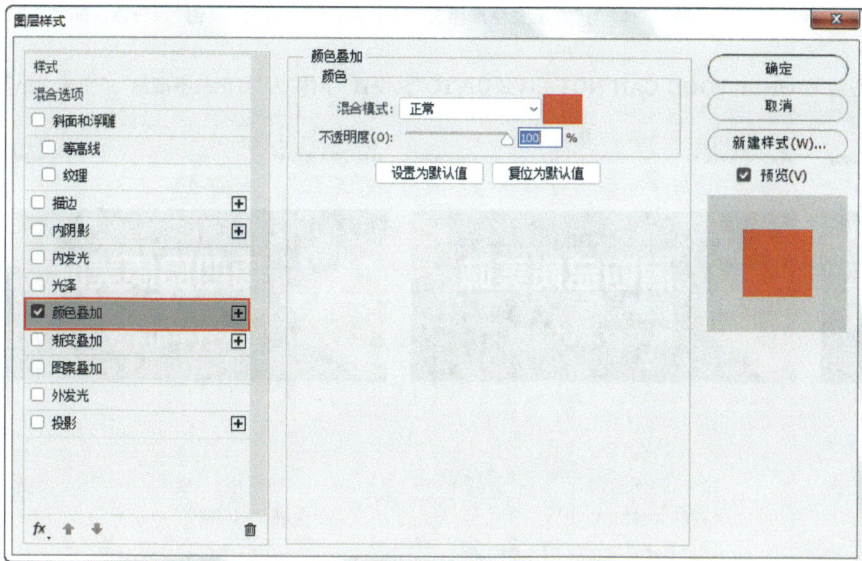

图 8-44　　　　　　　　　　　　　　　　　　　　　　　　　图 8-45

11 使用"横排文字工具" T. 在按钮图标下方分别输入"分类""购物车"和"我的"，设置"字体"为"苹方"，"字体大小"为20点，"颜色"为灰色（R:191,G:191,B:191），如图8-46所示。

12 在主页按钮图标下使用"横排文字工具" T. 输入"主页"，并设置"字体"为"苹方"，"字体大小"为20点，"颜色"为橙色（R:255,G:113,B:50），如图8-47所示。

13 **制作广告图**。将学习资源中的"背景素材"图层导入场景，放置在搜索栏的下方，如图8-48所示。

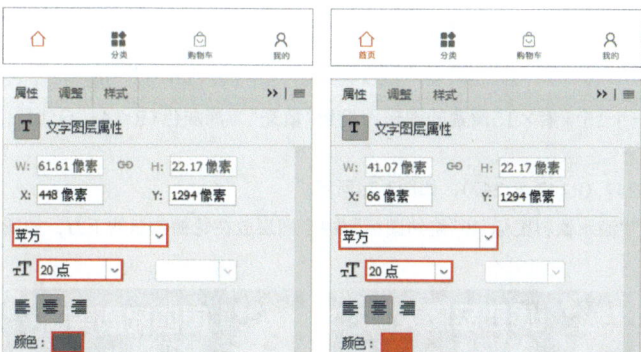

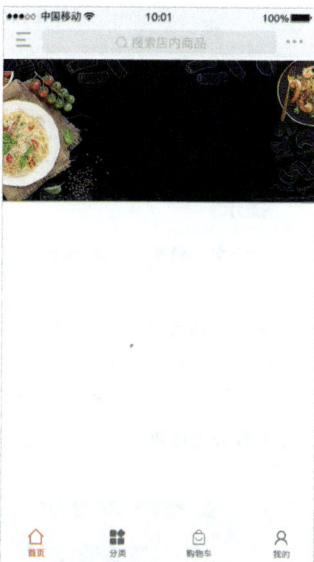

图 8-46　　　　　　　　　　　图 8-47　　　　　　　　　　　　　　　　　　图 8-48

提示

标签栏中按钮图标下的文字规定字号为20点。

14 使用"横排文字工具" T. 输入"周四品质美味"，设置"字体"为"汉仪综艺体简"，"字体大小"为70点，"颜色"为白色，如图8-49所示。

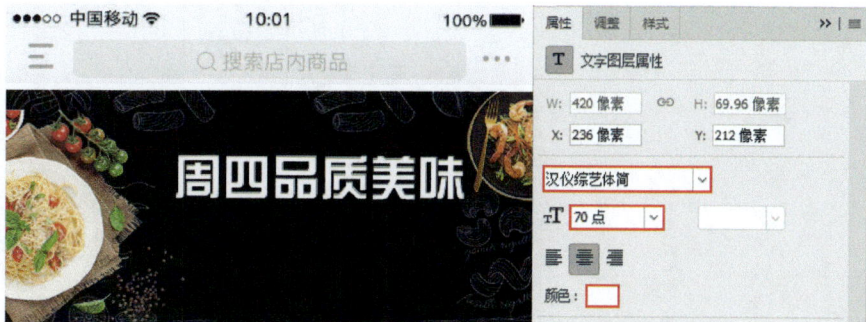

图 8-49

15 使用"横排文字工具"[T.]在下方输入"健康好美味"，设置"字体"为"方正兰亭准黑"，"字体大小"为38点，"颜色"为白色，如图8-50所示。

16 使用"横排文字工具"[T.]输入"唯美食不可辜负"，设置"字体"为"方正兰亭准黑"，"字体大小"为46点，"颜色"为白色，如图8-51所示。

17 使用"横排文字工具"[T.]在文字下方输入"ONLY FOOD CAN NOT LIVE UP TO"，设置"字体"为"方正兰亭准黑"，"字体大小"为10点，"颜色"为白色，如图8-52所示。

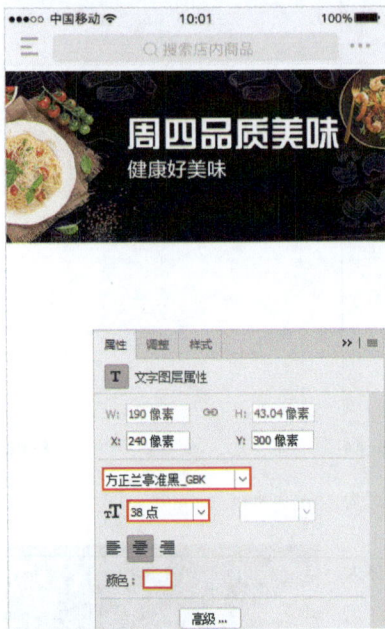
图 8-50

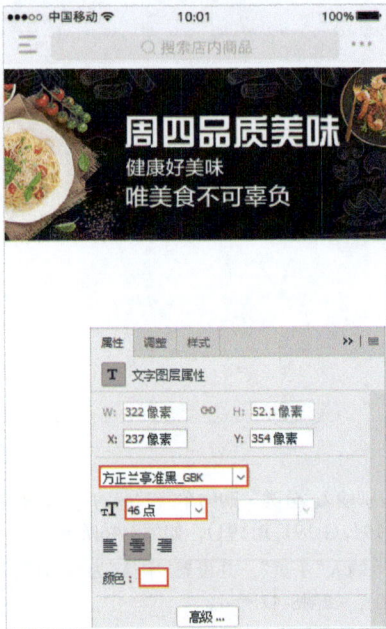
图 8-51

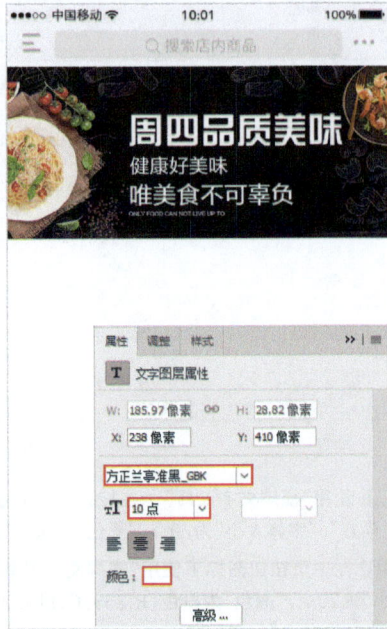
图 8-52

提示

4行文字需要统一左对齐。

18 **制作轮播按钮**。使用"椭圆工具"[●]在广告图下方绘制一个15像素×15像素的圆形，设置"填充"为深灰色(R:141, G:141, B:141)，如图8-53所示。

19 将上一步绘制的圆形复制4份，并修改"填充"为浅灰色(R:247, G:247, B:247)，如图8-54所示。

20 **制作分类按钮**。导入学习资源中的"美食图标""西餐图标""酒水饮料图标"和"烧烤图标"共4个图层放在轮播按钮的下方，如图8-55所示。

图 8-53

图 8-54

图 8-55

21 使用"横排文字工具"，在4个图标下方依次输入"自助美食""美味西餐""酒水饮料"和"美味烧烤"，设置"字体"为"方正兰亭黑"，"字体大小"为22点，"颜色"为灰色(R:191,G:191,B:191)，如图8-56所示。

22 **制作首页内容**。使用"横排文字工具"，在分类按钮下方输入"今日新品"，设置"字体"为"方正兰亭黑"，"字体大小"为32点，"颜色"为黑色，如图8-57所示。

23 使用"圆角矩形工具"绘制一个96像素×36像素的圆角矩形，设置圆角的"半径"为16像素，"填充"为红色(R:245,G:75,B:85)，如图8-58所示。

图 8-56

图 8-57

图 8-58

24 使用"横排文字工具"，在圆角矩形上输入"MORE"，设置"字体"为"方正兰亭黑"，"字体大小"为20点，"颜色"为白色，如图8-59所示。

25 使用"圆角矩形工具"绘制一个330像素×238像素的圆角矩形，设置圆角的"半径"为10像素，"填充"为红色(R:245,G:75,B:85)，如图8-60所示。

图 8-59

图 8-60

> **提示**
>
> "填充"的颜色可以是任意颜色，只要能与背景区分即可。这两步是为了加载产品图片所制作的区域。

123

26 导入学习资源中的"黄焖鸡"图层，并作为上一步绘制的圆角矩形的剪切图层，调整其大小使其填充到圆角矩形内部，如图8-61所示。

27 使用"横排文字工具" T，在图片下方输入"黄焖鸡套餐"，并设置"字体"为"方正兰亭准黑"，"字体大小"为32点，"颜色"为黑色，如图8-62所示。

图 8-61   图 8-62

28 使用"横排文字工具" T，在旁边输入"<1公里"，并设置"字体"为"方正兰亭准黑"，"字体大小"为24点，"颜色"为灰色（R:191，G:191，B:191），如图8-63所示。

29 选用"多边形工具" ○，然后单击图像，在弹出的"创建多边形"对话框中设置"宽度"和"高度"都为20像素，"边数"为5，勾选"星形"，并设置"缩进边依据"为40%，如图8-64所示。单击"确定"按钮 确定 后会在图像中生成一个五角星，如图8-65所示。

30 设置上一步创建五角星的"填充"颜色为黄色（R:229，G:144，B:2），然后复制4份并调整位置，如图8-66所示。

图 8-63

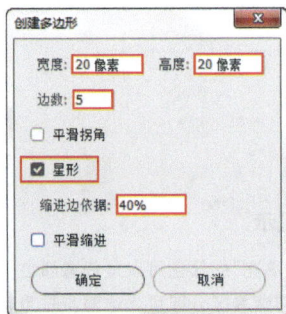

图 8-64

图 8-65

图 8-66

31 将步骤25到步骤30中创建的元素进行打组，然后向右复制一份，如图8-67所示。

32 将复制的图层组的图片替换为学习资源中的"轻食沙拉"图层，如图8-68所示。

33 更改产品文字为"轻食沙拉"，然后选中最右侧的星形，关闭"填充"，将"描边"设置为黄色（R:229,G:144,B:2），"描边距离"为2像素，如图8-69所示。

34 调整整体页面之间的间隔，案例最终效果如图8-70所示。

图 8-67

图 8-68

图 8-69

图 8-70

8.2.2 列表型

列表型首页是在页面上展示同级内容的分类模块，模块由文案和图标等组成，如图8-71所示。列表型首页更方便点击操作，上下滑动也可以查看更多内容。

图 8-71

8.2.3 图标型

图标型首页是在页面中用图标和文字展示产品的主要功能，如图8-72所示。图标型首页最好在第一屏就能完全展示所有图标，且尽量保证操作简单。

图 8-72

8.2.4 卡片型

当遇到操作按钮、图标和文字等信息比较复杂时，可以采用卡片型首页。卡片型首页会将按钮和信息紧密结合在一起，加强用户的可读性和操作性，如图8-73所示。

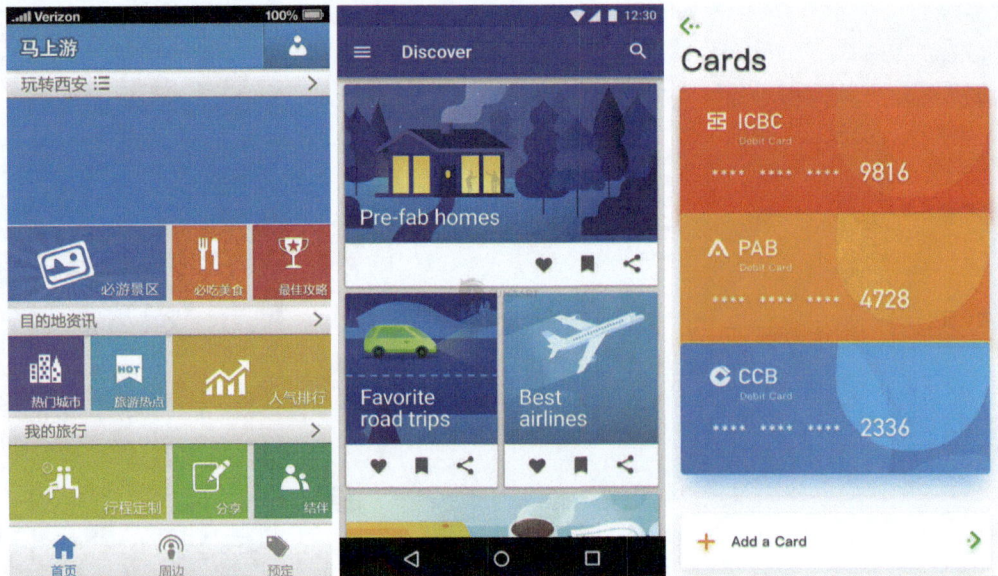

图 8-73

8.2.5 综合型

综合型首页大多用于电商类App，既有图标形式又有卡片形式。综合型首页考验设计师的设计能力，设计师需要注意分割线和背景颜色的区分不能过于明显，既要保证页面模块的整体性，又要能区分模块，如图8-74所示。

图 8-74

📖 课堂练习：制作旅游 App 主页

素材位置	素材文件 >CH08>02.psd
实例位置	实例文件 >CH08> 课堂练习：制作旅游 App 主页 .psd
视频名称	课堂练习：制作旅游 App 主页 .mp4
学习目标	练习综合型主页的制作方法

本案例是在Photoshop中制作旅游App主页，如图8-75所示。在制作案例时，要把握每个功能区之间的距离，注意标签栏与主页信息之间的层级关系。

图 8-75

📖 课后习题：制作美食类 App 主页

素材位置	素材文件 >CH08>03.psd
实例位置	实例文件 >CH08> 课后习题：制作美食类 App 主页 .psd
视频名称	课后习题：制作美食类 App 主页 .mp4
学习目标	练习卡片型主页的制作方法

本案例是在Photoshop中制作美食类App的主页，效果如图8-76所示。卡片型主页制作相对简单，案例重点是制作卡片的样式和文字搭配。

图 8-76

第 9 章 个人中心页设计

个人中心页在一些App中又被称为"我的"页面，是大多数App中必不可少的一个页面。本章将为读者讲解个人中心页的相关知识。

- 掌握个人中心页的概念
- 掌握个人中心页的常见分类及制作方法

9.1 个人中心页的概念

　　个人中心页一般设计在底部菜单栏的最右侧，页面中会显示用户的头像、昵称、个人信息、私信和关注等内容，如图9-1所示。个人中心页可以显示用户自身的一些信息，也可以修改App的一些系统设置，方便用户更好地使用软件。

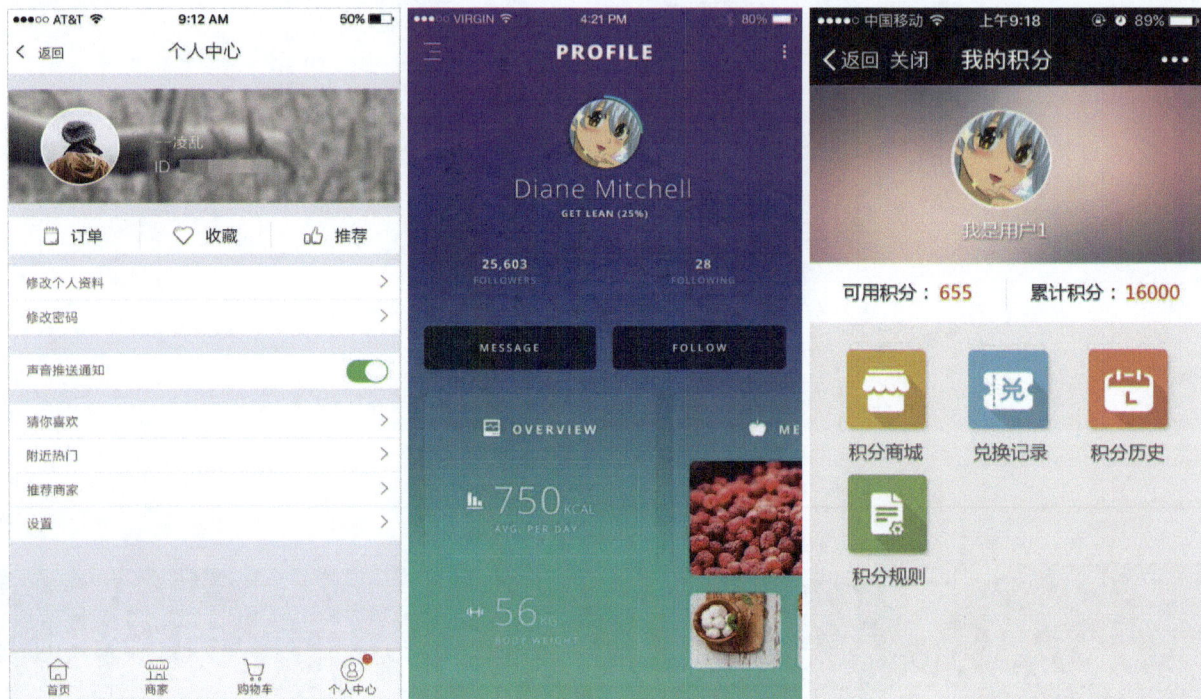

图 9-1

　　个人中心页根据使用角色大致可以分为两类，一类是自己的个人主页，另一类是他人的中心页。个人主页是用户自己的中心页，可以对其中的信息进行编辑，包括修改头像、昵称和发布的各种信息等，如图9-2所示。他人的个人中心页是供用户关注、私信交流和查看他人发布信息的页面，如图9-3所示。

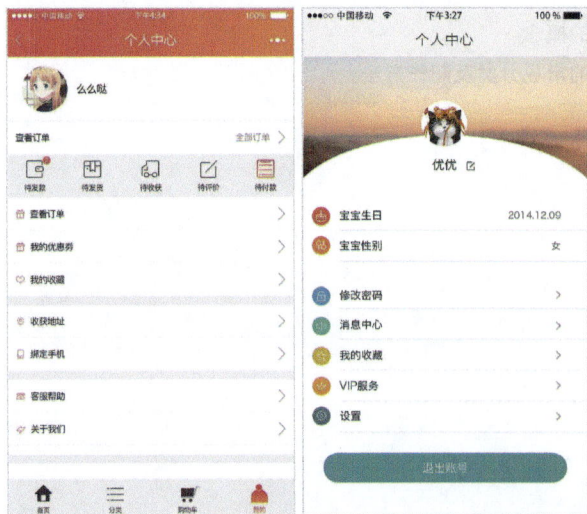

图 9-2

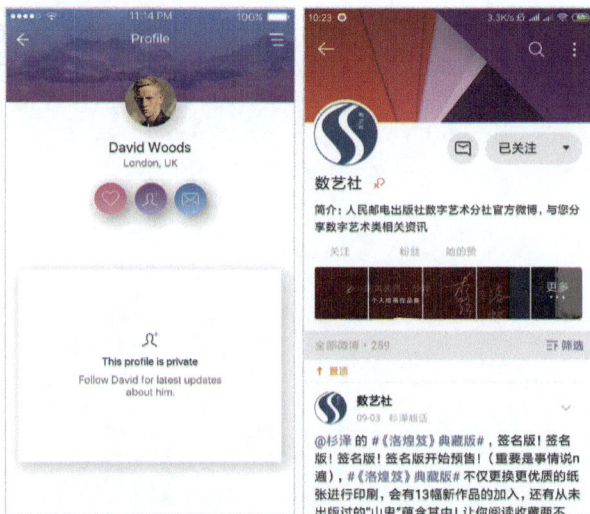

图 9-3

9.2 个人中心页的常见类型

个人中心页根据设计风格可以分为两类，一类是头像居中对齐，另一类是头像居左对齐。

9.2.1 课堂案例：制作个人中心页

素材位置	素材文件 >CH09>01.psd
实例位置	实例文件 >CH09> 课堂案例：制作个人中心页 .psd
视频名称	课堂案例：制作个人中心页 .mp4
学习目标	掌握头像居中对齐中心页的制作方法

本案例是先在Illustrator中绘制按钮，再在Photoshop中制作的一款社交类软件的个人主页。个人主页中需要体现用户头像、昵称、所在位置和发布信息等内容，案例效果如图9-4所示。

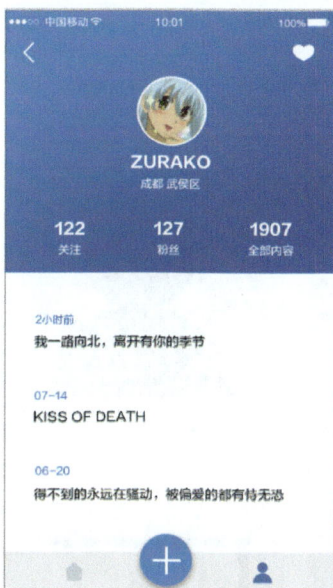

图 9-4

绘制按钮

01 启动Illustrator，使用"矩形工具"□在视口中绘制一个48px×48px的浅灰色矩形，并关闭"描边"，如图9-5所示。

02 **绘制主页图标**。主页图标由三角形和矩形组成。使用"矩形工具"□在背景上绘制一个30px×30px的矩形，设置"填充"为黑色，如图9-6所示。

图 9-5

图 9-6

03 将矩形旋转45°，使用"直接选择工具"▷选择下方的锚点并删除，效果如图9-7所示。

04 使用"矩形工具"□在下方绘制一个34px×24px的矩形，如图9-8所示。

05 使用"联集"工具▬将其合并为一个整体图形，然后使用"直接选择工具"▷选中5个边角的控制点，设置"圆角半径"为1pt，如图9-9所示。

06 **绘制添加图标**。添加图标由两条直线组成。复制一份灰色背景，使用"钢笔工具"✐绘制一条直线，设置"描边粗细"为2px，如图9-10所示。

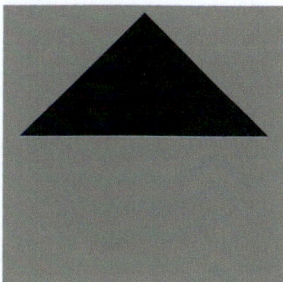

图 9-7

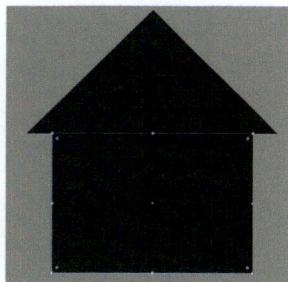

图 9-8

图 9-9

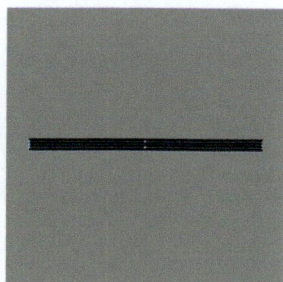

图 9-10

07 在"描边"面板中设置"端点"为"圆头端点"，直线的效果如图9-11所示。

08 将直线复制一份并旋转90°，效果如图9-12所示。

09 选中两条直线执行"轮廓化描边"命令，然后使用"联集"🖀工具合并为一个整体，如图9-13所示。

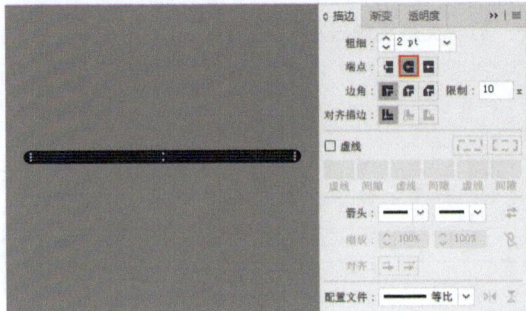

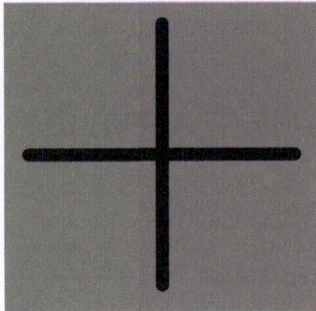

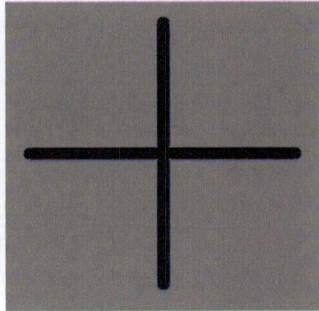

图 9-11　　　　　　　　　　　　图 9-12　　　　　　　　　　　　图 9-13

10 **绘制我的图标。** 我的图标由一个圆形和一个半圆形组成。复制一份灰色背景，使用"椭圆工具"◎绘制一个20px×20px的圆形，如图9-14所示。

11 将上一步绘制的圆形向下复制一份，修改其尺寸为32px×32px，如图9-15所示。

12 使用"直接选择工具"▷删掉大圆形的下半部分形成半圆形效果，如图9-16所示。

13 使用"联集"工具🖀将两个图形合并为一个整体，如图9-17所示。

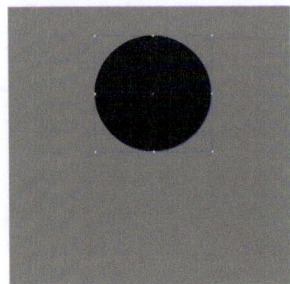

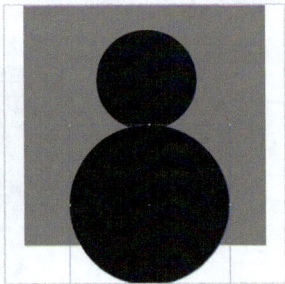

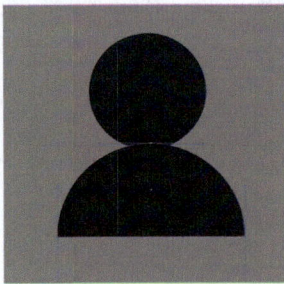

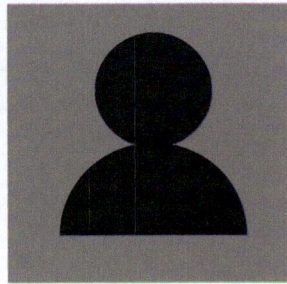

图 9-14　　　　　　　　　　图 9-15　　　　　　　　　　图 9-16　　　　　　　　　　图 9-17

14 **绘制返回图标。** 返回图标绘制很简单，复制一份灰色背景，使用"矩形工具"▢绘制一个34px×34px的矩形，设置"描边"为黑色，"描边粗细"为2pt，如图9-18所示。

15 使用"直接选择工具"▷选中右下角的锚点并删除，效果如图9-19所示。

16 将图标旋转45°，效果如图9-20所示。

17 在"描边"面板中设置"端点"为"圆头端点"，"边角"为"圆角连接"，返回图标的效果及设置如图9-21所示。

18 **绘制收藏图标。** 收藏图标是一个心形，需要通过圆形进行变形得到。复制一份灰色背景，使用"椭圆工具"◎绘制一个40px×40px的圆形，如图9-22所示。

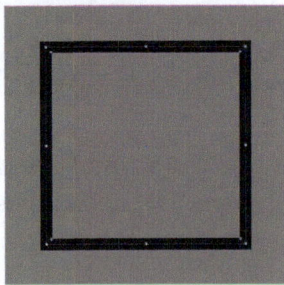

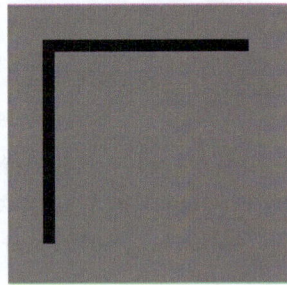

图 9-18　　　　　　　　　　　　图 9-19

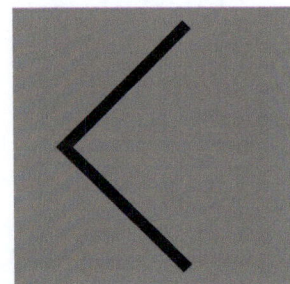

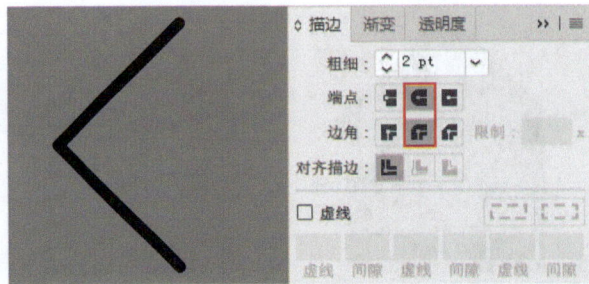

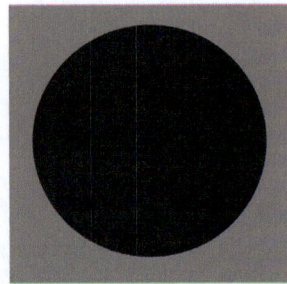

图 9-20　　　　　　　　　　　　图 9-21　　　　　　　　　　　　图 9-22

19 使用"直接选择工具" ▷ 选中下方的锚点，将其转换为尖角，如图9-23所示。

20 选中上方的锚点，将其转换为尖角后向下移动一段距离，如图9-24所示。

21 通过调整控制手柄调整心形的形状，使其更加饱满，图标最终效果如图9-25所示。

图 9-23

图 9-24

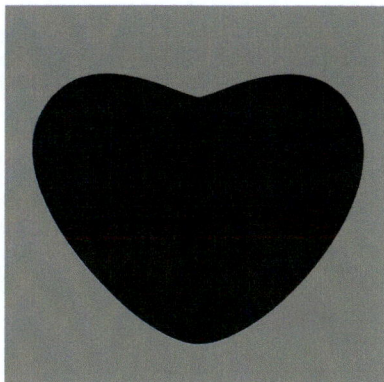
图 9-25

制作界面

01 启动Photoshop，执行"文件>新建"菜单命令，在弹出的"新建文档"对话框中选择iPhone 6模板（750像素×1334像素），如图9-26所示。单击"创建"按钮 创建 后形成白色底色的画板，如图9-27所示。

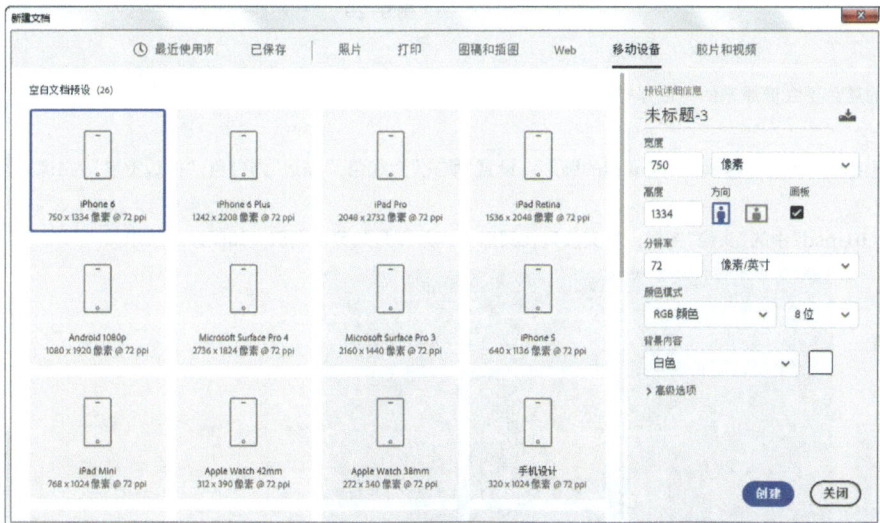

图 9-26

图 9-27

02 **制作个人信息。** 使用"矩形工具" □ 在背景上绘制一个750像素×600像素的矩形，并设置"填充"为浅蓝色（R:74，G:163，B:255），并关闭"描边"，如图9-28所示。

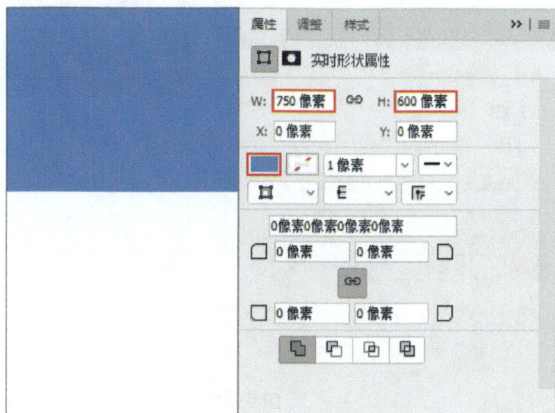

图 9-28

双击矩形的图层打开"图层样式"对话框，勾选"渐变叠加"选项，并设置"渐变"的颜色为深蓝色（R:36,G:107,B:214）到浅蓝色（R:74,G:163,B:255），"角度"为122度，如图9-29所示。添加渐变后的效果如图9-30所示。

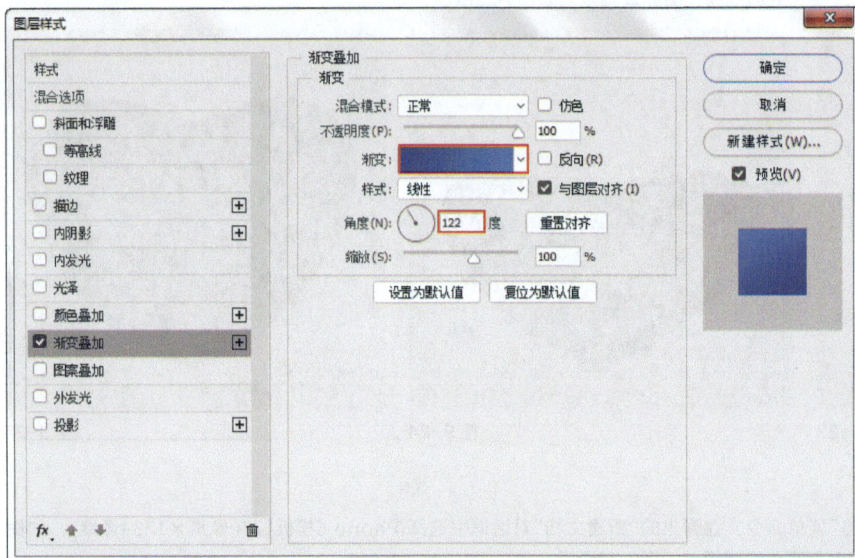

图9-29

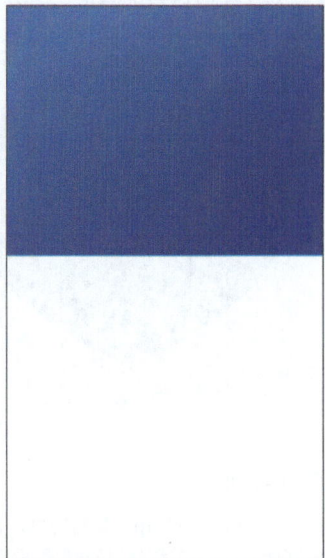

图9-30

提示

添加"渐变叠加"效果后，背景的蓝色不会像原来的纯色那样死板。

04 使用"椭圆工具" 在蓝色背景上绘制一个160像素×160像素的圆形，设置"填充"为红色，"描边"为白色，"描边宽度"为4像素，如图9-31所示。

05 导入学习资源"素材文件>CH09>01.psd"中的"头像"图层，将其放置在圆形上方并作为其剪切图层，如图9-32所示。

提示

"填充"颜色只是为了与背景进行区分，这里可以填充任意颜色。

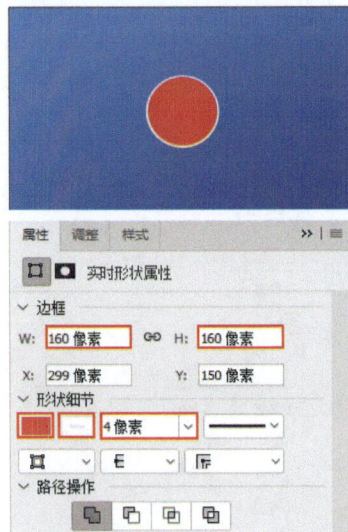

图9-31

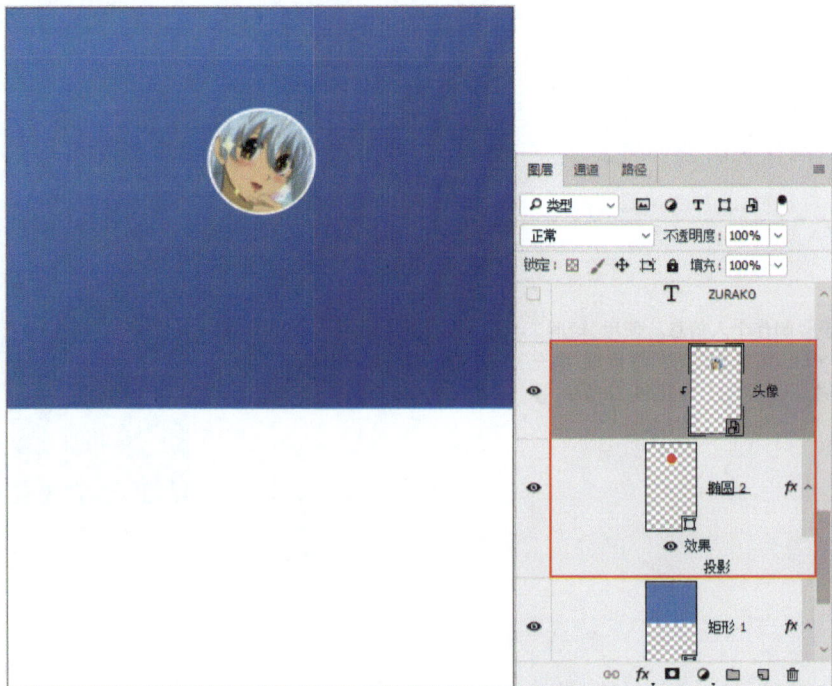

图9-32

134

06 使用"横排文字工具" T.在头像下方输入"ZURAKO"，设置"字体"为"方正兰亭大黑"，"字体大小"为36点，"颜色"为白色，如图 9-33所示。

07 使用"横排文字工具"输入"成都 武侯区"，设置"字体"为"方正兰亭准黑"，"字体大小"为26点，"颜色"为白色，如图9-34所示。

08 使用"横排文字工具"继续输入"122""127"和"1907"，设置"字体"为"方正兰亭大黑"，"字体大小"为36点，"颜色"为白色，如图9-35所示。

09 在数字对应的下方分别输入"关注""粉丝"和"全部内容"，设置"字体"为"方正兰亭准黑"，"字体大小"为26点，"颜色"为白色，如图9-36所示。

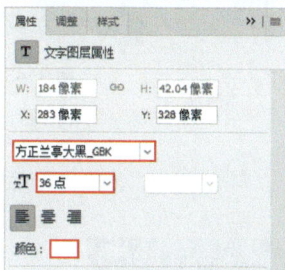
图 9-33

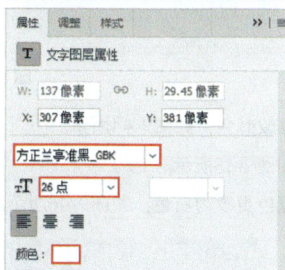
图 9-34

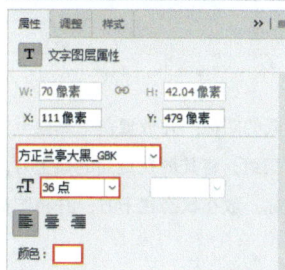
图 9-35

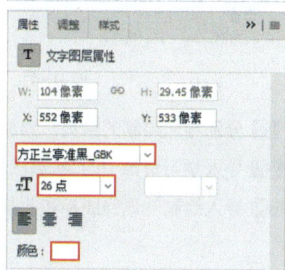
图 9-36

10 **制作发布信息**。使用"横排文字工具" T.在蓝色矩形下方区域输入"2小时前"，设置"字体"为"方正兰亭准黑"，"字体大小"为24点，"颜色"为蓝色（R:0,G:138,B:255），如图9-37所示。

11 使用"横排文字工具" T.在下方输入"我一路向北，离开有你的季节"，设置"字体"为"方正兰亭准黑"，"字体大小"为30点，"颜色"为黑色，如图9-38所示。

12 将输入的两行文字统一复制两次并修改文字内容，字体的相关设置不变，如图9-39所示。

13 **制作标签栏**。使用"矩形工具" □.绘制一个750像素×98像素的矩形，设置"填充"为浅灰色（R:242,G:242,B:242），如图9-40所示。

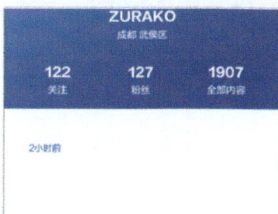
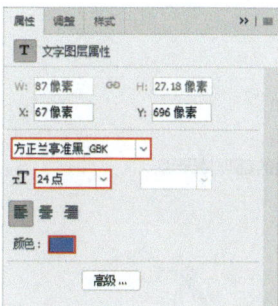
图 9-37

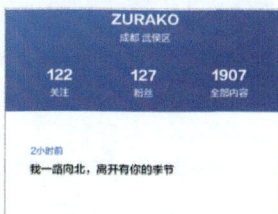
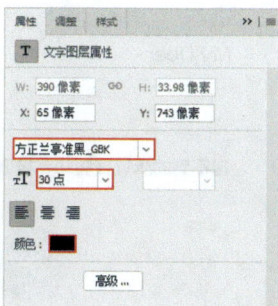
图 9-38

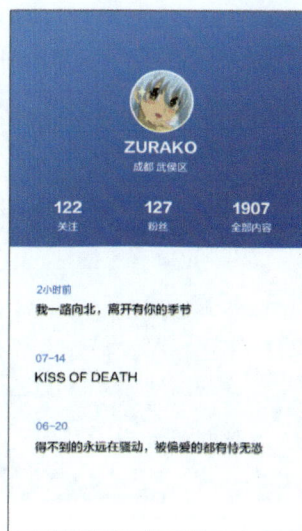
图 9-39

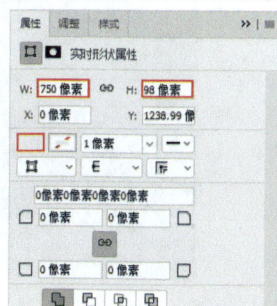
图 9-40

14 使用"椭圆工具"◯绘制一个120像素×120像素的圆形，设置"填充"为蓝色(R:74, G:163, B:255)，如图9-41所示。

15 双击圆形的图层，打开"图层样式"对话框，勾选"投影"选项，设置投影的颜色为深灰色(R:90, G:90, B:90)，"不透明度"为57%，"角度"为90度，"距离"为5像素，"扩展"为0，"大小"为15像素，如图9-42所示。添加效果后的界面如图9-43所示。

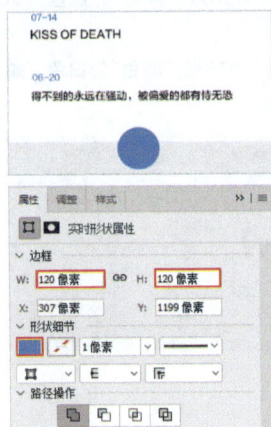

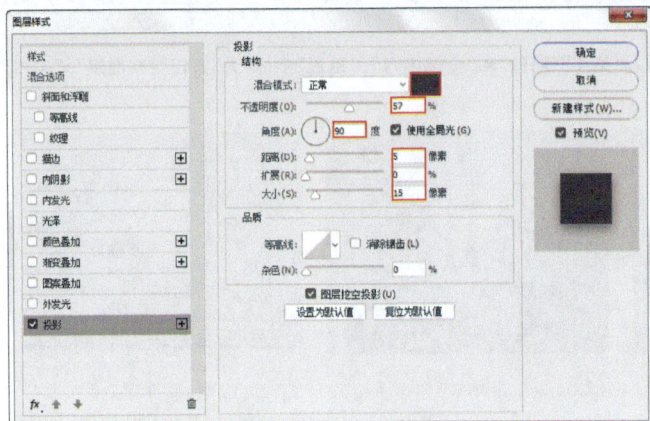

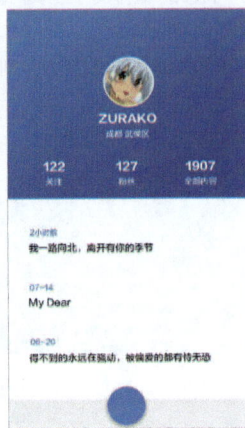

图 9-41　　　　　　　　　　　　　　　　　　　图 9-42　　　　　　图 9-43

16 分别导入绘制的主页、添加和我的图标，并放置在工具栏上，修改颜色，如图9-44所示。

17 导入学习资源中的"状态栏"图层组，将其放在页面的最上方，如图9-45所示。

18 导入绘制的返回图标和收藏图标，放在状态栏下方，并将图标颜色更改为白色，如图9-46所示。

图 9-44

图 9-45

图 9-46

136

9.2.2 头像居中对齐

个人中心页主要由头像、个人信息和内容模块组成。头像居中对齐的设计风格可以体现当前页的信息都与本人有关。头像基本会采用圆形外框显示，这样可以让画面更加饱满，整体页面也更为协调，如图9-47所示。

在社交类App中，"关注"和"粉丝数量"是两个非常重要的信息。在设计时要突出数字，体现用户在群体中的价值，如图9-48所示。

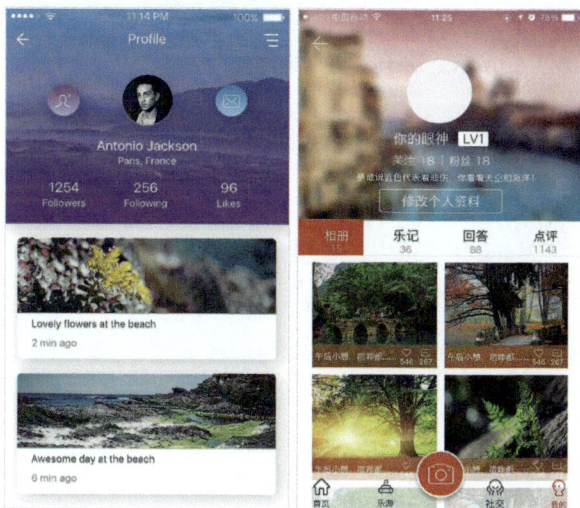

图 9-47

图 9-48

9.2.3 头像居左对齐

头像居左对齐的设计风格适合页面信息较多的情况。将头像放在页面左侧，不仅能节省空间，还可以让所有的信息内容在一屏内完整显示，如图9-49所示。

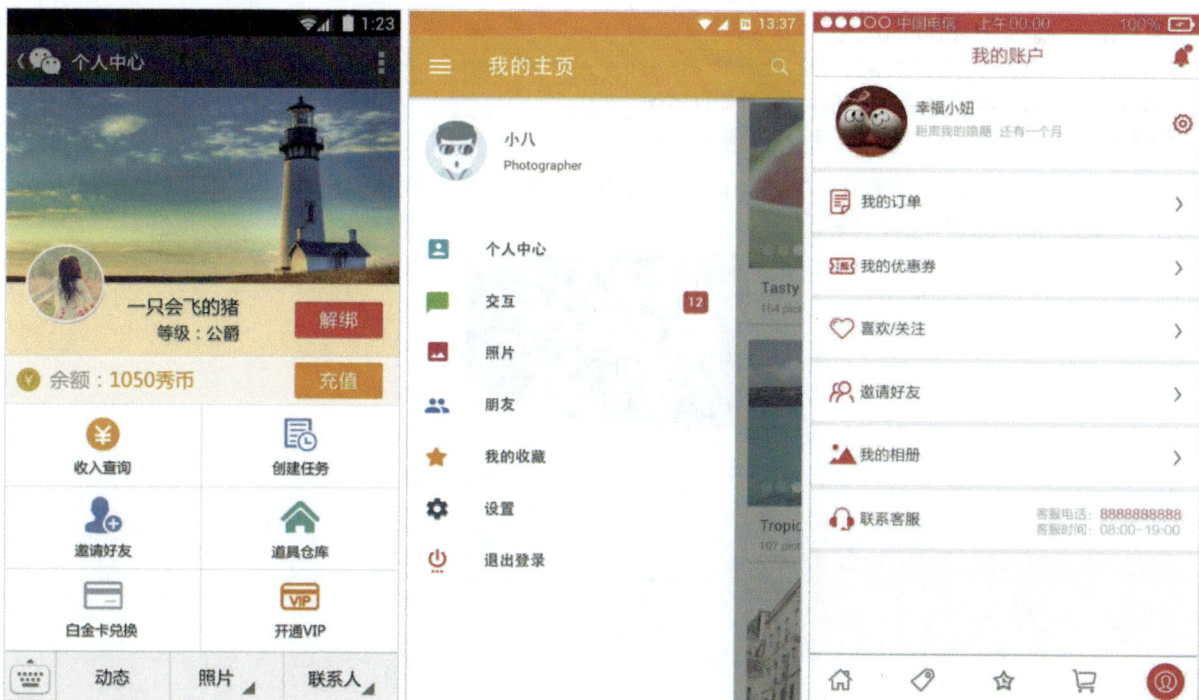

图 9-49

📖 课堂练习：制作视频 App 个人中心页

素材位置	素材文件 >CH09>02.psd
实例位置	实例文件 >CH09> 课堂练习：制作视频 App 个人中心页 .psd
视频名称	课堂练习：制作视频 App 个人中心页 .mp4
学习目标	练习头像居左对齐型个人中心页的制作方法

本案例是在Photoshop中制作视频App个人中心页，如图9-50所示。这个案例中头像和文字都是左对齐模式，制作相对简单，页面与常见类型稍有区别。

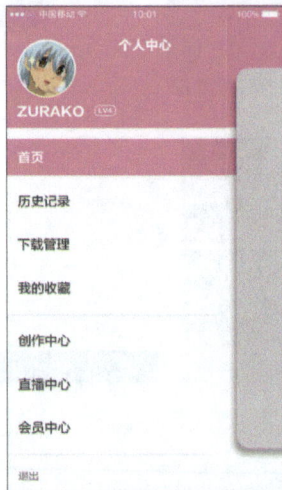

图 9-50

📑 课后习题：制作学习类 App 个人中心页

素材位置	素材文件 >CH09>03.psd
实例位置	实例文件 >CH09> 课后习题：制作学习类 App 个人中心页 .psd
视频名称	课后习题：制作学习类 App 个人中心页 .mp4
学习目标	练习头像居左对齐型个人中心页的制作方法

本案例是在Photoshop中制作学习类App个人中心页，效果如图9-51所示。在制作居左对齐的个人中心页时，读者可以通过辅助线左对齐各个元素。

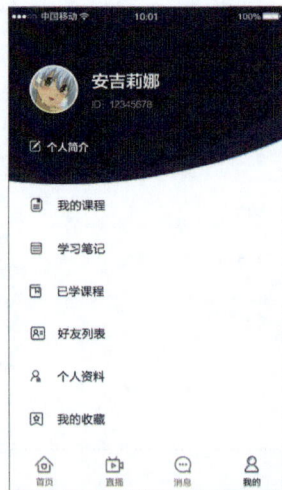

图 9-51

第 10 章 | 列表页设计

在App中搜索产品或信息时跳转的搜索类页面通常使用列表形式进行展现。本章将为读者介绍列表页的相关内容。

- 掌握列表页的概念
- 掌握列表页的常见分类及制作方法

10.1 列表页的概念

列表页通常是在进行搜索后跳转的页面，里面会呈现筛选后的产品或信息。列表页最常见的模式是"图片+产品名称+详细信息"，另外，时间轴和图库形式也可以用于列表页，如图10-1所示。

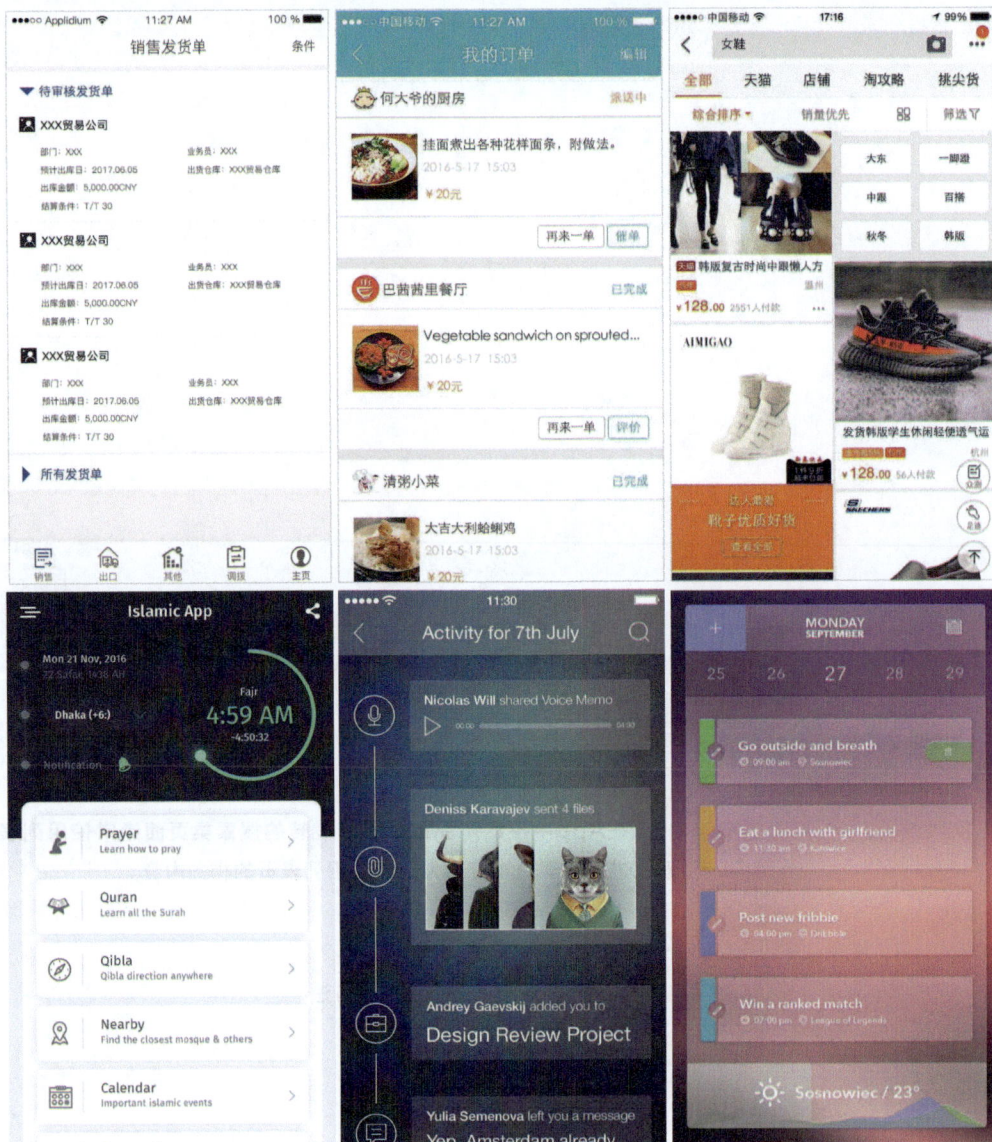

图 10-1

列表页在设计时要遵循以下原则。

第1点：留白空间要张弛有度，根据不同层级的信息留白距离也不相同。

第2点：对齐要规整。

第3点：元素之间的组合要有节奏感。

第4点：重点突出的元素要使用明亮的颜色显示，吸引用户注意。

第5点：列表的层次感要分明。

第6点：使用虚实结合的方式设计时，保证实体对象在前，虚拟对象在后。

10.2 列表页的常见类型

列表页大致可以分为4种类型，分别是单行列表、双行列表、时间轴和图库列表。

10.2.1 课堂案例：制作图书折扣列表页

素材位置	素材文件 >CH10>01.psd
实例位置	实例文件 >CH10> 课堂案例：制作图书折扣列表页 .psd
视频名称	课堂案例：制作图书折扣列表页 .mp4
学习目标	掌握双行列表页的制作方法

本案例是在Photoshop中制作图书折扣的列表页。列表页采用双行列表形式，需要制作图书的展示区、名称和购买按钮等，案例效果如图10-2所示。

01 启动Photoshop，执行"文件>新建"菜单命令，在弹出的"新建文档"对话框中选择iPhone 6模板（750像素×1334像素），如图10-3所示。单击"创建"按钮 创建 后形成白色底色的画板，如图10-4所示。

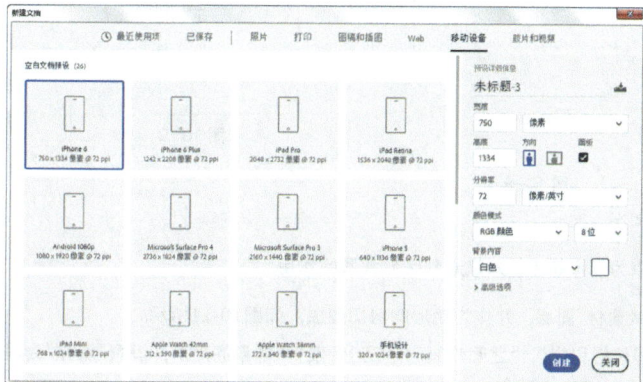 

图 10-2   图 10-3   图 10-4

02 **制作状态栏和导航栏。** 使用"矩形工具" □ 在背景上绘制一个750像素×128像素的矩形，设置"填充"为浅灰色（R:250, G:250, B:250），关闭"描边"，如图10-5所示。

03 导入学习资源"素材文件>CH10>01.psd"中的"状态栏"图层，然后放置在页面的顶部，如图10-6所示。

04 使用"横排文字工具" T 输入"活动专区"，设置"字体"为"方正兰亭黑"，"字体大小"为36点，"颜色"为黑色，如图10-7所示。

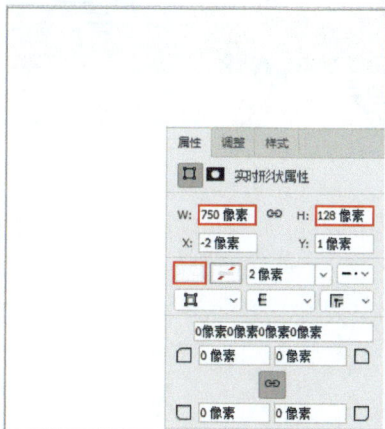  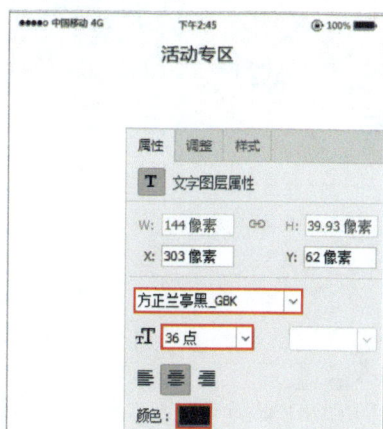

图 10-5   图 10-6   图 10-7

05 使用"矩形工具" □ ，绘制返回按钮，如图10-8所示。返回按钮的制作方法在第9章的案例中有详细表述，这里不赘述，读者也可以将以前案例中的返回按钮导入本案例。

06 **制作广告栏。** 使用"矩形工具" □ 在导航栏下方绘制一个750像素×370像素的矩形，并设置"填充"颜色为黄色（可以为任意颜色），如图10-10所示。

图 10-8

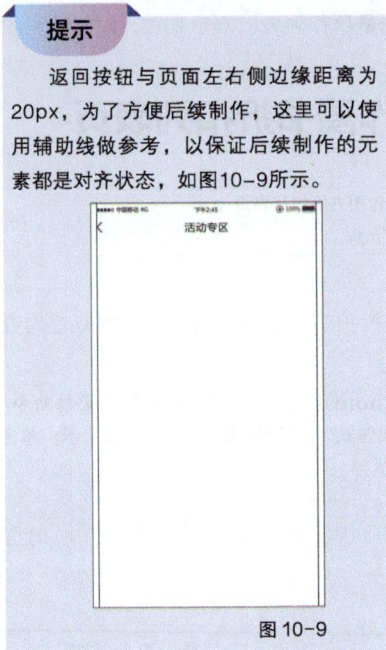

提示

　　返回按钮与页面左右侧边缘距离为20px，为了方便后续制作，这里可以使用辅助线做参考，以保证后续制作的元素都是对齐状态，如图10-9所示。

图 10-9

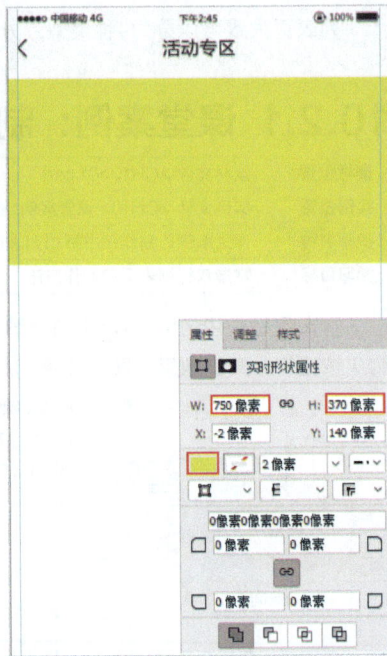

图 10-10

提示

矩形的"填充"颜色可以为任意颜色，只是起到区分背景的作用。

07 导入学习资源中的"背景素材"图层，并作为矩形的剪切图层，如图10-11所示。

08 使用"矩形工具" □ 在导航栏和广告栏之间绘制一个750像素×7像素的矩形，设置"填充"为浅灰色（R:244,G:244,B:244），如图10-12所示。这条线作为两个区域的分割线。

09 **制作标题栏。** 将上一步绘制的矩形向下复制一份，放在广告栏的下方起到分割的作用，如图10-13所示。

图 10-11

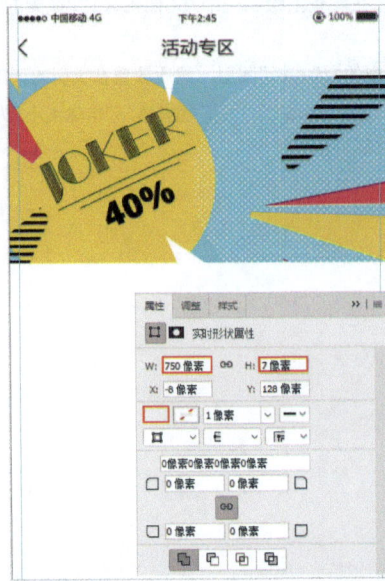

图 10-12

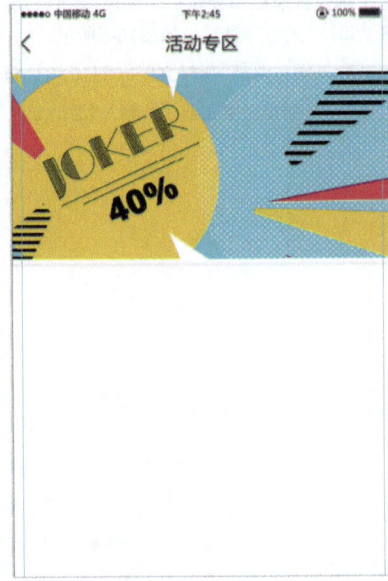

图 10-13

10 使用"横排文字工具"┬在分割线下方输入"图书折扣专区"，设置"字体"为"方正兰亭黑"，"字体大小"为36点，"颜色"为黑色，如图10-14所示。

11 使用"横排文字工具"┬在下方输入"6折区"，设置"字体"为"方正兰亭黑"，"字体大小"为26点，"颜色"为玫红色（R:255,G:68,B:112），如图10-15所示。

12 将上一步的文字体层复制3份，分别修改内容为"7折区""8折区"和"9折区"，修改"颜色"为深灰色（R:102,G:102,B:102），如图10-16所示。

图 10-14

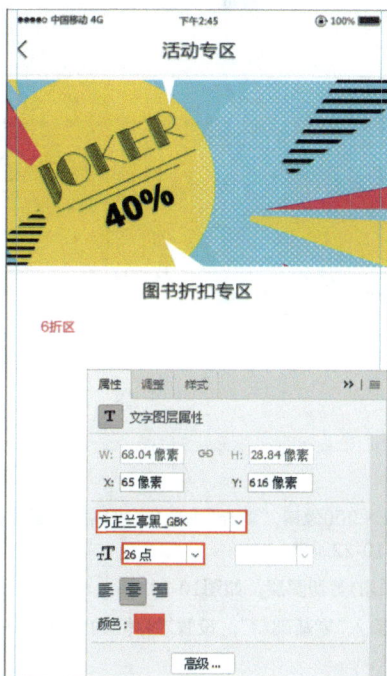

图 10-15

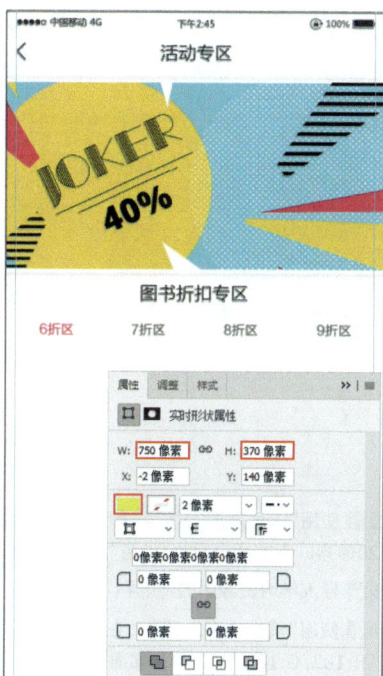

图 10-16

13 使用"矩形工具"▢在文字下方绘制一个750像素×3像素的矩形，设置"填充"为浅灰色（R:244,G:244,B:244），如图10-17所示。

14 继续使用"矩形工具"▢绘制一个140像素×2像素的矩形，设置"填充"为玫红色（R:255,G:68,B:112），如图10-18所示。

15 **制作商品区域。** 使用"圆角矩形工具"▢绘制一个345像素×293.5像素，圆角"半径"为20像素的圆角矩形，设置"填充"颜色为白色，如图10-19所示。

图 10-17

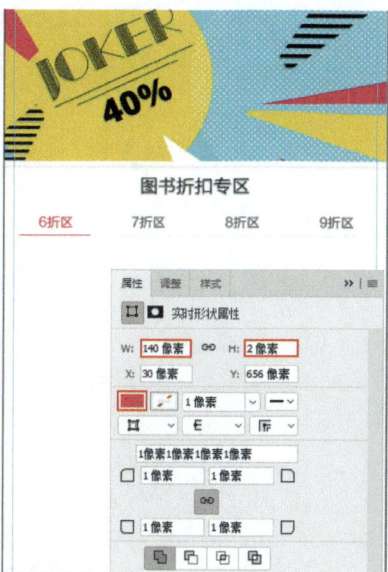

图 10-18

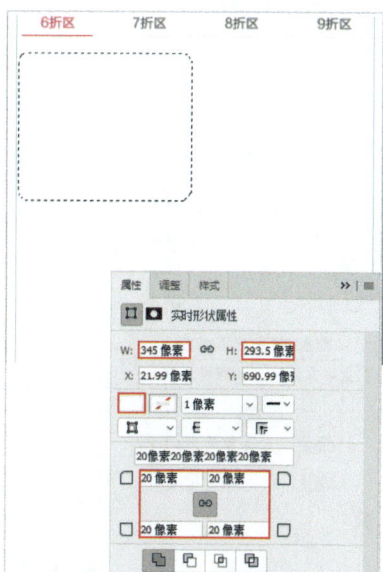

图 10-19

16 此时边框的填充色和页面的底色相同无法进行区分。双击圆角矩形的图层打开"图层样式"对话框，勾选"投影"选项，设置"不透明度"为15%，"角度"为90度，"距离"为1像素，"大小"为13像素，如图10-20所示。添加投影后的效果如图10-21所示。

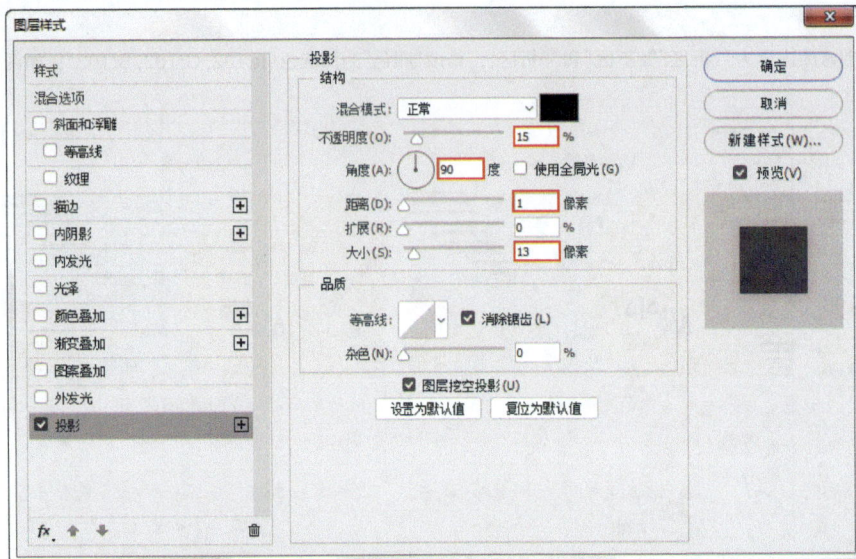 

图 10-20　　　　　　　　　图 10-21

17 使用"圆角矩形工具" 绘制一个345像素×200像素，"填充"为蓝色（可以为任意颜色）的矩形，然后设置上方两个圆角"半径"为20像素，下方两个圆角"半径"为0像素，如图10-22所示。

18 导入学习资源中的"图片4"并作为蓝色矩形的剪切图层，如图10-23所示。

19 使用"横排文字工具" 在图片下方区域输入"零基础学"，设置"字体"为"方正兰亭纤黑"，"字体大小"为28点，"颜色"为深灰色（R:102, G:102, B:102），如图10-24所示。

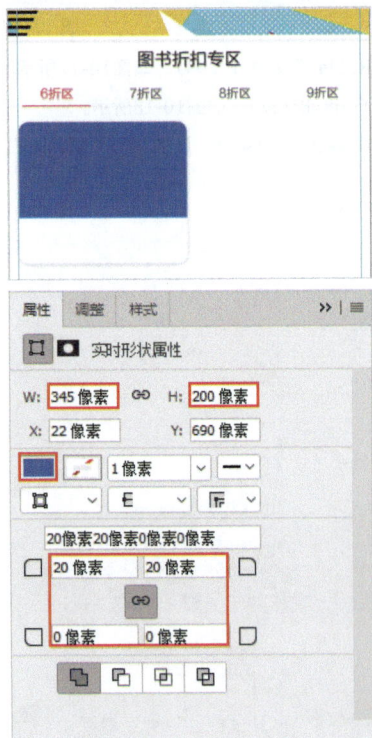  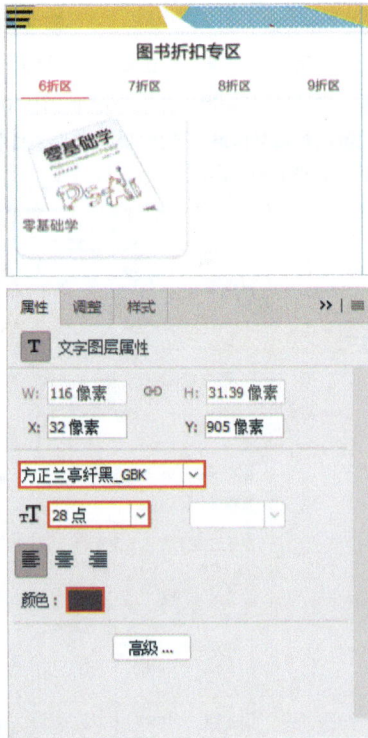

图 10-22　　　　　　　　　图 10-23　　　　　　　　　图 10-24

20 使用"横排文字工具" T.输入"3494人已购买"，设置"字体"为"方正兰亭纤黑"，"字体大小"为20点，"颜色"为灰色(R:153, G:153, B:153)，如图10-25所示。

21 使用"圆角矩形工具" □.绘制一个108像素×49像素，圆角"半径"为24.5像素的圆角矩形，设置"填充"为玫红色(R:255, G:68, B:112)，如图10-26所示。

22 使用"横排文字工具" T.在上一步绘制的圆角矩形上输入"立即购买"，设置"字体"为"方正兰亭纤黑"，"字体大小"为20点，"颜色"为白色，如图10-27所示。

23 将制作好的产品元素打成组并复制3份，替换进学习资源中的其他的产品图片，并修改相应的产品名称，案例最终效果如图10-28所示。

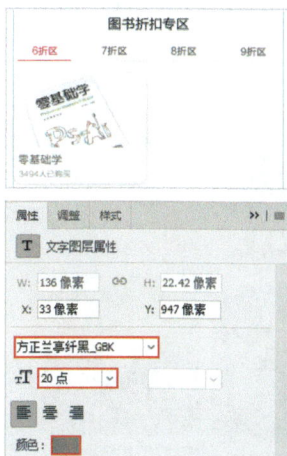
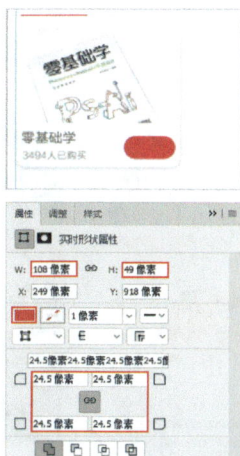
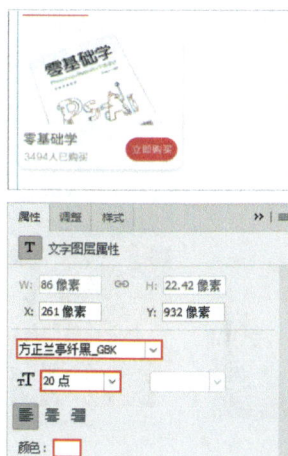

图 10-25　　　　　　图 10-26　　　　　　图 10-27　　　　　　图 10-28

10.2.2 单行列表

单行列表形式的列表页是最常见的类型，如图10-29所示。例如，饮食类App就会以这种形式展示商品，左边为图，右边为产品名称、评分和价格等信息，图片可以为用户提供产品的样式，文字则是表现产品的相关信息。清晰明了的列表可以吸引用户点击并购买相关商品。

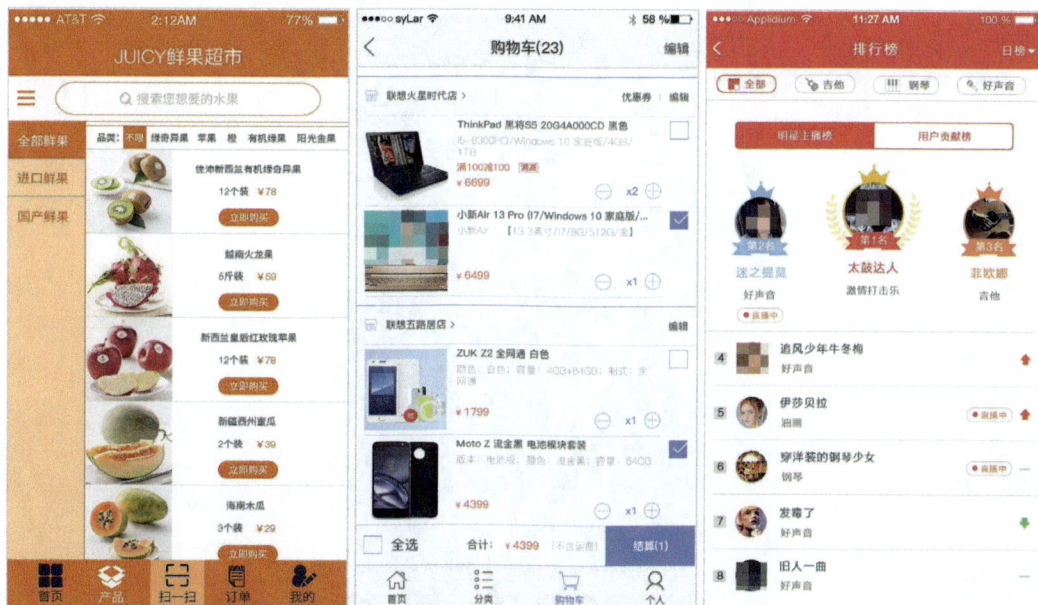

图 10-29

10.2.3 双行列表

双行列表相比于单行列表会更节省空间。以卡片形式进行排列，上面是图片下面是文字介绍会显得页面更加饱满，如图10-30所示。双行列表页常出现在购物类App中，如淘宝的搜索页面中就是以双行列表进行排列显示。

图 10-30

10.2.4 时间轴

使用时间轴方式设计的列表页可以加强内容信息之间的前后关系，用户在阅读时也能更有条理性，如图10-31所示。时间轴列表通常是在左边展示时间节点，右边是与之相对应内容的形式。

图 10-31

10.2.5 图库列表

图库列表主要使用在相册类的App中，其中相册的图库列表页有文档和图片平铺两种显示方式，如图10-32所示。为了让页面分布更加均匀，大多会采用正方形的外框显示图片，也有一些会采用圆形外框显示图片。

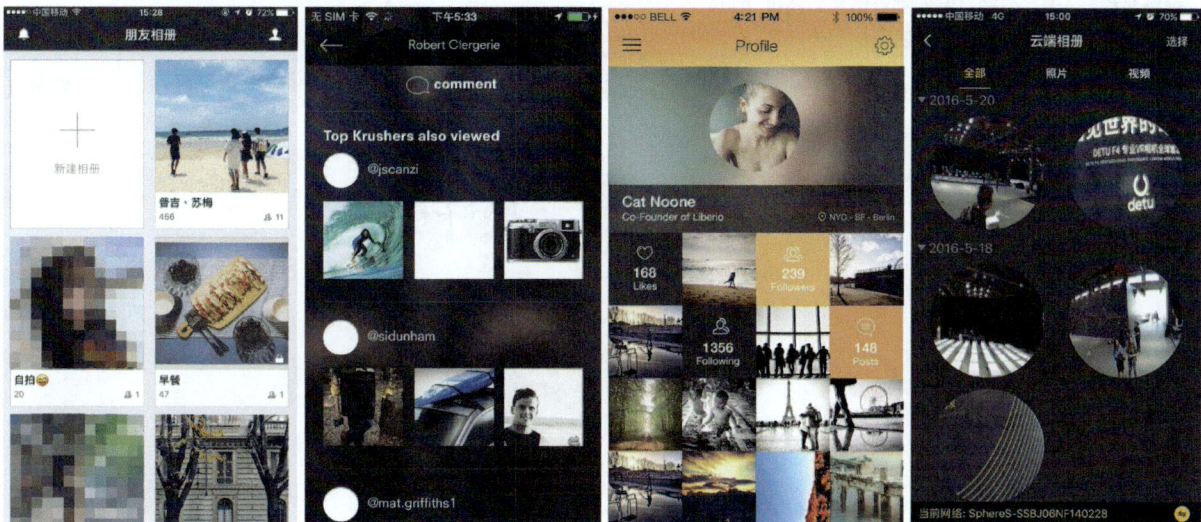

图 10-32

📖 课堂练习：制作购物 App 列表页

素材位置	素材文件 >CH10>02.psd
实例位置	实例文件 >CH10> 课堂练习：制作购物 App 列表页 .psd
视频名称	课堂练习：制作购物 App 列表页 .mp4
学习目标	练习单行列表页的制作方法

本案例是在Photoshop中制作购物App的列表页，如图10-33所示。这个案例采用单行列表，左侧为产品图片，右侧为产品信息，制作过程相对简单。

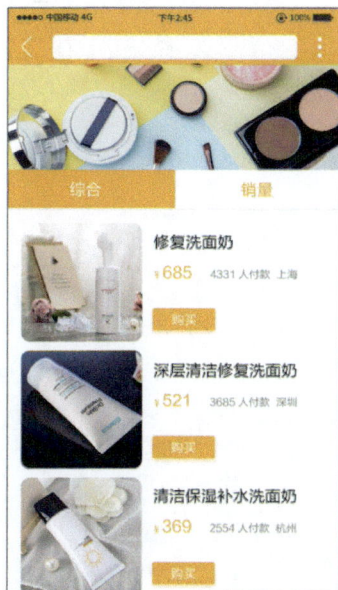

图 10-33

📖 课后习题：制作物流信息列表页

素材位置	素材文件 >CH10>03.psd
实例位置	实例文件 >CH10> 课后习题：制作物流信息列表页 .psd
视频名称	课后习题：制作物流信息列表页 .mp4
学习目标	练习时间轴类列表页的制作方法

本案例是在Photoshop中制作物流信息列表页，效果如图10-34所示。本案例制作过程相对简单，注意将各元素对齐。

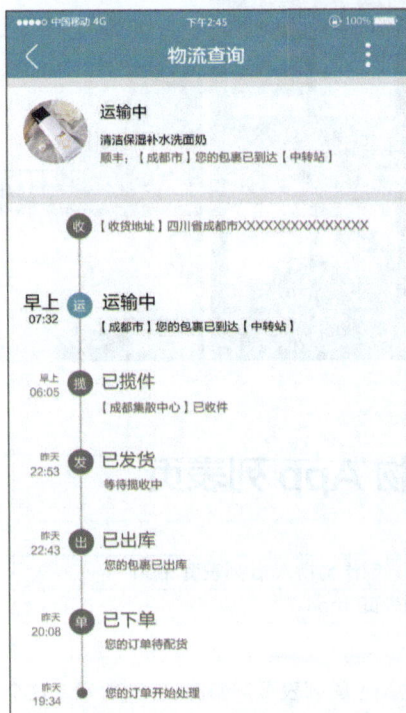

图 10-34

第 11 章 | 播放页设计

一些媒体类的App会有相应的播放页，本章将为读者讲解播放页的相关概念及制作方法。

- 掌握播放页的概念
- 掌握播放页的常见分类及制作方法

音乐类和视频类的App都会有相应的播放页面，如图11-1所示。不同的类型，播放页在设计上也不同。

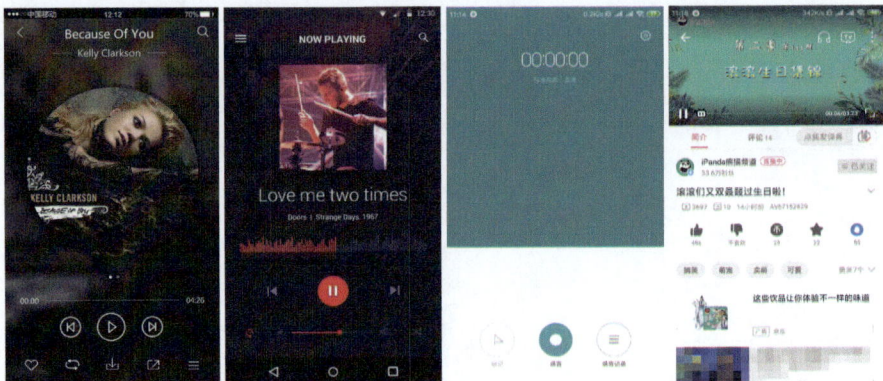

图 11-1

播放页根据播放类型可以分为音乐播放页、视频播放页和音频播放页3类。

11.2.1 课堂案例：制作音乐播放器界面

素材位置	素材文件 >CH11>01.psd
实例位置	实例文件 >CH11> 课堂案例：制作音乐播放器界面 .psd
视频名称	课堂案例：制作音乐播放器界面 .mp4
学习目标	掌握音乐播放页的制作方法

本案例是先在Illustrator中绘制图标，再在Photoshop中制作扁平化风格的音乐播放器界面，案例效果如图11-2所示。

图 11-2

绘制图标

01 启动Illustrator，使用"矩形工具"■在视口中绘制一个48px×48px的浅灰色矩形，关闭"描边"，如图11-3所示。

02 **绘制播放图标**。播放图标由两个圆角矩形组成。使用"圆角矩形工具"■绘制一个10px×40px，"圆角半径"为4px的圆角矩形，如图11-4所示。

03 将绘制的圆角矩形向右复制一份，使用"联集"工具■合并为一个图形，如图11-5所示。

图 11-3

图 11-4

图 11-5

04 **绘制向前播放图标**。向前播放图标由圆角矩形和三角形组成。复制一份灰色背景,使用"圆角矩形工具" 绘制一个10px×40px,"圆角半径"为4px的圆角矩形,如图11-6所示。

05 使用"矩形工具" 在右侧绘制一个25px×25px的矩形,如图11-7所示。

06 将上一步绘制的矩形旋转45°,然后使用"直接选择工具" 删掉右侧的锚点,效果如图11-8所示。

07 使用"联集"工具 将两个图形合并为整体,然后为三角形添加一定的圆角,效果如图11-9所示。

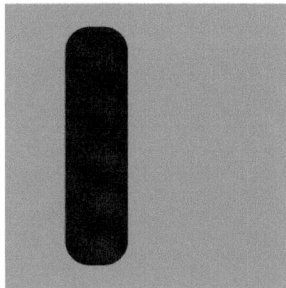
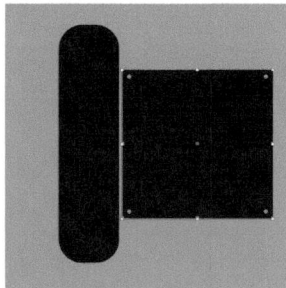

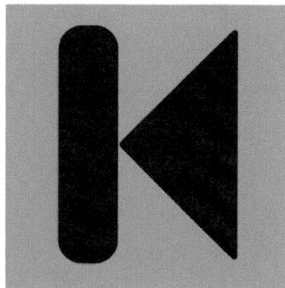

图 11-6   图 11-7   图 11-8   图 11-9

08 向后播放图标与向前播放的图标呈镜像效果,只需要将绘制的向前播放图标复制一份并垂直镜像,如图11-10所示。

09 **绘制循环图标**。循环图标由两个箭头组成。复制一份灰色背景,使用"钢笔工具" 绘制箭头的路径,然后设置"描边粗细"为2pt,如图11-11所示。

10 调整路径的"端点"为"圆头端点",将转角处调整为圆角效果,如图11-12所示。

11 使用"多边形工具" ,设置"半径"为8px,"边数"为3,绘制一个三角形,如图11-13所示。

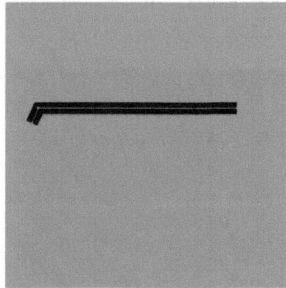
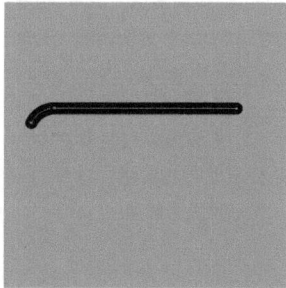
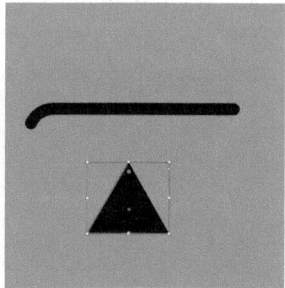

图 11-10   图 11-11   图 11-12   图 11-13

12 旋转三角形的角度与路径拼合,并适当调整三角形为圆角效果,如图11-14所示。

13 将路径和箭头向下复制一份并镜像,效果如图11-15所示。

14 选中路径执行"轮廓化描边"命令,并使用"联集"工具 将所有图形合并为一个整体,如图11-16所示。

图 11-14   图 11-15   图 11-16

制作界面

01 启动Photoshop，执行"文件>新建"菜单命令，在弹出的"新建文档"对话框中选择iPhone 6模板(750像素×1334像素)，如图11-17所示。单击"创建"按钮 后形成白色底色的画板，如图11-18所示。

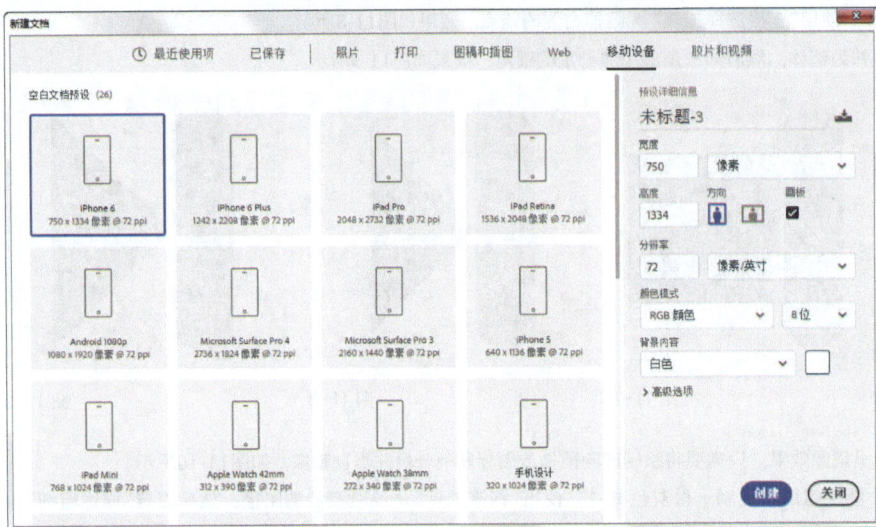

图 11-17   图 11-18

02 **制作背景**。将本书学习资源"素材文件>CH11>01.psd"中的"背景素材"图层移动到画板中，放大到合适效果，如图11-19所示。

03 为"背景素材"图层添加"色相/饱和度"调整图层，设置"明度"为-80，如图11-20所示。调整后的背景素材效果如图11-21所示。

04 导入学习资源中的"状态栏"图层，放置在画板的顶端，如图11-22所示。

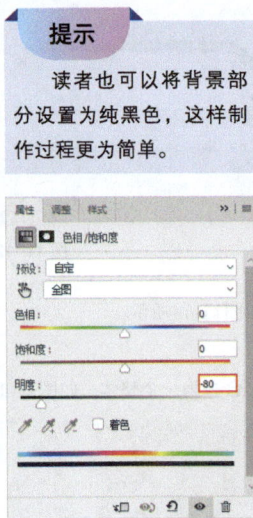

> **提示**
>
> 读者也可以将背景部分设置为纯黑色，这样制作过程更为简单。

图 11-19   图 11-20   图 11-21   图 11-22

05 导入学习资源中的"返回按钮"和"设置按钮"图层，效果如图11-23所示。

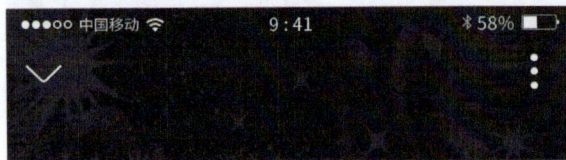

图 11-23

> **提示**
>
> 界面的许多按钮都是相同的，将以前案例中相同的按钮导入界面，这样做可以提高制作效率。

06 使用"横排文字工具" T，输入歌曲名称"Hitomi no Junin"，并设置"字体"为"方正兰亭黑"，"字体大小"为36点，"颜色"为白色，如图11-24所示。

07 **制作CD元素。**使用"椭圆工具" ○ 绘制一个500像素×500像素的圆形，设置"填充"为蓝色（可以为任意颜色），"描边"为白色，"描边宽度"为4像素，如图11-25所示。

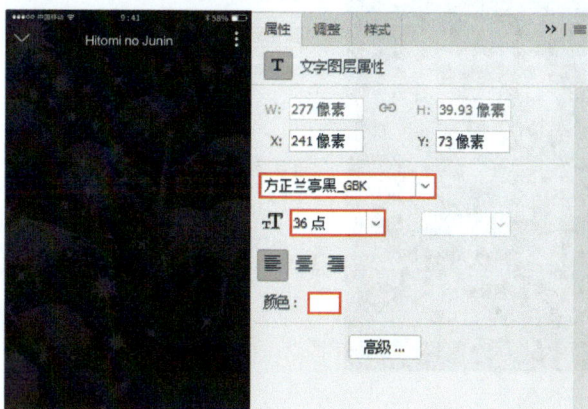

图 11-24

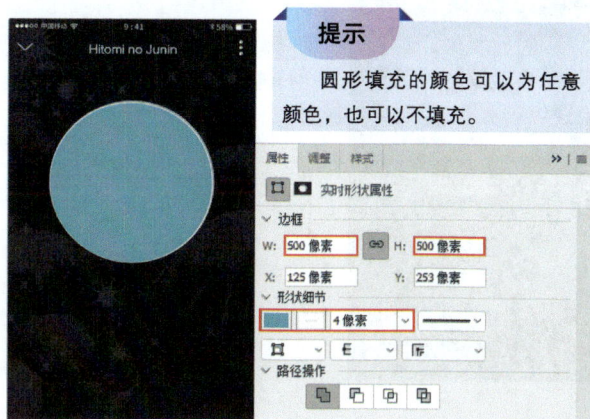

图 11-25

提示

圆形填充的颜色可以为任意颜色，也可以不填充。

08 双击圆形图层，打开"图层样式"对话框，勾选"外发光"选项，设置"不透明度"为35%，"扩展"为9%，"大小"为21像素，如图11-26所示。添加外发光后的效果如图11-27所示。

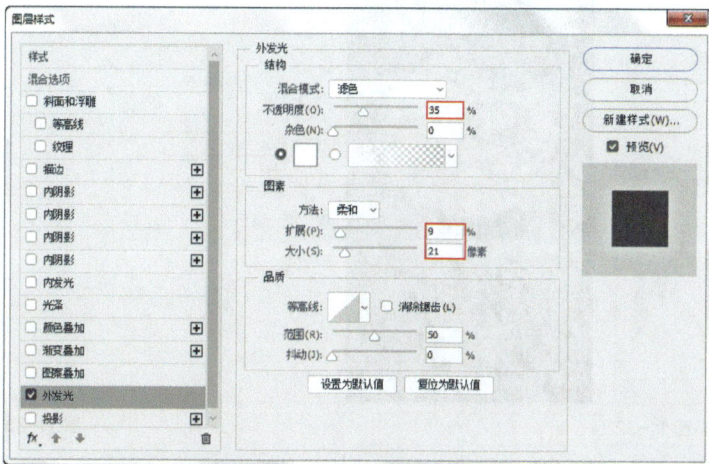

图 11-26

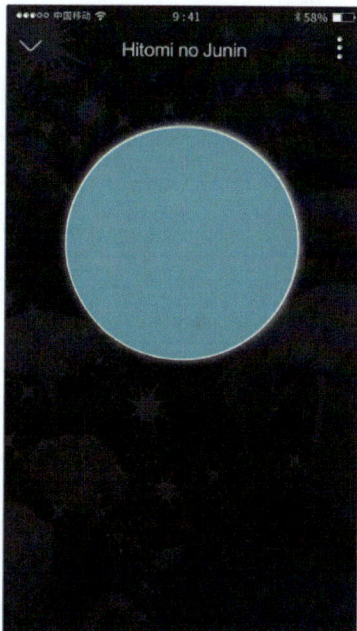

图 11-27

09 将"背景素材"图层复制一层，作为圆形的剪切图层，并调整到合适的大小，如图11-28所示。

10 使用"横排文字工具" T 在CD元素下方输入歌词，并设置"字体"为"方正兰亭黑"，"字体大小"为24点，"颜色"为灰色（R:208，G:208，B:208），如图11-29所示。

提示

歌词需要居中对齐。

图 11-28

图 11-29

11 **制作进度条**。使用"圆角矩形工具" ▢ 在歌词下方绘制一个420像素×2像素，"半径"为1像素的圆角矩形，设置"填充"为灰色（R:191, G:191, B:191），如图11-30所示。

12 将上一步绘制的圆角矩形复制一份，设置"宽度"为100像素，"填充"为绿色（R:50, G:177, B:108），如图11-31所示。

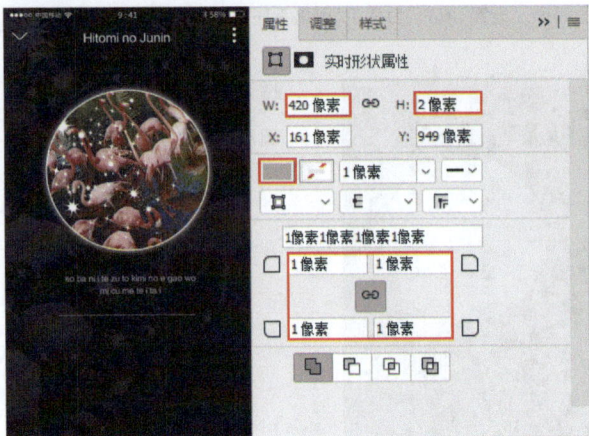

图 11-30

图 11-31

13 使用"椭圆工具" ◯ 绘制一个25像素×25像素的圆形，设置"填充"为白色，如图11-32所示。

14 使用"横排文字工具" T 在进度条左侧输入"02:08"，然后设置"字体"为"方正兰亭黑"，"字体大小"为24点，"颜色"为白色，如图11-33所示。

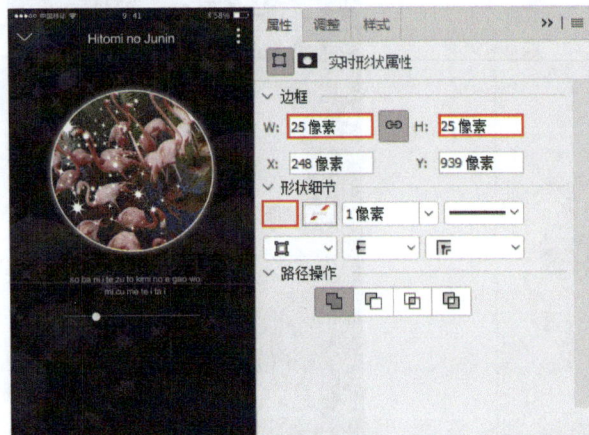

图 11-32

图 11-33

15 将上一步创建的文字复制一份，放在播放条的另一侧，更改内容为"05:57"，如图11-34所示。

16 **导入图标**。将在Illustrator中绘制的播放图标等导入界面，并调整颜色，如图11-35所示。

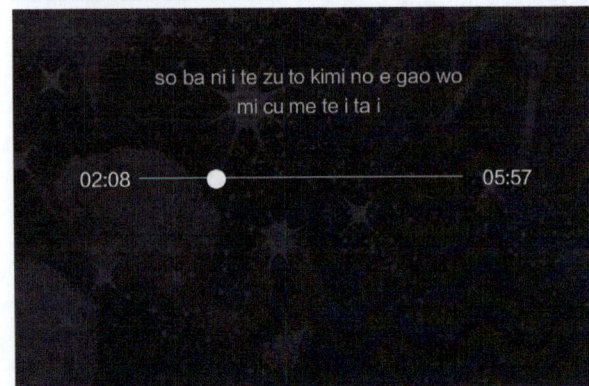

图 11-34

图 11-35

17 使用"横排文字工具" T.输入"我的音乐"，设置"字体"为"方正兰亭黑"，"字体大小"为32点，"颜色"为白色，如图11-36所示。

18 调整元素之间的间距，案例最终效果如图11-37所示。

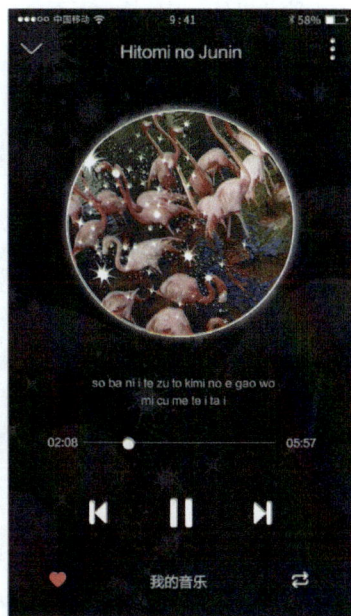

图 11-36   图 11-37

11.2.2 音乐播放页

音乐播放页是音乐类App必备的页面，通常会将CD或歌手的大图放在页面的中心位置，下方摆放操作性按钮，如图11-38所示。

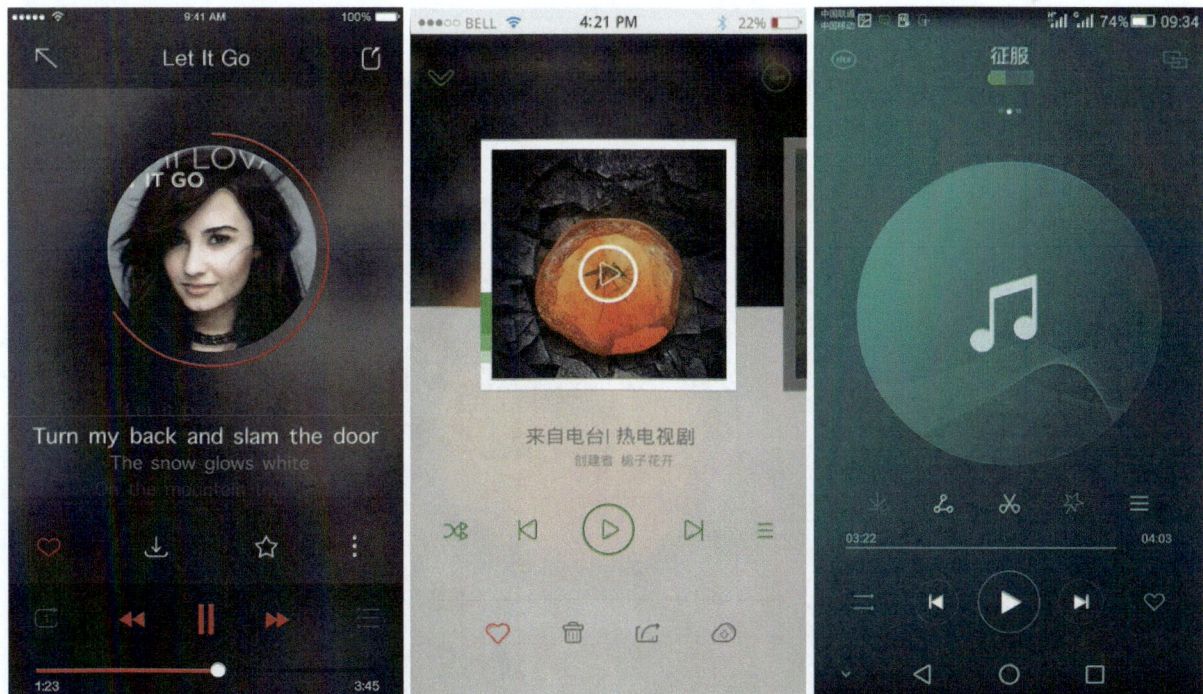

图 11-38

除此以外，有些播放页面会显示歌词，有些会显示波形图等，如图11-39所示。

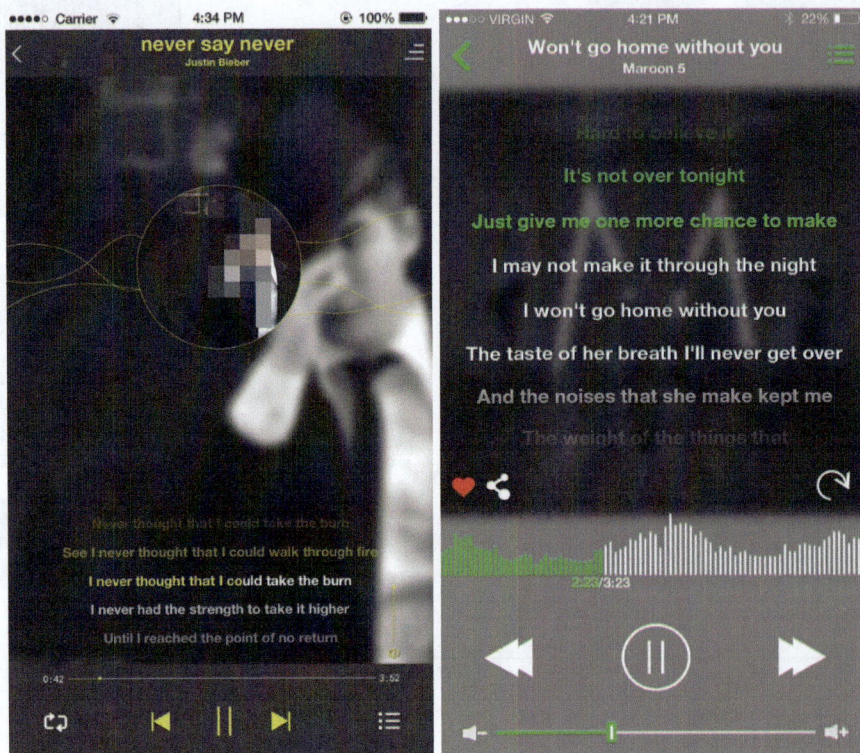

图 11-39

11.2.3 视频播放页

视频播放页除了可以在信息流中预览外，还可以全屏显示，如图11-40所示。在信息流中播放可以加强界面的可操作性，如下载、评论、发弹幕、分享和收藏等功能。全屏播放能让用户得到沉浸式的观赏效果，增强用户的体验感。

图 11-40

11.2.4 音频播放页

音频播放页的页面设计相对简单，操作性按钮是必不可少的部分，如图11-41所示。这类界面在手机收音机和广播类App中比较常见。

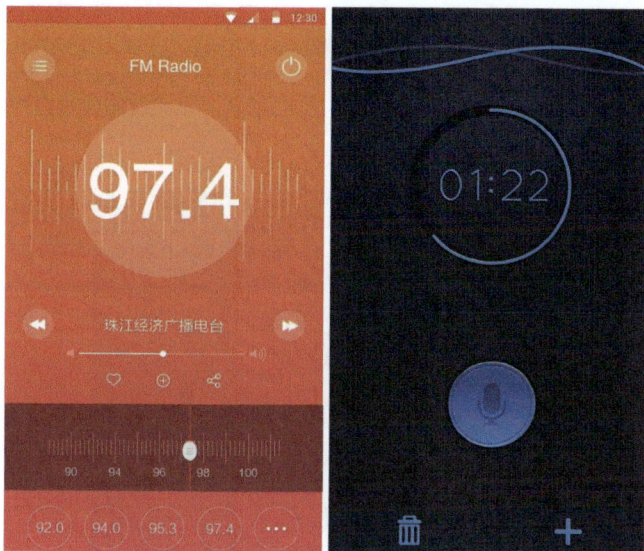

图 11-41

📖 课堂练习：制作音乐播放页

素材位置	素材文件 >CH11>02.psd
实例位置	实例文件 >CH11> 课堂练习：制作音乐播放页 .psd
视频名称	课堂练习：制作音乐播放页 .mp4
学习目标	练习音乐播放页的制作方法

本案例是在Photoshop中制作扁平化风格的音乐播放页，效果如图11-42所示。

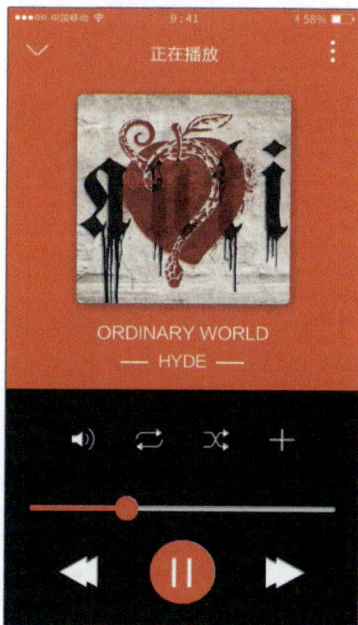

图 11-42

📖 课后习题：制作音频播放页

素材位置	素材文件 >CH11>03.psd
实例位置	实例文件 >CH11> 课后习题：制作音频播放页 .psd
视频名称	课后习题：制作音频播放页 .mp4
学习目标	练习音频播放页的制作方法

本案例是在Photoshop中制作音频播放页，效果如图11-43所示。本案例制作过程相对简单，需要注意元素间的距离。

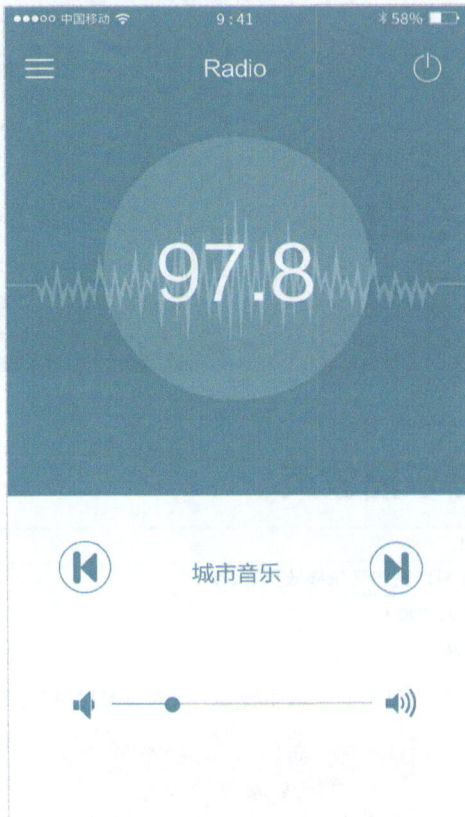

图 11-43

第 12 章 详情页设计

详情页常出现在消费类和阅读类的App中，本章为读者讲解详情页的相关概念和制作方法。

- 掌握详情页的概念
- 掌握详情页的常见分类及制作方法

12.1 详情页的概念

详情页是页面内容信息的详细展示，以图文为主，注重文字的可读性，因此会选择比较大的字号突出标题和内容，如图12-1所示。

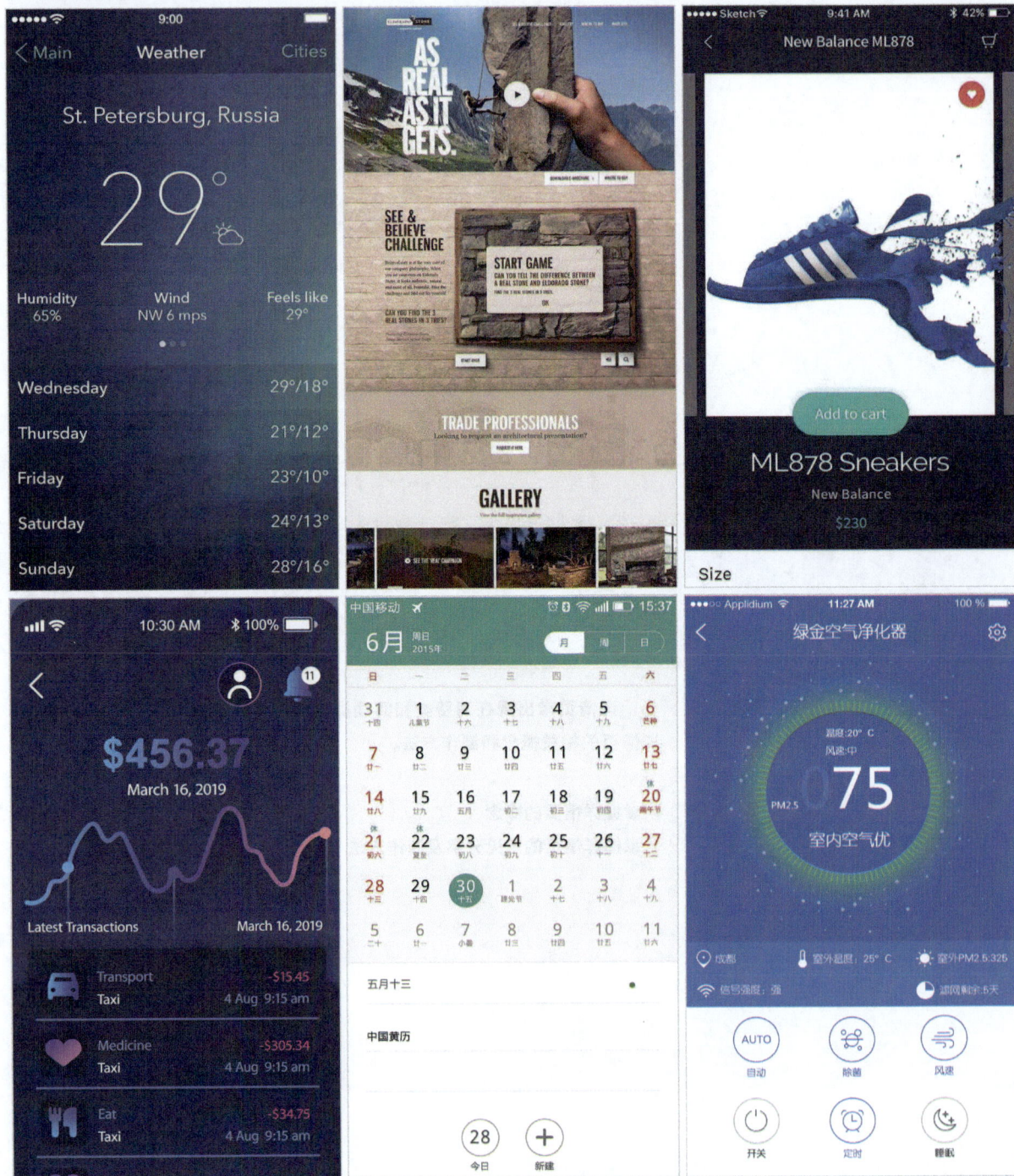

图 12-1

12.2 详情页的常见类型

详情页根据页面属性大致可以分为普通型和销售型两类。

12.2.1 课堂案例：制作购物 App 详情页

素材位置	素材文件 >CH12>01.psd
实例位置	实例文件 >CH12> 课堂案例：制作购物 App 详情页 .psd
视频名称	课堂案例：制作购物 App 详情页 .mp4
学习目标	掌握销售型详情页的制作方法

本案例是先在Illustrator中绘制图标，再在Photoshop中制作的电商购物App的产品详情页，案例效果如图12-2所示。本案例制作过程较为复杂，需要读者耐心操作。

绘制图标

01 启动Illustrator，使用"矩形工具" 在视口中绘制一个48px×48px的浅灰色矩形，并关闭"描边"，如图12-3所示。

02 **绘制分享图标**。分享图标由矩形和箭头组成。使用"圆角矩形工具" 绘制一个40px×40px，"圆角半径"为5px的圆角矩形，设置"描边粗细"为2pt，如图12-4所示。

03 使用"添加锚点工具" 在矩形上添加两个新的锚点，如图12-5所示。

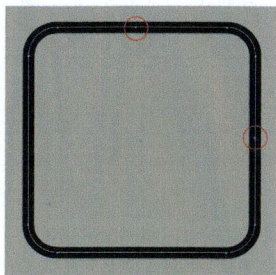

| 图 12-2 | 图 12-3 | 图 12-4 | 图 12-5 |

04 使用"直接选择工具" 选中新添加的锚点之间的线段，然后按Delete键将其删除，如图12-6所示。

05 在"描边"面板中设置"端点"为"圆头端点"，如图12-7所示。

06 使用"钢笔工具" 在缺口位置绘制一个箭头形状的路径，设置"描边粗细"为2pt，如图12-8所示。

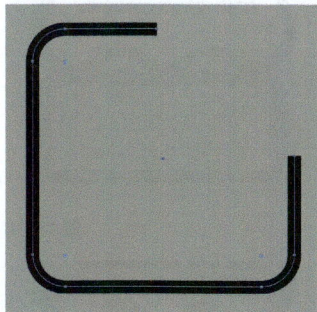
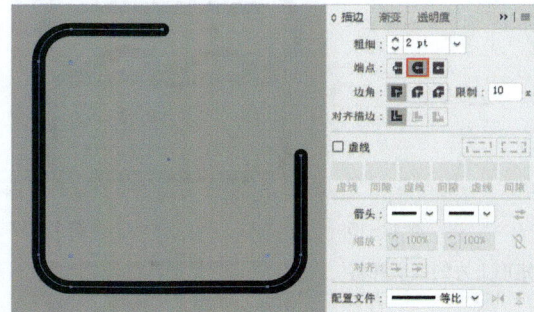
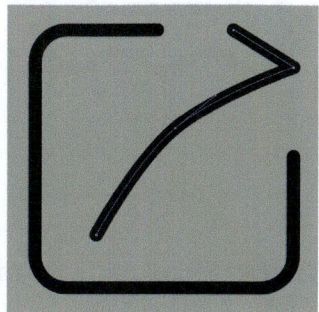

| 图 12-6 | 图 12-7 | 图 12-8 |

提示

箭头的边缘与矩形齐平，使图标显得更加整齐。

07 选中两个图形执行"轮廓化描边"命令，然后使用"联集"工具 ▣ 将其合并为一个整体，如图12-9所示。

08 绘制店铺图标。店铺图标较为复杂，需要拆分成多个图形分别绘制。复制一份灰色背景，使用"矩形工具" ▣ 绘制一个40px×15px的矩形，设置"描边粗细"为2pt，如图12-10所示。

09 使用"添加锚点工具" ▣ 在矩形下方的边上添加5个锚点，如图12-11所示。

10 使用"直接选择工具" ▷ 选中3个锚点，向下移动一段距离，如图12-12所示。

 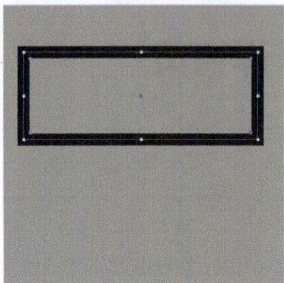 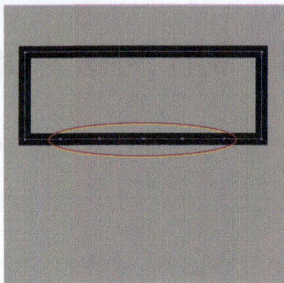 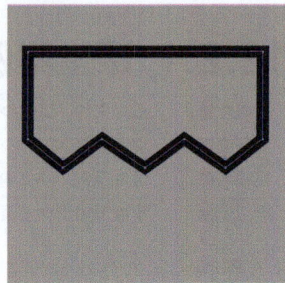

图 12-9　　　　　　　　图 12-10　　　　　　　　图 12-11　　　　　　　　图 12-12

11 选中矩形上方的两个锚点向内收缩一段距离形成梯形效果，如图12-13所示。

12 选中矩形边角的控制点为其增加圆角效果，如图12-14所示。

13 使用"钢笔工具" ▣ 绘制一条直线，设置"描边粗细"为2pt，如图12-15所示。

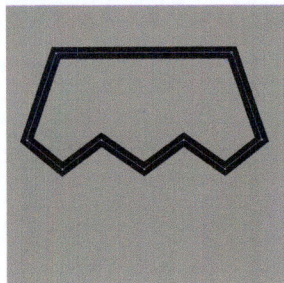 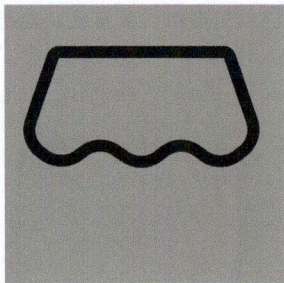

> **提示**
>
> 圆角大小可以按照绘制的效果进行设置。

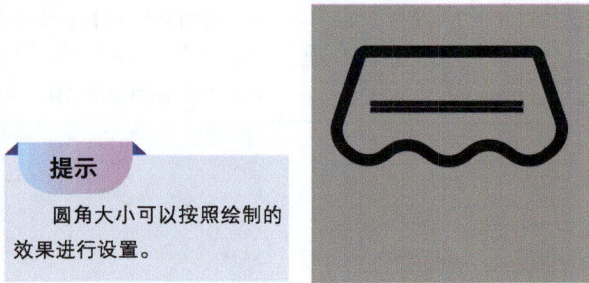

图 12-13　　　　　　　　图 12-14　　　　　　　　　　　　　　　　　　图 12-15

14 选中上一步绘制的直线，在"描边"面板中设置"端点"为"圆头端点"，如图12-16所示。

15 使用"圆角矩形工具" ▣ 在下方绘制一个36px×15px，"圆角半径"为2px的圆角矩形，如图12-17所示。

16 使用"添加锚点工具" ▣ 在圆角矩形边上添加两个锚点，如图12-18所示。

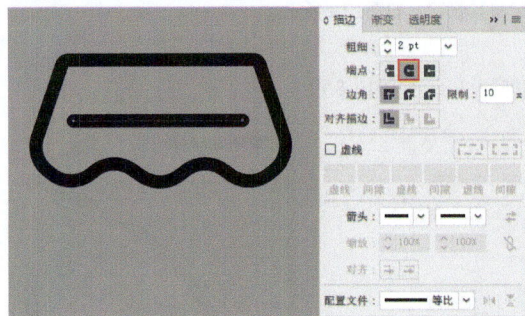 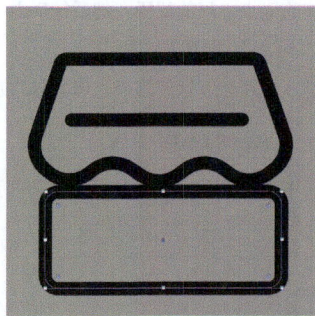 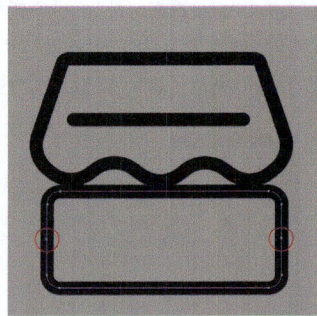

图 12-16　　　　　　　　　　　图 12-17　　　　　　　　　图 12-18

17 使用"直接选择工具" ▷ 选中圆角矩形上方的锚点并将其删除，如图12-19所示。

18 调整下方图形的高度，使图标整体更加美观，如图12-20所示。

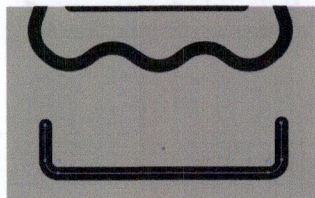 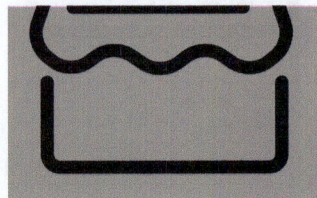

图 12-19　　　　　　　　　图 12-20

19 选中所有图形执行"轮廓化描边"命令，使用"联集"工具 ▣ 将其合并为一个整体，如图12-21所示。

20 **绘制客服图标**。客服图标由椭圆形和圆形组成。复制一份灰色背景，使用"椭圆工具" ◯ 绘制一个40px×35px的椭圆形，设置"描边粗细"为2pt，如图12-22所示。

21 使用"添加锚点工具" ▶ 在椭圆形的左下角添加两个锚点，位置如图12-23所示。

22 使用"直接选择工具" ▷ 删除两个锚点之间的线段，效果如图12-24所示。

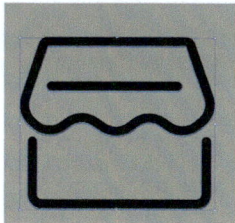

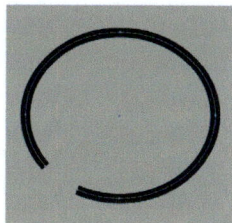

图 12-21　　　　　　图 12-22　　　　　　图 12-23　　　　　　图 12-24

23 在"描边"面板中设置"端点"为"圆头端点"，如图12-25所示。

24 使用"钢笔工具" ✎ 绘制一段直线，设置"描边粗细"为2pt，如图12-26所示。

25 使用"椭圆工具" ◯ 绘制3个5px×5px的圆形，效果如图12-27所示。

26 选中椭圆形和直线执行"轮廓化描边"命令，然后使用"联集"工具 ▣ 将所有图形合并为一个整体，如图12-28所示。

27 **绘制购物车图标**。购物车图标由圆角矩形、路径和圆形组成。复制一份灰色背景，使用"圆角矩形工具" ▢ 绘制一个36px×30px，"圆角半径"为5px的圆角矩形，设置"描边粗细"为2pt，如图12-29所示。

28 使用"直接选择工具" ▷ 选中圆角矩形上方的锚点并删除，效果如图12-30所示。

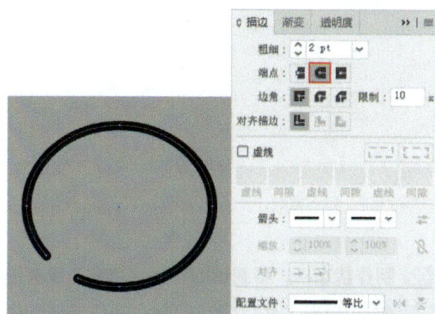

图 12-25

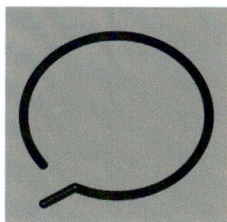

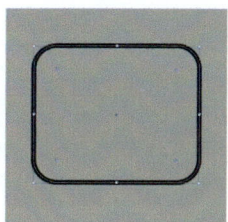
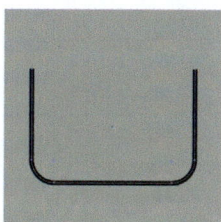

图 12-26　　　　图 12-27　　　　图 12-28　　　　图 12-29　　　　图 12-30

29 在"描边"面板中设置"端点"为"圆头端点"，如图12-31所示。

30 使用"钢笔工具" ✎ 在圆角矩形左上角绘制一小段弧形路径，设置"描边粗细"为2pt，如图12-32所示。

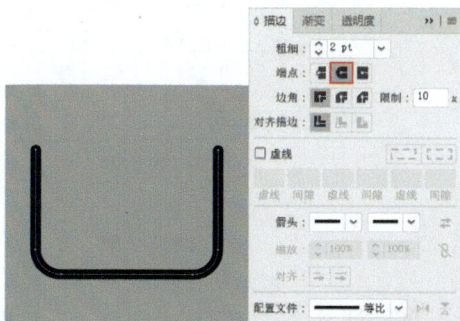

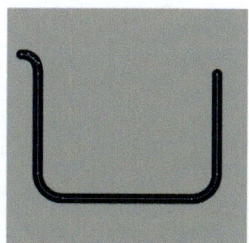

31 使用"钢笔工具" ✎ 在圆角矩形内部绘制3条直线，设置"描边粗细"为2pt，如图12-33所示。

32 使用"椭圆工具" ◯ 在下方绘制两个4px×4px的圆形，如图12-34所示。

33 选中圆角矩形和路径执行"轮廓化描边"命令，然后使用"联集"工具 ▣ 将所有图形合并为一个整体，如图12-35所示。

图 12-31　　　　　　　　　　图 12-32

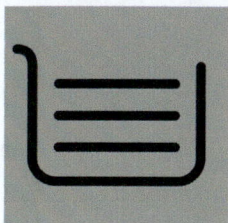

图 12-33　　　　　　图 12-34　　　　　　图 12-35

制作界面

01 启动Photoshop，执行"文件>新建"菜单命令，在弹出的"新建文档"对话框中选择iPhone 6模板(750像素×1334像素)，如图12-36所示。单击"创建"按钮 后形成白色底色的画板，如图12-37所示。

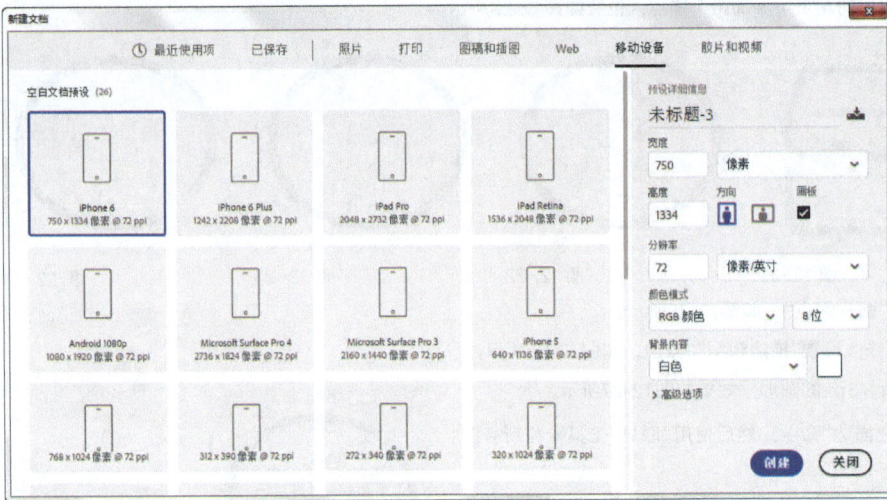

图 12-36

图 12-37

02 **制作状态栏**。将画板的背景色填充为浅灰色(R:237, G:237, B:237)，如图12-38所示。

03 使用"矩形工具" 绘制一个750像素×40像素的矩形，设置"填充"为灰色(R:169, G:169, B:169)，如图12-39所示。

04 导入学习资源中的"状态栏图标"图层，放在灰色矩形的上方，如图12-40所示。

图 12-38

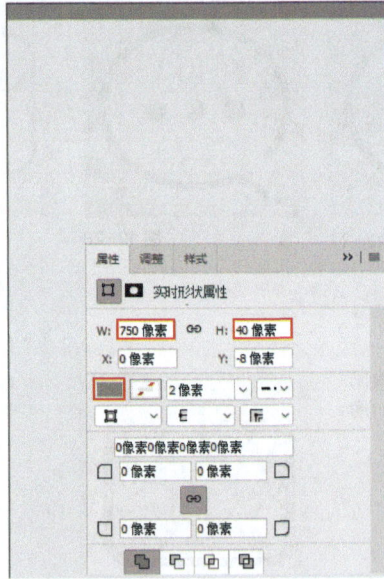

图 12-39

图 12-40

05 **制作导航栏**。使用"矩形工具" 在状态栏下方绘制一个750像素×88像素的矩形，设置"填充"为白色，如图12-41所示。

06 导入绘制的"分享图标"和"返回图标"图层，如图12-42所示。

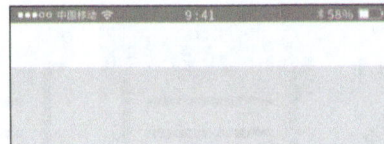

图 12-41

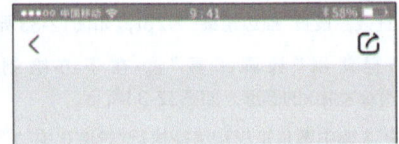

图 12-42

> **提示**
>
> "返回图标"在前面章节的案例中绘制过，读者可以直接导入。

07 使用"横排文字工具"T.在导航栏上输入"商品",设置"字体"为"方正兰亭准黑","字体大小"为28点,"颜色"为蓝色(R:0,G:172, B:255),如图12-43所示。

08 使用"圆角矩形工具"□.在文字下方绘制一个61像素×3像素,"半径"为1.5像素的圆角矩形,设置"填充"为蓝色(R:0,G:172, B:255),如图12-44所示。

09 使用"横排文字工具"T.继续输入"评价",设置"字体"为"方正兰亭准黑","字体大小"为28点,"颜色"为灰色(R:169,G:169, B:169),如图12-45所示。

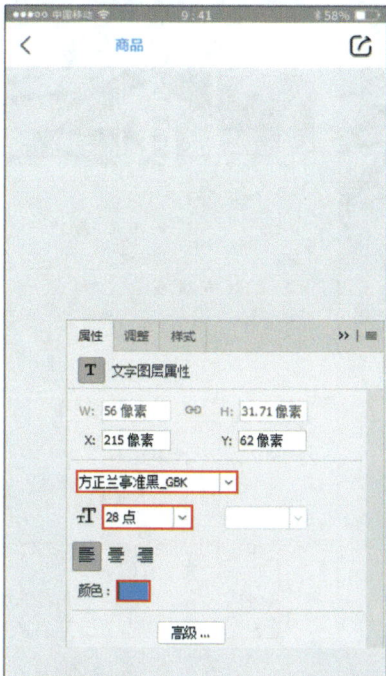

图 12-43

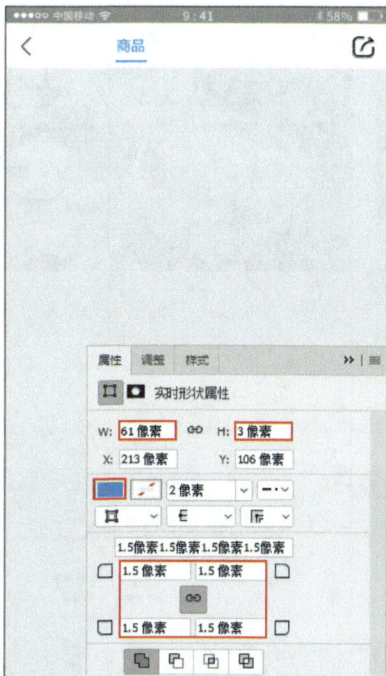

图 12-44

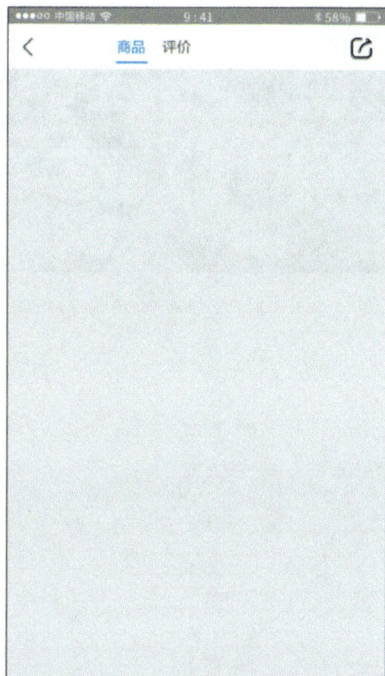

图 12-45

提示

将原有的"商品"文字复制一层,修改文字内容和颜色,可以提高制作效率。

10 继续输入"详情"和"推荐",其字体参数与"评价"文字一致,如图12-46所示。

11 **制作产品广告图**。导入学习资源中的"产品素材"图层,将其放置在导航栏下方,如图12-47所示。

12 使用"横排文字工具"T.分别输入"中""秋""美"和"食"4个字,设置"字体"为"方正平和简体","颜色"为白色,"字体大小"根据排版需要进行灵活设置,如图12-48所示。

图 12-46

图 12-47

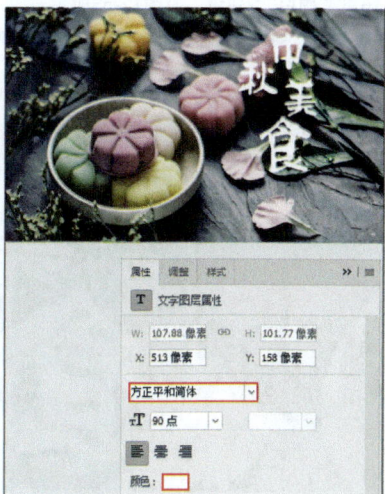

图 12-48

13 使用"横排文字工具" T. 输入"MEISHI"，设置"字体"为"汉仪丫丫体简"，"字体大小"为18点，"颜色"为白色，如图12-49所示。

14 使用"矩形工具" □. 绘制一个123像素×260像素的矩形，设置"描边"为白色，"描边宽度"为5像素，如图12-50所示。

15 为上一步绘制的矩形添加一个图层蒙版，然后选中蒙版并使用黑色画笔在矩形与文字相交的位置涂抹，涂抹处会有被擦掉的效果，如图12-51所示。

图 12-49

图 12-50

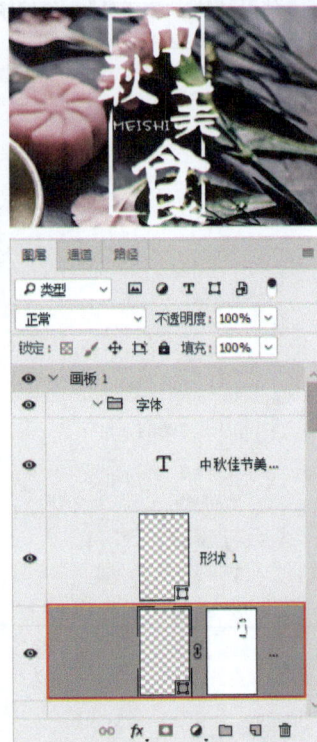

图 12-51

提示

矩形缺口的位置不要太整齐，最好有随机断裂的效果。笔者使用的是画笔预设中的"平角右手姿势"画笔 ✎。如果在绘制的过程中需要还原，将画笔的颜色设置为白色，再进行涂抹即可。

16 使用"直线工具" ∕. 随机在文字周围画直线，设置"描边"为白色，"描边宽度"为1像素，如图12-52所示。

17 使用"竖排文字工具" IT. 在文字右侧输入"中秋佳节美食为伴 乃是人生一大幸事"，设置"字体"为"汉仪丫丫体简"，"字体大小"为16点，"颜色"为白色，如图12-53所示。

图 12-52

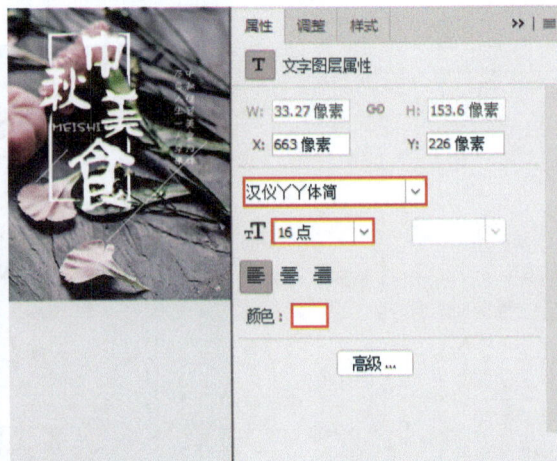

图 12-53

18 **制作产品名称区域。** 使用"矩形工具" ▢ 绘制一个750像素×240像素的矩形，设置"填充"为白色，如图12-54所示。

19 使用"横排文字工具" T. 在矩形上输入"【顺丰包邮】【中秋美食】鲜花冰皮月饼 礼盒装水果口味广式月饼"，设置"字体"为"方正兰亭准黑"，"字体大小"为32点，"颜色"为黑色，如图12-55所示。

20 使用"横排文字工具" T. 输入"￥242"，设置"字体"为"方正兰亭准黑"，"字体大小"为32点，"颜色"为蓝色（R:0, G:172, B:255），如图12-56所示。

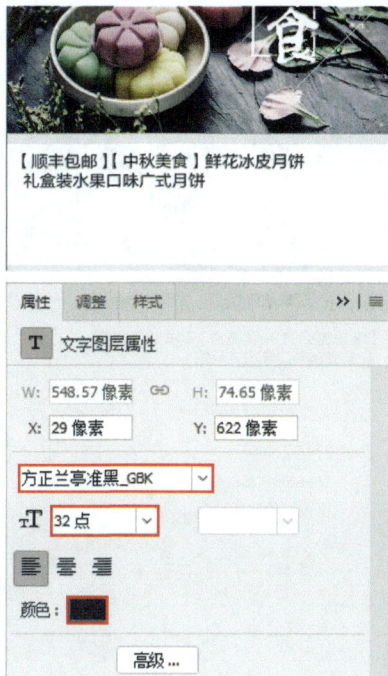
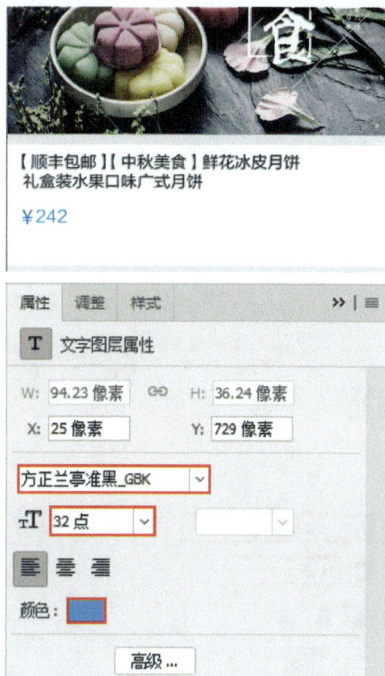

图 12-54   图 12-55   图 12-56

提示

文字左侧与画板边缘相距30像素。读者可以在左侧添加一条辅助线，方便后续对齐文字。

21 在下方继续使用"横排文字工具" T. 输入"快递：免运费"，设置"字体"为"方正兰亭准黑"，"字体大小"为24点，"颜色"为灰色（R:169, G:169, B:169），如图12-57所示。

22 将上一步输入的文字图层复制两次，分别修改文字内容为"销量：8.1万"和"库存：22"，如图12-58所示。

23 **制作优惠券栏。** 使用"矩形工具" ▢ 绘制一个750像素×80像素的矩形，设置"填充"为白色，如图12-59所示。

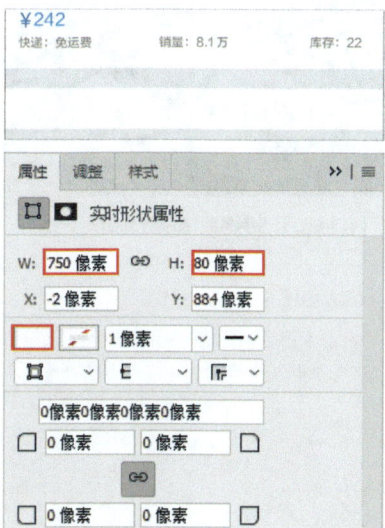

图 12-57   图 12-58   图 12-59

24 使用"横排文字工具" T，在矩形上输入"优惠"，设置"字体"为"方正兰亭准黑"，"字体大小"为24点，"颜色"为灰色（R:169，G:169，B:169），如图12-60所示。

25 继续使用"横排文字工具" T，输入"领券后至少可减¥20"，设置"字体"为"方正兰亭准黑"，"字体大小"为24点，"颜色"为黑色，金额部分的文字需要设置为蓝色（R:0，G:172，B:255），如图12-61所示。

26 将"优惠"图层复制一层，然后修改文字内容为"领券"，如图12-62所示。

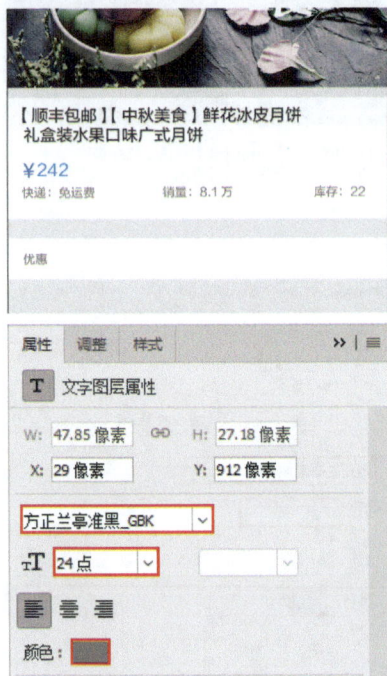

| 图 12-60 | 图 12-61 | 图 12-62 |

27 将导航栏的"返回按钮"复制一层，水平镜像按钮后再将其调整为灰色，如图12-63所示。

28 **制作标签栏。**使用"矩形工具" □，在画板底部绘制一个750像素×98像素的矩形，设置"填充"为白色，如图12-64所示。

29 继续使用"矩形工具" □，绘制一个420像素×98像素的矩形，设置"填充"为蓝色（R:0，G:172，B:255），如图12-65所示。

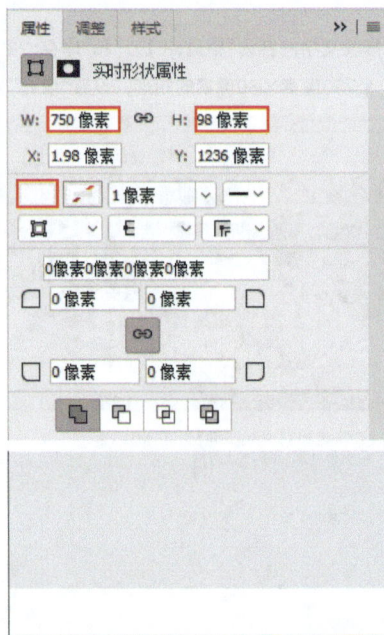

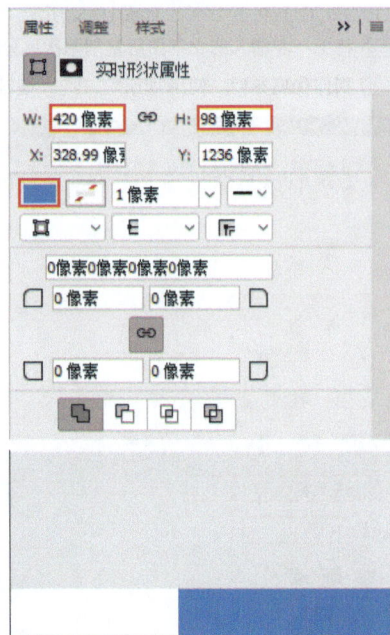

| 图 12-63 | 图 12-64 | 图 12-65 |

30 使用"横排文字工具" T. 在蓝色矩形上输入"加入购物车"，设置"字体"为"方正兰亭准黑"，"字体大小"为28点，"颜色"为白色，如图12-66所示。

31 分别导入绘制的"店铺图标""客服图标"和"购物车图标"图层，如图12-67所示。

32 使用"横排文字工具" T. 在3个按钮下方输入相应的文字，设置"字体"为"方正兰亭准黑"，"字体大小"为20点，"颜色"为黑色，如图12-68所示。

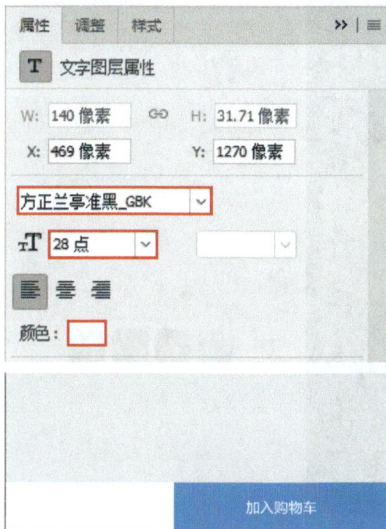

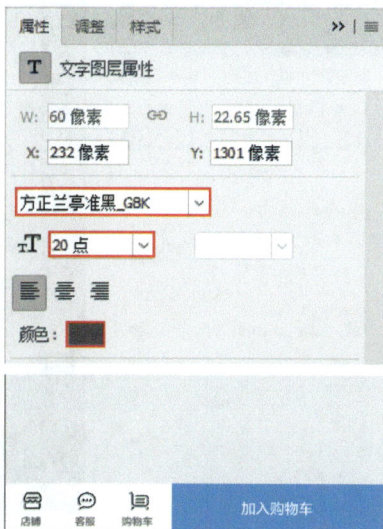

| 图 12-66 | 图 12-67 | 图 12-68 |

33 使用"椭圆工具" 在购物车按钮上方绘制一个12像素×12像素的圆形，设置"填充"为蓝色(R:0, G:172, B:255)，如图12-69所示。

34 **制作详情页**。导入学习资源中的"详情页"图层，将其放在标签栏和优惠券栏的中间，如图12-70所示。

35 调整整体画面的细节，案例最终效果如图12-71所示。

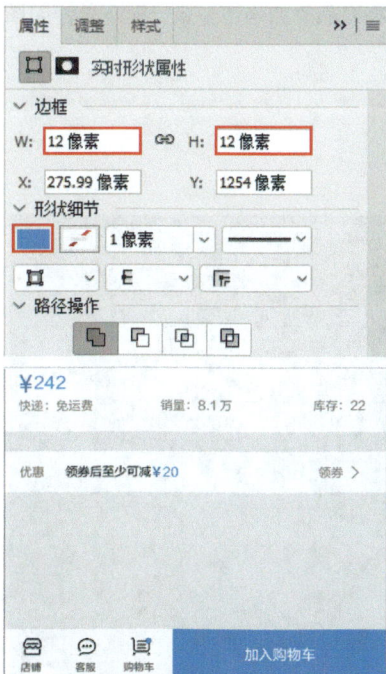

| 图 12-69 | 图 12-70 | 图 12-71 |

提示

"详情页"图层要放在标签栏所有图层的下方，这样才能出现遮挡效果。

12.2.2 普通型

普通型详情页的页面样式较多，出现在各种类型的App中。日常生活中常见的新闻类、天气类、流媒体类和阅读类等App中都使用这种普通型的详情页，通过文字和图片向用户传达详细内容，如图12-72所示。

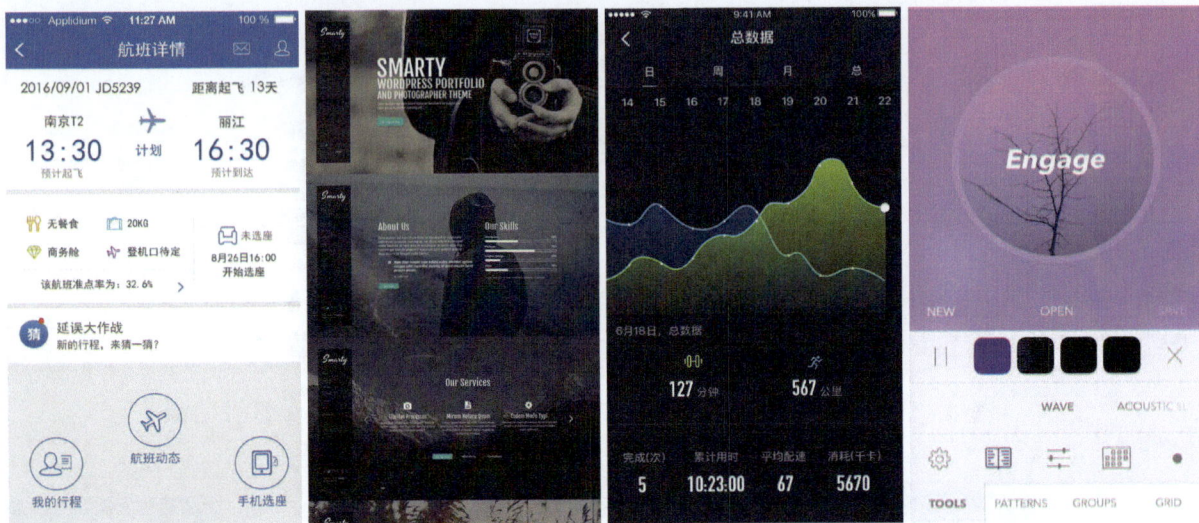

图12-72

12.2.3 销售型

销售型的详情页多出现在电商类App中。详情页会详细展示商品的款式、颜色、型号及其他属性以方便用户购买。为了引导用户快速下单，购买的按钮会一直呈现在界面的底部，方便用户将商品添加购物车或一键下单，如图12-73所示。

图12-73

📖 课堂练习：制作食谱详情页

素材位置	素材文件 >CH12>02.psd
实例位置	实例文件 >CH12> 课堂练习：制作食谱详情页 .psd
视频名称	课堂练习：制作食谱详情页 .mp4
学习目标	练习普通型详情页的制作方法

本案例是在Photoshop中制作食谱详情页，如图12-74所示。本案例的制作步骤相对简单，需要注意画面的层次感和文字的对齐方式。

图 12-74

课后习题：制作旅游详情页

素材位置	素材文件 >CH12>03.psd
实例位置	实例文件 >CH12> 课后习题：制作旅游详情页 .psd
视频名称	课后习题：制作旅游详情页 .mp4
学习目标	练习普通型详情页的制作方法

　　本案例是在Photoshop中制作旅游详情页，效果如图12-75所示。本案例制作过程相对简单，需要注意元素间的距离。

图 12-75

第 13 章 | 可输入页设计

可输入页是用户通过键盘输入文字信息与App产生交互的一种页面，本章为读者讲解可输入页的相关概念和制作方法。

- 掌握可输入页的概念
- 掌握可输入页的常见分类及制作方法

可输入页需要使用键盘输入文字信息与页面产生交互作用，如登录页面、信息发布页面和聊天窗口等都是常见的可输入页，如图13-1所示。这些页面中都会预留需要填写信息的输入框，并通过简单的文字提示用户在输入框中输入相应的信息。

图 13-1

在设计这类页面时，务必要界面简洁、可操作性强。过于复杂的设计会大大拉低用户的使用感受，影响对软件的后续使用。

13.2 可输入页的常见类型

可输入页根据使用功能可以分为登录页面、信息发布页面和聊天页面。

13.2.1 课堂案例：制作软件登录页

素材位置	素材文件 >CH13>01.psd
实例位置	实例文件 >CH13> 课堂案例：制作软件登录页 .psd
视频名称	课堂案例：制作软件登录页 .mp4
学习目标	掌握登录页的制作方法

本案例是在Photoshop中制作软件的登录页，案例效果如图13-2所示。本案例制作过程较为简单，读者需要注意页面元素之间的间距与对齐。

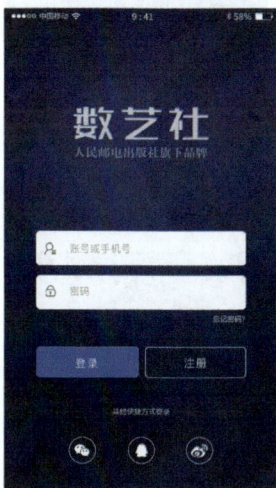

图 13-2

01 启动Photoshop，执行"文件>新建"菜单命令，在弹出的"新建文档"对话框中选择iPhone 6 模板(750像素×1334像素)，如图13-3所示。单击"创建"按钮 创建 后形成白色底色的画板，如图13-4所示。

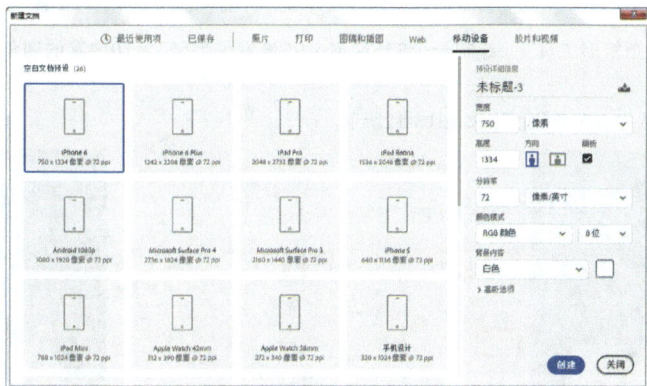

图 13-3

图 13-4

02 制作背景效果。 将画板随意填充一个颜色，然后双击图层打开"图层样式"对话框，勾选"渐变叠加"选项，设置"渐变"为蓝色到深蓝色的渐变，"样式"为"径向"，如图13-5所示。添加渐变后的效果如图13-6所示。

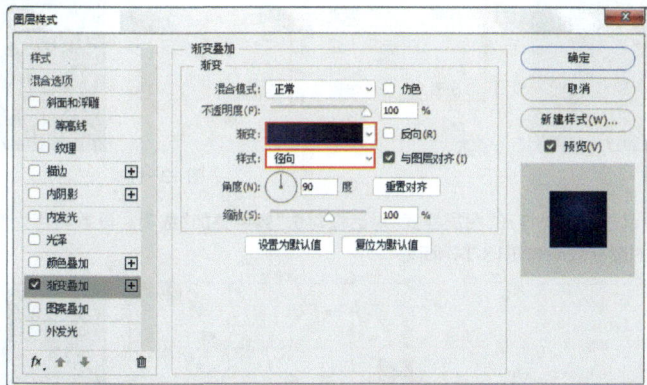

图 13-5

图 13-6

提示

蓝色和深蓝色渐变颜色的色值分别为(R:25,G:52,B:115)和(R:12,G:24,B:52)，渐变色条如图13-7所示。

图 13-7

03 导入学习资源"素材文件>CH13>01.psd"中的"底纹logo"图层，将其缩小到合适的大小，如图13-8所示。

04 选中上一步导入的素材图层，然后设置图层混合模式为"滤色"，"不透明度"为10%，如图13-9所示。

05 继续导入学习资源文件中的"状态栏"图层，将其放置在页面顶部，如图13-10所示。

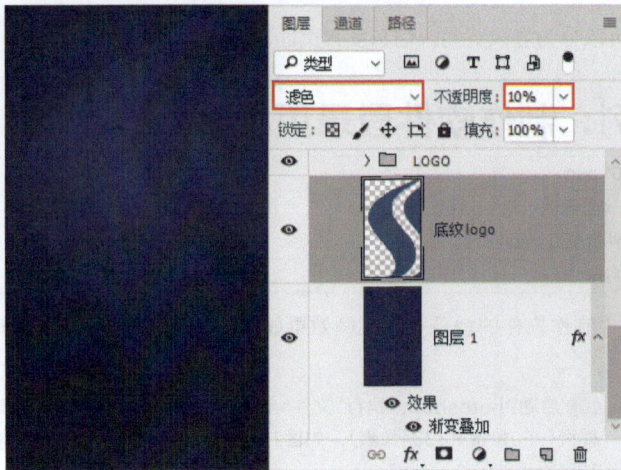
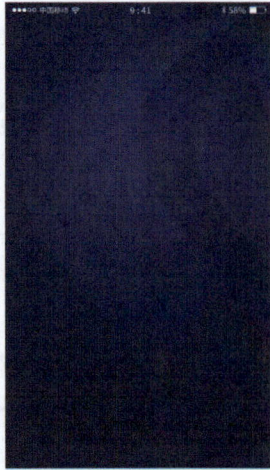

图 13-8　　　　　　　　　　　　　　图 13-9　　　　　　　　　　　　　　图 13-10

06 **制作登录框。** 使用"圆角矩形工具" □ 绘制一个575像素×95像素，"半径"为10像素的圆角矩形，设置"填充"为白色，如图13-11所示。

07 导入学习资源中的"个人中心图标"图层，如图13-12所示。

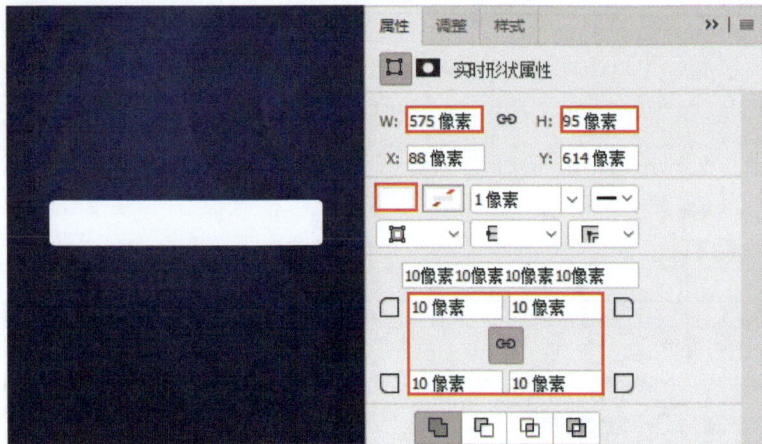
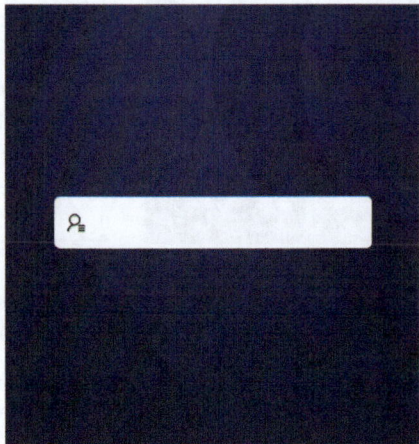

图 13-11　　　　　　　　　　　　　　　　　　　　　　图 13-12

08 图标的颜色不太合适，双击该图层打开"图层样式"对话框勾选"颜色叠加"选项，设置颜色为深灰色(R:109, G:109, B:109)，如图13-13所示。叠加颜色后的图标效果如图13-14所示。

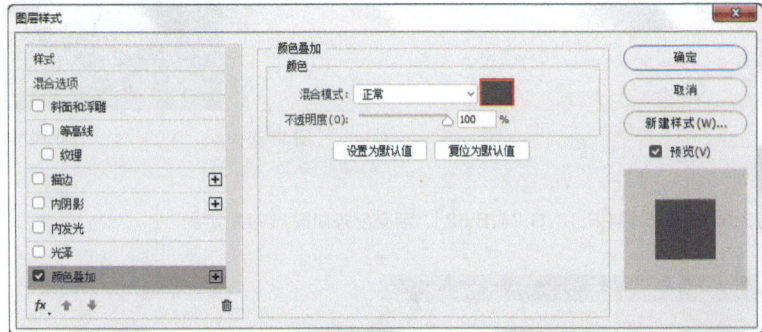
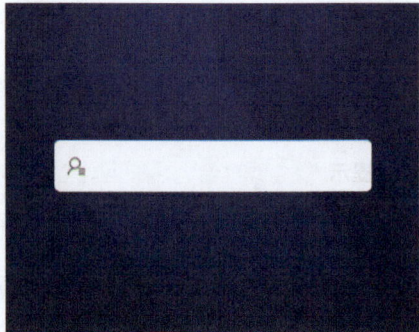

图 13-13　　　　　　　　　　　　　　　　　　　　　　图 13-14

09 使用"横排文字工具" T.在输入框内输入"账号或手机号"，设置"字体"为"苹方"，"字体大小"为28点，"颜色"为灰色（R:172，G:172，B:172），如图13-15所示。

10 将制作好的登录框整体复制一份，向下移动，然后替换图标和文字内容，如图13-16所示。

11 使用"横排文字工具" T.在登录框右下角输入"忘记密码？"，设置"字体"为"苹方"，"字体大小"为20点，"颜色"为白色，如图13-17所示。

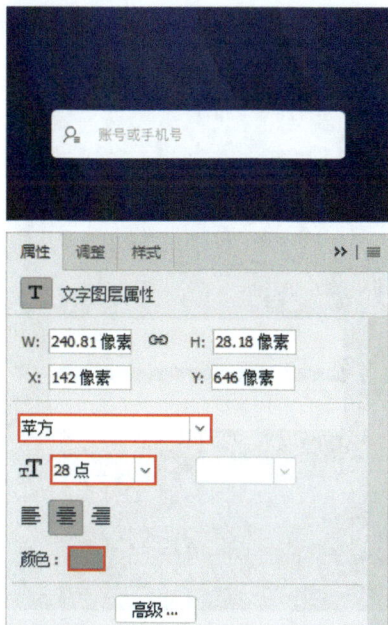

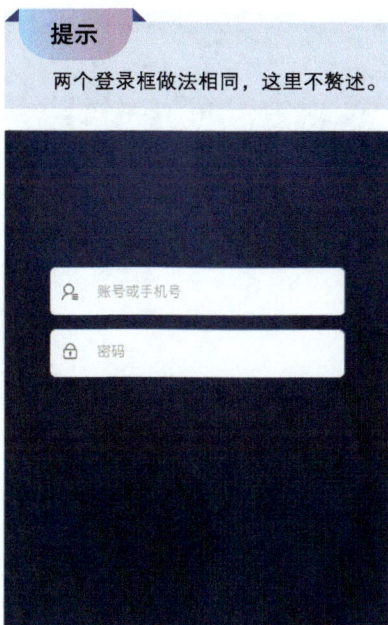

提示

两个登录框做法相同，这里不赘述。

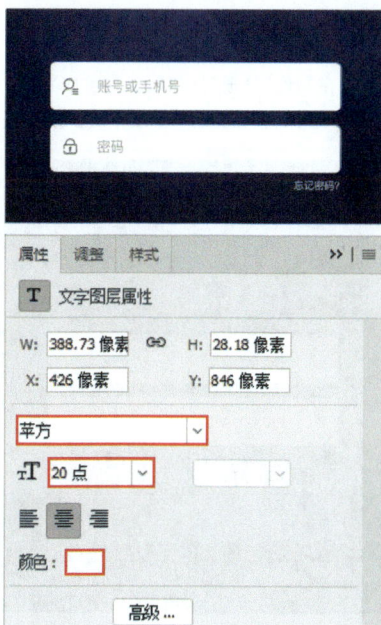

图 13-15　　　　　　　　　图 13-16　　　　　　　　　图 13-17

12 **制作登录按钮**。使用"圆角矩形工具" □.绘制一个278像素×86像素，"半径"为10像素的圆角矩形，设置"填充"为蓝色（R:16，G:108，B:231），如图13-18所示。

13 使用"横排文字工具" T.输入"登录"，设置"字体"为"苹方"，"字体大小"为30点，"颜色"为白色，如图13-19所示。

14 **制作注册按钮**。使用"圆角矩形工具" □.绘制一个278像素×86像素，"半径"为10像素的圆角矩形，设置"描边"为白色，"描边宽度"为2像素，如图13-20所示。

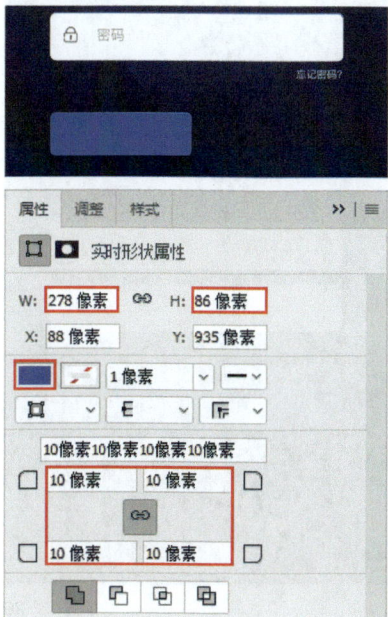

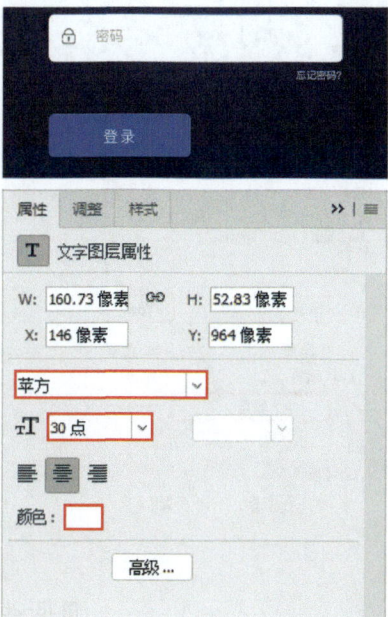

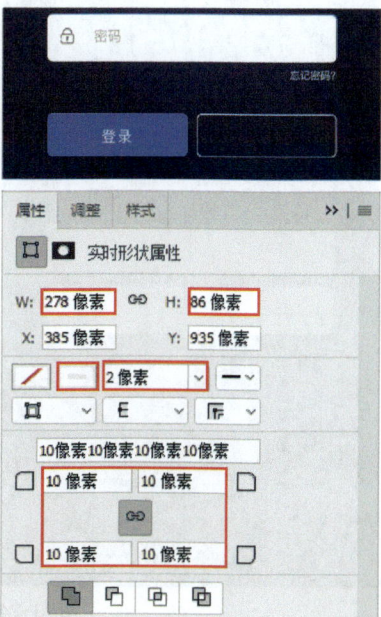

图 13-18　　　　　　　　　图 13-19　　　　　　　　　图 13-20

15 使用"横排文字工具" T.输入"注册"，设置"字体"为"苹方"，"字体大小"为30点，"颜色"为白色，如图13-21所示。

16 **制作分割线**。使用"横排文字工具" T.在按钮下方输入"其他快捷方式登录"，设置"字体"为"苹方"，"字体大小"为20点，"颜色"为白色，如图13-22所示。

17 使用"直线工具" ∠.在文字左侧绘制一个190像素×1像素的直线，设置"填充"为白色，如图13-23所示。

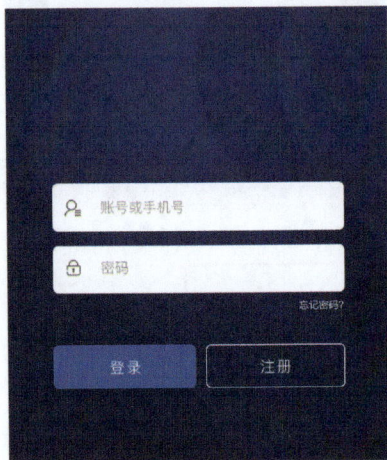
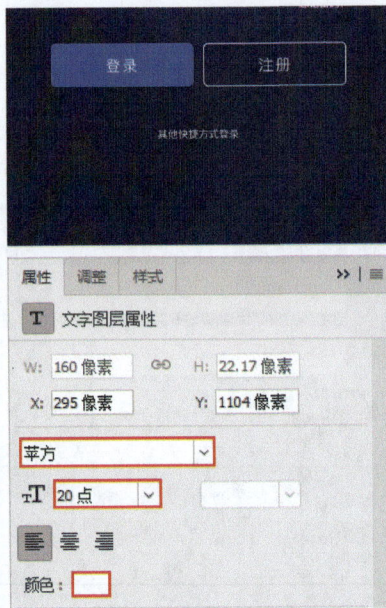
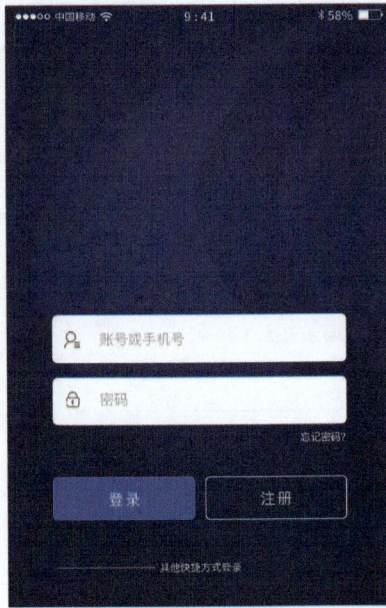

图 13-21   图 13-22   图 13-23

18 将上一步绘制的直线复制一份，然后将其移动到文字的右侧，如图13-24所示。

19 **制作其他登录按钮**。使用"椭圆工具" ○.绘制一个74像素×74像素的圆形，设置"描边"为白色，"描边宽度"为2像素，如图13-25所示。

20 导入学习资源中的"微信"图层，将其放置在上一步绘制的圆形内，如图13-26所示。

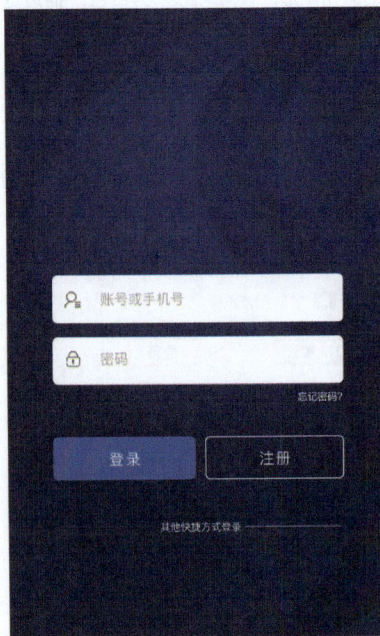
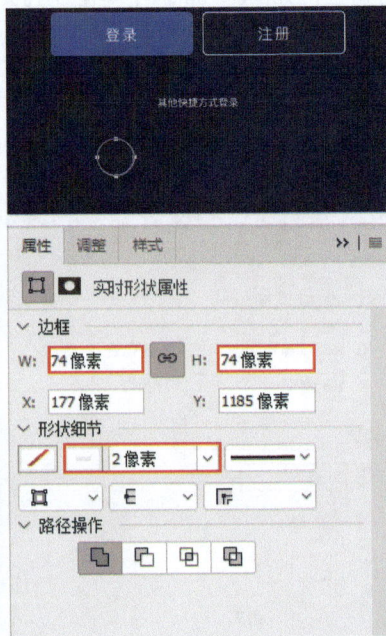
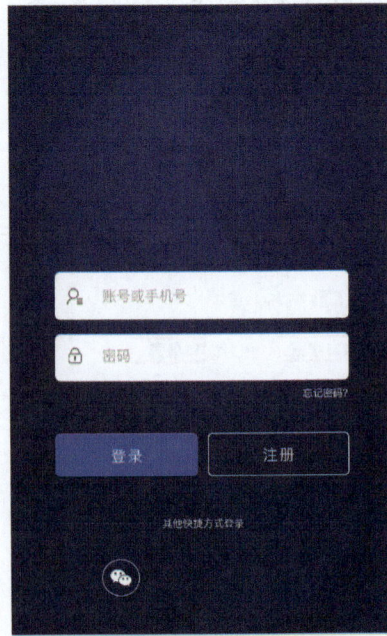

图 13-24   图 13-25   图 13-26

21 将步骤19中绘制的圆形复制两份，然后分别导入学习资源中的"QQ"和"微博"图层，如图13-27所示。

22 添加Logo图标。观察页面，会发现登录框上方比较空。导入学习资源中的Logo图层组，里面包含了两个文字图层。将图层组放置在输入框的上方，调整到合适的大小，如图13-28所示。

23 文字图层的颜色不太适合整体页面。双击图层打开"图层样式"对话框，勾选"颜色叠加"选项，设置颜色为白色，如图13-29所示。叠加颜色后的文字效果如图13-30所示。

图 13-27

图 13-28

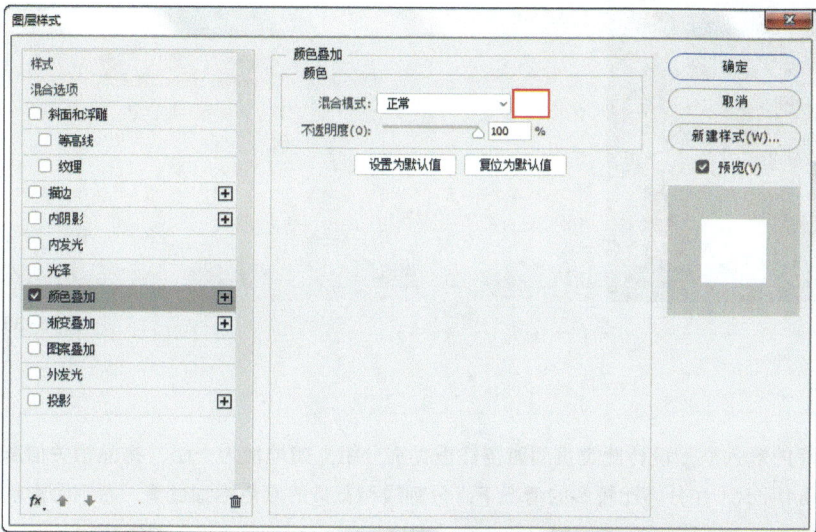

图 13-29

图 13-30

24 分别调整两个文字图层的"不透明度"为80%和50%，效果如图13-31所示。

25 整体调整页面元素的间距和对齐，案例最终效果如图13-32所示。

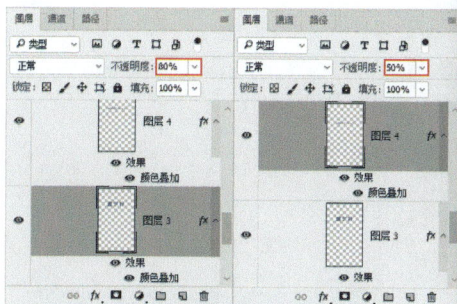

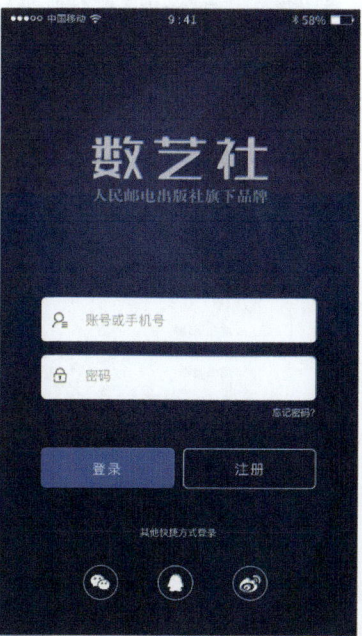

图 13-31

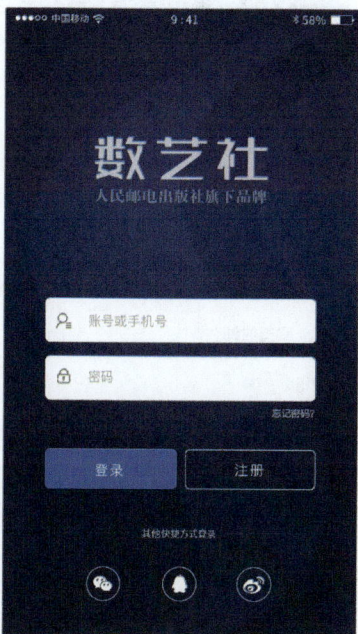

图 13-32

13.2.2 登录页面

登录页面是App中常见的可输入页面，需要输入用户的账户、密码和一些其他相关信息。在登录页面的输入框中输入文字内容时需要拉起键盘，这时需要考虑键盘会不会遮挡文字信息，还要考虑输入框的宽度是否方便操作、输入框的文字提示是否精简准确等，如图13-33所示。

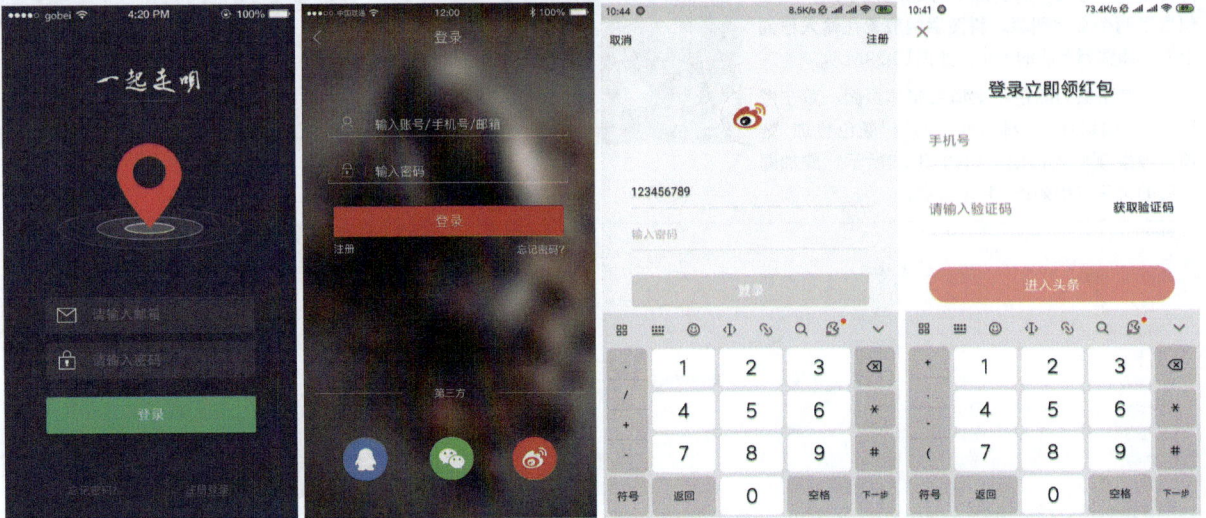

图 13-33

13.2.3 信息发布页面

信息发布页面会出现很多内容填写的输入框，设计此类页面时需注重类别分组，如地址为一组、物品相关信息为一组及付款方式为一组等，如图13-34所示。在分类比较多的情况下，分割线和背景的颜色不宜过重，否则会影响整体的视觉性。

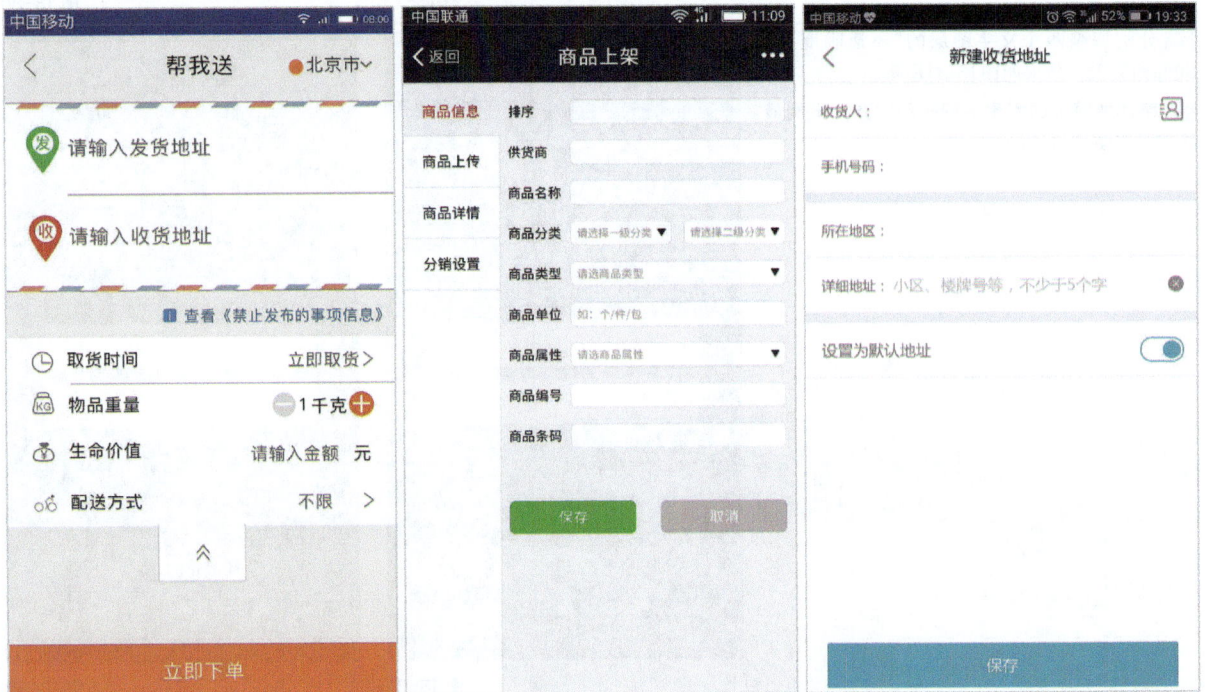

图 13-34

13.2.4 聊天页面

聊天页面会在页面底部设计输入框和一些相关组件，输入框部分是可拉起的，如图13-35所示。在设计这类页面时，需要将组件设计的更简洁易用，尽量少占用页面空间。

图 13-35

📖 课堂练习：制作预约信息页

素材位置	素材文件 >CH13>02.psd
实例位置	实例文件 >CH13> 课堂练习：制作预约信息页 .psd
视频名称	课堂练习：制作预约信息页 .mp4
学习目标	练习信息发布页面的制作方法

本案例是在Photoshop中制作预约信息页，如图13-36所示。本案例的制作步骤相对简单，需要注意按钮和元素之间的对齐。

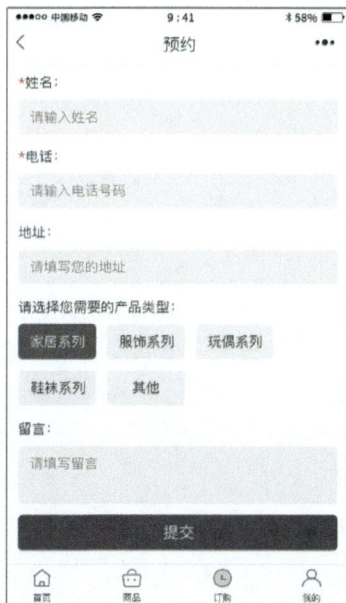

图 13-36

课后习题：制作聊天页

素材位置	素材文件 >CH13>03.psd
实例位置	实例文件 >CH13> 课后习题：制作聊天页 .psd
视频名称	课后习题：制作聊天页 .mp4
学习目标	练习聊天页的制作方法

本案例是在Photoshop中制作聊天页，效果如图13-37所示。本案例制作过程相对简单，读者可以参考熟悉的聊天界面进行制作。

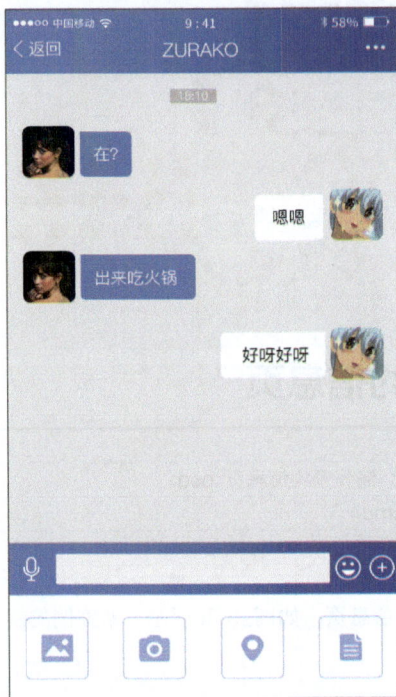

图 13-37

第 14 章 切图与标注

切图是UI设计中必不可少的一个步骤，做好切图能让程序员在开发阶段减少误判，尽可能避免出现界面的设计与实际效果差距过大的问题。

- 掌握 iOS 和 Android 的切图方法
- 掌握界面标注规范

在页面设计完成后，就需要对界面中的元素进行切图。在不同的系统中，切图的方法也有差异。本节将为读者讲解iOS和Android系统中的切图方法。

14.1.1 课堂案例：将个人中心界面进行切图

素材位置	素材文件 >CH14>01.psd
实例位置	实例文件 >CH14> 课堂案例：将个人中心界面进行切图 .psd
视频名称	课堂案例：将个人中心界面进行切图 .mp4
学习目标	掌握界面的切图方法

本案例是将制作好的PSD文件进行切图，虽然设计的效果图是按照iOS系统的标准进行设计的，但为了适配需要输出iOS和Android两套切图。案例输出的切图效果如图14-1所示。

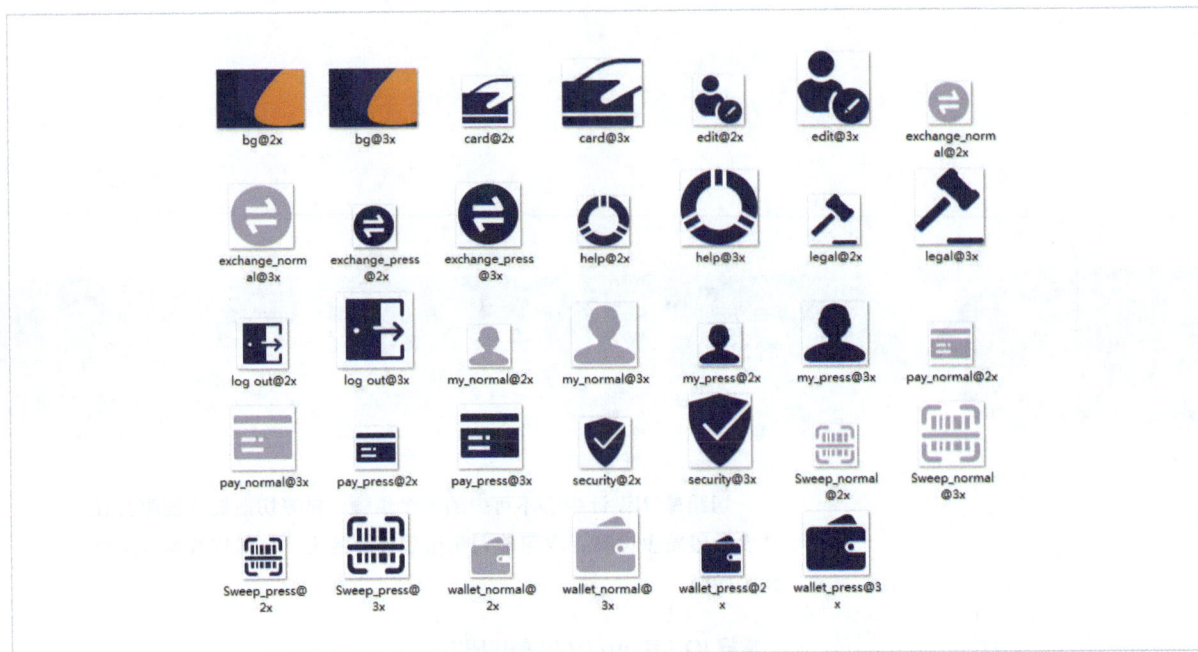

图 14-1

01 打开本书学习资源中的"素材文件 >CH14>01.psd"文件，这是一个制作好的付款App个人中心界面，如图14-2所示。先来分析这个页面，页面上方背景的色块需要单独切图，半透明的圆角矩形可以通过代码实现，中间的功能图标需要单独切图，分割线可以通过代码开发，下方标签栏的图标也需要单独切图。所有文字部分都通过代码开发，只需要标注出相关信息。

02 整理图标。新建一个空白文档，大小不限，能放下所有图标和背景色块即可，然后用灰色填充背景，如图14-3所示。

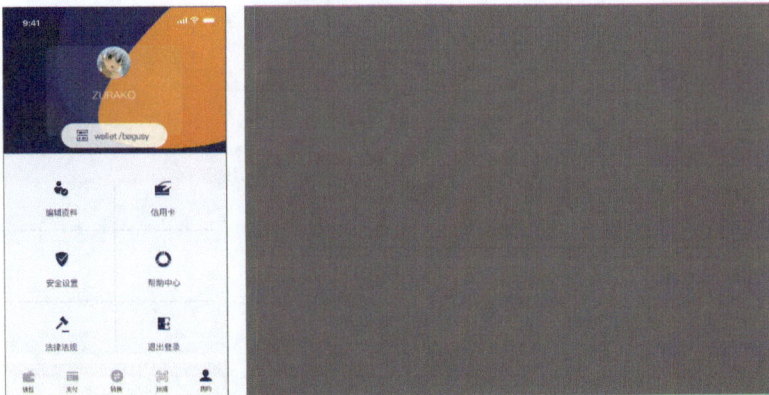

图 14-2

图 14-3

03 使用"移动工具" ⊕，将背景色块拖入文档中，按Ctrl+G组合键合成组，如图14-4所示。

04 鼠标双击组的名称，将名称修改为"bg"以便后续导出，如图14-5所示。读者也可以将其命名为其他名字，方便识别即可。

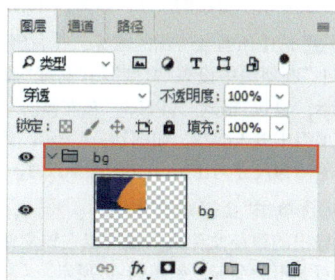

图 14-4   图 14-5

05 使用"移动工具" ⊕，将中间的功能图标移动到"背景"图层中，如图14-6所示。

06 将标签栏中的图标也移动到"背景"图层中，如图14-7所示。

07 标签栏中的图标分为选中和未选中状态，因而需要将图标复制一份，如图14-8所示。

图 14-6   图 14-7   图 14-8

> **提示**
>
> 在移动图标时，不要将图标放置在"bg"组中，应放置于"bg"组外，否则影响后续操作。

08 将上面一行的图标调整为未选中状态，下面一行的图标调整为选中状态，如图14-9所示。

09 **重命名图标**。在开发时无法使用中文，因此切图的图标需要用英文进行命名。选中"钱包"图层，按Ctrl+G组合键合成组，然后将其重命名为"wallet_press"，如图14-10所示。

10 选中"钱包 拷贝"图层，这是图标未选中的状态，将其成组后重命名为"wallet_normal"，如图14-11所示。

> **提示**
>
> 未选中状态的图标图层"不透明度"为30%，选中状态的图标图层"不透明度"为100%。

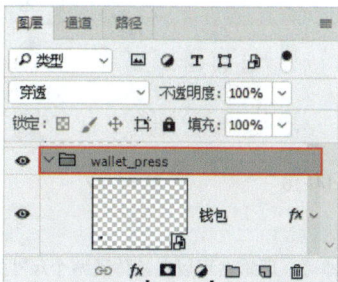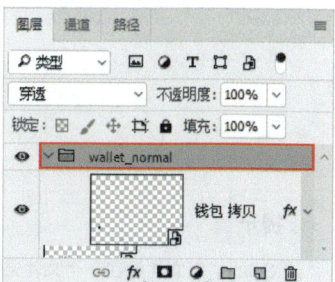

图 14-9   图 14-10   图 14-11

11 按照上述两步的方法命名其他标签栏里的按钮，如图14-12所示。

12 页面中部的图标是展示图标，不具有按钮变化，只需要将其命名，不需要命名状态，如图14-13所示。

13 **导出图标**。底部标签栏图标的大小与中间功能图标的大小不同，需要分别导出。选中底部标签栏的所有图标，然后单击鼠标右键，在弹出的菜单中选择"导出为"选项，如图14-14所示。

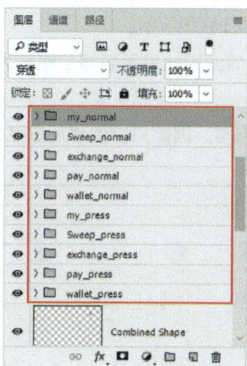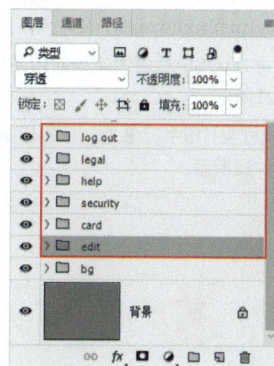

图 14-12   图 14-13   图 14-14

14 在弹出的对话框左侧可以发现图标的尺寸不一致，在右侧"画布大小"选项组中可以设定图标统一导出的尺寸，如图14-15所示。

15 选中所有要导出的图标，在右侧"画布大小"选项组中设置"宽度"和"高度"都为44像素，设置"格式"为PNG，在左侧的"后缀"选项组中输入@2x，如图14-16所示。此时导出的图标尺寸为iPhone 6的图标尺寸。

16 单击"全部导出"按钮 全部导出 ，设置好导出的路径文件夹，就可以在该文件夹中查看导出的图标，如图14-17所示。

17 重新打开"导出为"对话框，在左侧设置"大小"为1.5x，"后缀"为@3x，其他设置与前面一致，如图14-18所示。此时输出图标尺寸为iPhone 6 Plus的图标尺寸，导出的图标如图14-19所示。

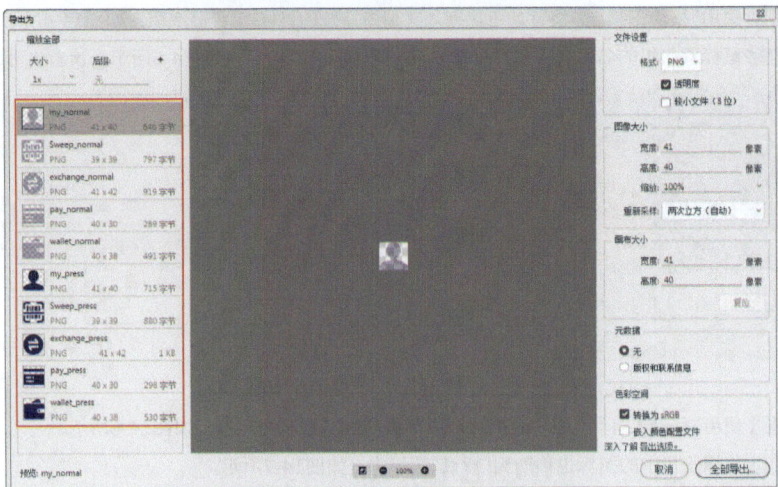

图 14-15

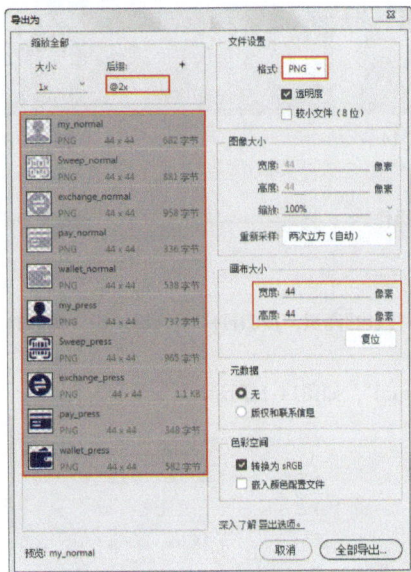

图 14-16　　　　图 14-17

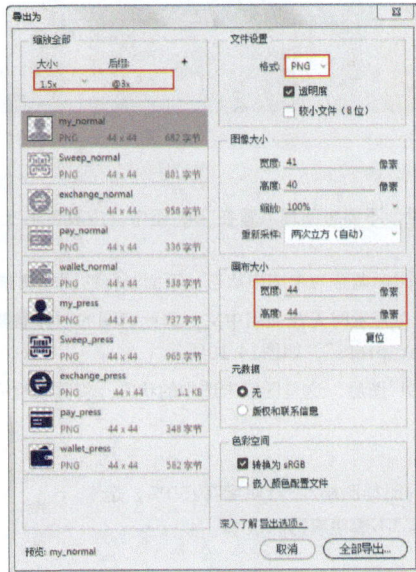

图 14-18　　　　图 14-19

提示

iOS的切图文件放在一个文件夹中即可，后缀名可以直接体现两个尺寸的图标，没必要分成两个单独的文件夹。

18 **导出Android图标**。Android与iOS的切图方式一致，只是在命名上不同，且需要放在两个文件夹中。新建一个Android文件夹，在内部建立xhdpi和xxhdpi两个文件夹，如图14-20所示。

19 xhdpi切图尺寸与iOS中后缀为@2x的切图相同，因此只需要将后缀名为@2x的切图复制粘贴到xhdpi文件夹中，然后去掉所有后缀名，如图14-21所示。

20 xxhdpi切图尺寸与iOS中后缀为@3x的切图相同，因此只需要将后缀名为@3x的切图复制粘贴到xxhdpi文件夹中，然后去掉所有后缀名，如图14-22所示。

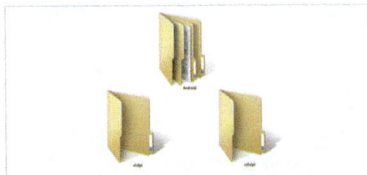

图 14-20　　　　　　　　图 14-21　　　　　　　　图 14-22

21 **导出其他图标和切图。**按照上述的方法导出中间的功能图标，其"画布大小"为52像素×52像素，如图14-23所示。

22 选中"bg"图层组，按照导出方法导出背景素材的切图，设置"画布大小"为750像素×500像素，如图14-24所示。至此，本案例中所有的切图导出完成。

图 14-23

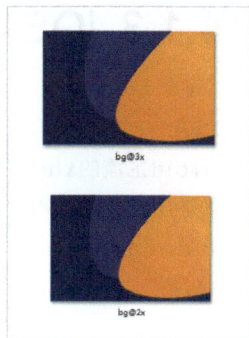

图 14-24

14.1.2 Android 的常用单位

UI设计师在设计Android界面时，使用的单位是px，而开发人员在开发界面时使用的单位是dp，两个完全不同的单位是如何转换的，下面将介绍Android的常用单位。

英寸(in)：指手机屏幕的实际尺寸，也就是屏幕对角线的测量尺寸，如图14-25所示。

像素(px)：是界面设计常用单位之一，是手机的长与宽的像素乘积，如图14-26所示。

屏幕密度(dpi)：是指一定尺寸上显示像素的数量，数值越大，屏幕显示的内容越清晰，如图14-27所示。

设备独立像素(dp)：是Android开发人员经常使用的单位，在一般情况下非文字对象的尺寸用dp作单位。

图 14-25

图 14-26

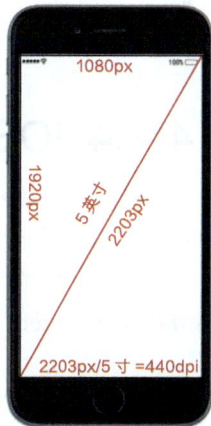

图 14-27

每部Android手机都会有一个初始的固定密度，如160、240和320等，这个值与像素(px)之间有一个换算比例，如图14-28所示。

一般情况下，在设计iOS和Android的界面效果图时，可以先使用同一套效果图进行开发，再根据比例进行适配。通过图14-28所示的比例可以进行如下换算。

1倍：1dp=1px(mdpi)

1.5倍：1dp=1.5px(hdpi)

2倍：1dp=2px(xhdpi)

3倍：1dp=3px(xxhdpi)

在设计效果图时，以iPhone 6的尺寸(750px×1334px)为基准，对应Android手机的720px×1280px尺寸。虽然在标注时是以px为单位，但开发人员会除以2换算成dp进行开发。例如，设计师标注100px，开发人员会自动换算为50dp。

名称	分辨率（px）	密度值（dpi）	比例（px/dp）
mdpi	320×480	160	1
hdpi	480×800	240	1.5
xhdpi	720×1080	360	2.25
xxhdpi	1080×1920	480	3.375

图 14-28

现如今手机屏幕越来越大，小尺寸的屏幕基本淘汰(320px×480px和480px×800px)，因此只要设计两套iOS的尺寸就可以应用到Android手机界面中去。一套效果图和两套切图就可以供iOS和Android的开发人员同时使用。

14.1.3 iOS 与 Android 的尺寸关系

虽然每一代苹果手机的大小都有差异，但界面的效果图是以iPhone 6(750px×1334px)的尺寸进行设计，再适配到其他型号的手机上的。Android主流的xhdpi尺寸是720px×1280px，另一种主流的xxhdpi尺寸是1080px×1920px。通过尺寸关系可以发现，iPhone 6和xhdpi的Android手机分辨率基本相同，因此可以共用一套切图和标注，如图14-29所示。

图 14-29

iPhone 6和iPhone 6 Plus(1242px×2208px)尺寸间约为1.5倍关系，而在Android手机中xhdpi与xxhdpi也是1.5倍关系，因此iPhone 6 Plus和xxhdpi的Android手机也可以共用一套切图和标注，如图14-30所示。

图 14-30

14.1.4 iOS 与 Android 的切图命名方式

iOS的切图文件可以放在一个文件夹里。iPhone 6用的命名是2倍的切图，后缀名为@2x；iPhone 6 Plus用的是3倍切图，后缀名为@3x，如图14-31所示。

为了区分按钮的不同状态，会增加按钮状态的后缀。例如，点击状态的按钮后缀名为_press，不可点击状态的后缀名为_disabled，如图14-32所示。

.@2x   .@3x

图 14-31

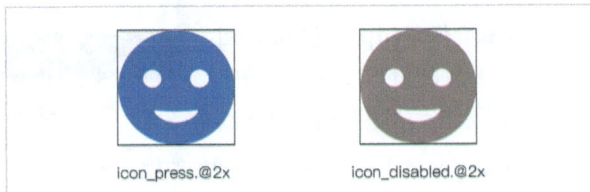

icon_press.@2x   icon_disabled.@2x

图 14-32

> **提示**
>
> 下面列举一些常见控件及其状态的命名方式。
>
> **图标**:icon
> **背景**:bg
> **菜单**:menu
> **工具栏**:toolbar
> **图片**:img
> **列表**:list
> **栏**:bar
> **标签栏**:tabbar
> **默认**:normal
> **点击**:press
> **选中**:selected
> **不可点击**:disabled

Android的切图文件不需要添加后缀名，但需要将不同分辨率的图片整理在相应的文件夹中，如图14-33所示。

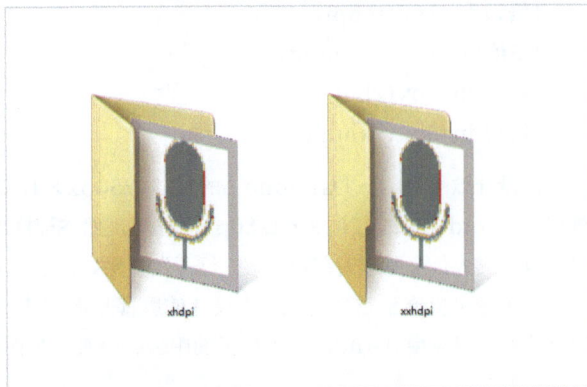

xhdpi   xxhdpi

图 14-33

14.1.5 通用切图法

通用切图法适用于iOS和Android。在开始切图时，首先要区分图标和模块样式。模块样式一般不需要切图，只需要标注好控件的颜色和长宽高信息。文字信息也不需要切图，只需要标注字体、大小和颜色。只有不规则的图形、banner和图标是需要进行切图的。

由于在制作过程中需切图的图标比较多，因此在切图前要将每个图标的图层名称进行命名，区分点击前与点击后等各种状态，如图14-34所示。在命名图层时最好用英文命名，不要用中文，以免导出时发生错误，这一点请读者特别注意。

导出图标时，只需要在整理好的图层组上单击鼠标右键，在弹出的菜单中选择"导出为"命令，如图14-35所示。

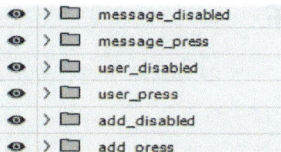

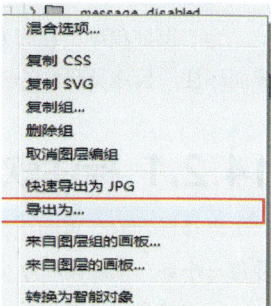

图 14-34   图 14-35

在弹出的"导出为"对话框中，就可以设定导出的切图大小、格式和后缀等信息。在导出的切图是2倍尺寸时，需要在后缀上添加@2x，如图14-36所示。在导出3倍尺寸的切图时，需要设定大小为原始大小的1.5倍，将后缀名改为@3x，如图14-37所示。

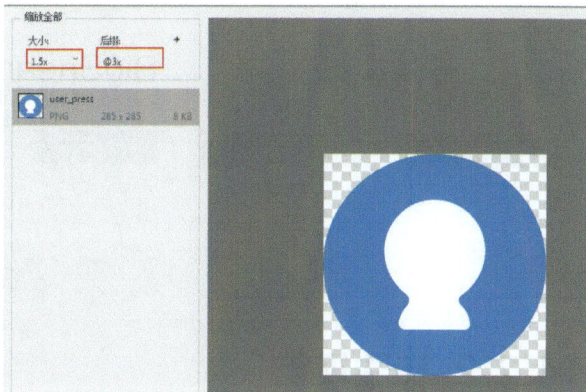

图 14-36   图 14-37

> **提示**
>
> 在通用切图法中，Android的切图与iOS的切图完全一致，只需要将iOS的切图复制到Android相应的切图文件夹中去掉后缀名。

14.1.6 Android 的"点九"切图法

iOS使用十进制，而Android使用16进制。iOS可以通过系统绘制圆角和阴影，而Android则更倾向于.9.png的切图，这两个系统在切图上是有一定区别的。

"点九"是Android平台应用开发中的一种特殊图片形式，文件扩展名为".9.png"。"点九"切图法可以在普通拉伸和非等比拉伸的情况下，保留图形的质感和圆角的形状，不会变形或模糊。

"点九"切图法的具体原理是将一张图片分成9个部分，分别为4个角、4条边和一个中间区域，其中4个角是不会被拉伸的，如图14-38所示。

> **提示**
>
> "点九"切图法需要先安装Java程序jdk-6u20-windows-i586，然后在Android模拟器Draw 9-patch中进行切图。

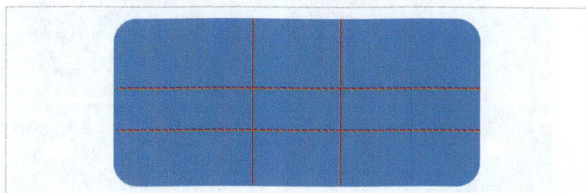

图 14-38

为了保证程序员在开发界面时能高度实现界面效果，通常会对设计出来的界面进行精确的尺寸标记。如果没有界面标注，程序员开发的界面就很可能与设计师的效果图有较大的差别。

14.2.1 标注软件

设计师在标注界面之前，一定要与程序员进行充分的沟通，从而建立设计规范、设计标注和测量信息等，尽量使每一个细节都能让程序员一目了然。

标注信息可以选用标注软件马克鳗(MarkMan)和BigShear，如图14-39所示。这两款软件都能高度完成界面的标注，可以标注间距、大小、颜色和字体等信息。

图 14-39

14.2.2 标注规范

程序员在处理界面构架时先一块一块进行排布划分，再来实现样式还原。设计师在标注信息时，应该按照类型完成标注，先标注每个模块的间距、文字颜色和大小，然后标注布局和样式。

设计师一般会通过3个标注图展示界面，分别为框架标注、控件布局和样式描述，如图14-40所示。

图 14-40

框架标注:标注外间距的左右间距、内间距和横向宽度。

控件布局:标注各元素的大小及之间的间距。

样式描述:标注文字的字体、颜色和大小及图标切图名称等。

在标注时一定要精确测量,但不是每个地方都需要进行测量。如果只标注了中间的间距,适配效果是基于中心进行对齐,并不会对空间进行等比例拉伸,如图14-41所示。如果只标注左右两边的距离,呈现的效果则是左右顶边对齐,如图14-42所示。如果左右间距和按钮大小都标注的话,适配会产生问题,这种标注是错误的。

在大多数情况下,设计中的适配更多是对图形进行等比拉伸,间距保持不变。设计师只需要标注空间与空间之间的距离,就能保持间距的统一性,仅对形状进行适配,如图14-43所示。

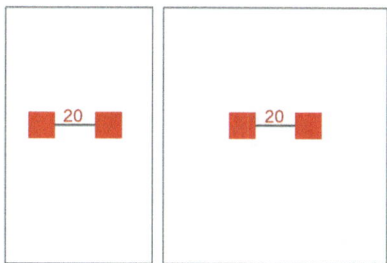
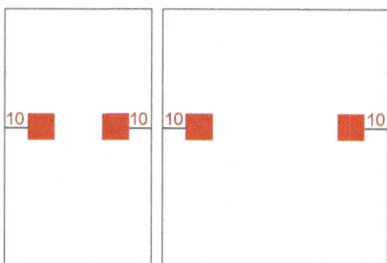
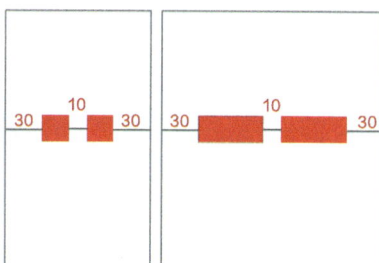

图 14-41　　　　　　　　　　　　图 14-42　　　　　　　　　　　　图 14-43

📖 课堂练习:将播放页进行切图

素材位置	素材文件 >CH14>02.psd
实例位置	实例文件 >CH14> 课堂练习:将播放页进行切图 .psd
视频名称	课堂练习:将播放页进行切图 .mp4
学习目标	练习切图的方法

本案例是将在之前章节练习中制作好的一款播放页进行切图,需要导出iOS和Android两套切图,切图效果如图14-44所示。

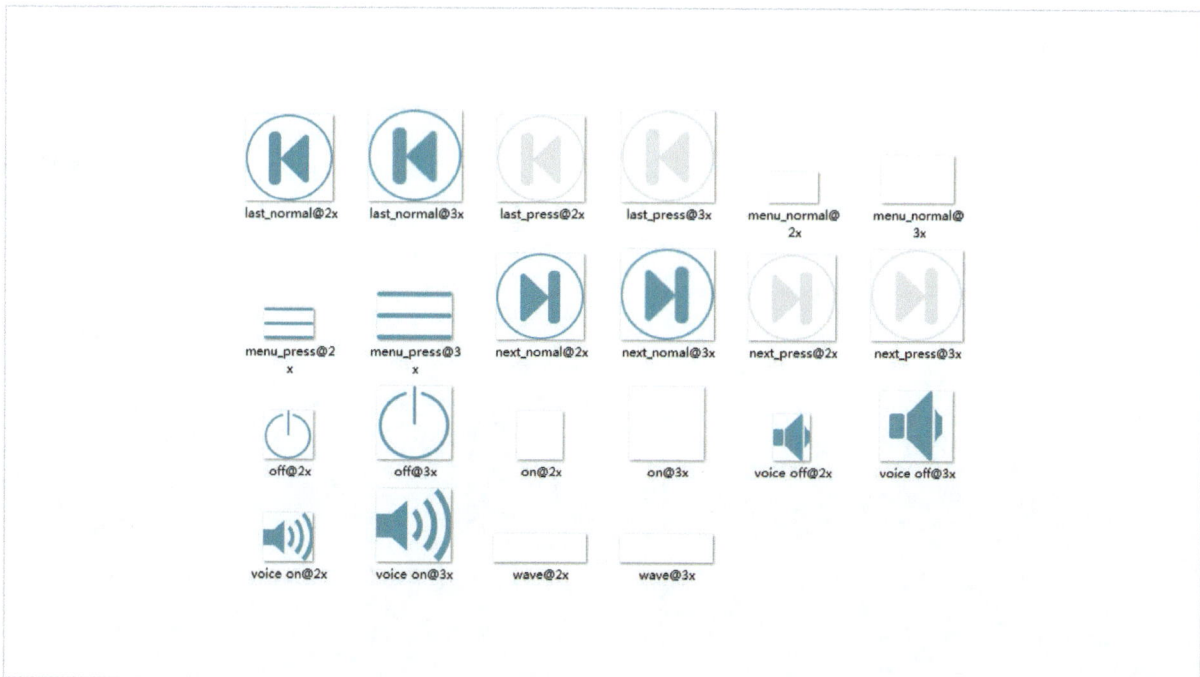

图 14-44

课后习题：将旅游主页进行切图

素材位置	素材文件 >CH14>03.psd
实例位置	实例文件 >CH14> 课后习题：将旅游主页进行切图 .psd
视频名称	课后习题：将旅游主页进行切图 .mp4
学习目标	练习切图的方法

本案例是将之前章节练习中制作好的一款旅游软件的主页进行切图。页面中的按钮较多，需要导出iOS和Android两套切图，切图效果如图14-45所示。

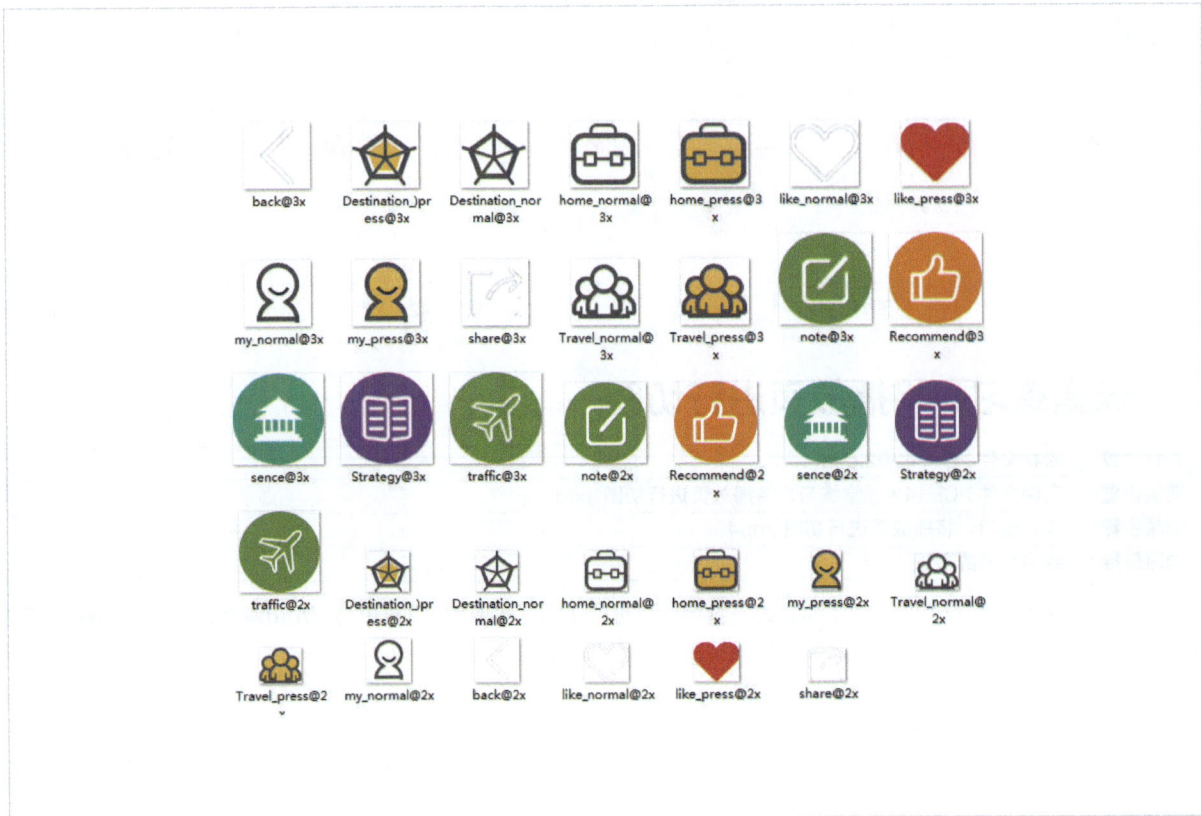

图 14-45

第 15 章 | 制作艺术二维码

二维码在日常生活中的使用频率越来越高，艺术二维码能更好地吸引用户去扫描，提高产品的转化率。本章将为读者讲解二维码的相关知识和设计方法。

- 了解二维码的原理结构
- 掌握艺术二维码的制作方法

在二维码还没有出现之前，人们使用条形码扫描商品。条形码只有一个维度，即在x轴上存储数据，因此也被称为"一维码"，如图15-1所示。条形码是通过黑白相间的线条组成信息，其中黑色代表二进制的1，白色代表二进制的0。

条形码经过变形设计可以让原本枯燥的条码变得更为有趣，如图15-2所示，但在一般产品的包装上还是使用普通条形码。

图 15-1

图 15-2

一维的条形码所储存的数据在当今的网络时代会显得不够用。要想增加数据的储存量，就需要增加一个维度，即y轴也储存数据，二维码也就应运而生，如图15-3所示。

二维码和条形码一样也是黑白相间，现在的二维码大部分是以QR码作为编码的码型。QR码是矩阵式的二维码，是在一个矩形空间内通过黑白像素在矩阵中的不同分布进行编码。我们所看到的二维码的黑色色块代表二进制的1，白色色块代表二进制的0，黑白的排列组合就确定了矩阵二维码的内容，以便设备进行识别。

二维码中有3个非常重要的区域，码眼、定位点和定位轴，如图15-4所示。

图 15-3

图 15-4

码眼：用于识别二维码的面积大小，也是二维码最核心的部分。

定位点：校正二维码图形，对二维码的信息位置进行定位。

定位轴：由黑白小方格组成，用来校正二维码的x轴和y轴信息。

在设计二维码时，可以将其中黑色的部分进行填充，填充的图形可以是矩形、圆形或是其他多边形。码眼和定位点的位置对填充图形的形状重合度要求最高，大小最好保持一致，如图15-5所示。如果设计的二维码不能被有效扫描识别，排查问题出现原因即可围绕这4个位置。

二维码拥有4个级别的容错率，分别是L级（7%）、M级（15%）、Q级（25%）和H级（30%），如图15-6所示。容错率越高，所能遮盖的面积就越多，二维码的内容也会越复杂，设计出来的效果比较拥挤和复杂；容错率越低，图形也就越简单也越利于设计，但制作的元素与二维码的匹配要求更高。

图 15-5

| L 级 | M 级 | Q 级 | H 级 |

图 15-6

15.2 制作艺术二维码

本节将为读者讲解制作艺术二维码的相关知识与方法。

15.2.1 课堂案例：制作数艺社艺术二维码

素材位置	素材文件 >CH15>01
实例位置	实例文件 >CH15> 课堂案例：制作数艺社艺术二维码 .psd
视频名称	课堂案例：制作数艺社艺术二维码 .mp4
学习目标	掌握艺术二维码的制作方法

本案例是制作数艺社的艺术二维码。素材文件中已经提供了二维码和一些素材，需要通过Illustrator和Photoshop将其合成为一个艺术效果的二维码。案例的最终效果如图15-7所示。

图 15-7

01 在Illustrator中打开本书学习资源中的"素材文件>CH15>01"文件夹中的"01-01.png"文件，如图15-8所示。这是在"草料二维码"中导出的数艺社二维码图片。

02 **处理二维码。** 选中导入的二维码，在选项栏中单击"图像描摹"按钮 图像描摹 ，将图片转换为描摹对象，如图15-9所示。

03 在选项栏中单击"扩展"按钮 扩展 ，将描摹对象转换为路径，这样二维码图片就转换为矢量图形了，如图15-10所示。

04 在工具箱中选择"魔棒工具" ，然后选中不需要的白色部分按Delete键删除，这样就提取了二维码的基本路径形状，如图15-11所示。

图 15-8

图 15-9

图 15-10

图 15-11

提示

案例中使用的是容错率L级(7%)的二维码。

05 **处理元素**。艺术二维码中的元素以小方格为单位，设定了一个方格、两个方格和4个方格共3种模式，如图15-12所示。

06 导入学习资源文件夹中的素材图片，将其缩小到不同类型格子的大小，如图15-13所示。整个二维码与图书相关，因此元素多包含图书元素。

07 **绘制元素**。首先绘制最关键的3个码眼位置，为了保证二维码的识别性，需要高度吻合码眼的形状，将其填充为深蓝色（R:29，G:104，B:144），如图15-14所示。

08 将素材文件01-04、01-08和01-12分别放置在3个码眼的中心位置，然后将图层的混合模式更改为"柔光"，如图15-15所示。"柔光"的图层混合模式可以让素材和蓝色更好融合起来，增加二维码的识别性。

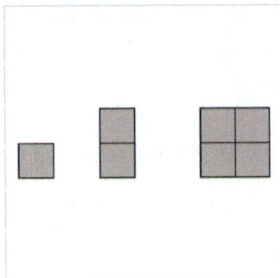

图 15-12

图 15-13

图 15-14

图 15-15

> **提示**
>
> 为了保证二维码的识别性，在绘制完码眼以后需要进行测试。测试二维码不是通过微信中的"扫一扫"功能，而是通过图片的"长按"功能进行识别，该功能是二维码的高精度测试。在测试前需要在计算机上安装微信。

> **提示**
>
> 填充的蓝色是数艺社Logo的颜色，通过颜色可以让二维码与产品产生更多的关联。

09 在计算机上登录微信后，使用"文件传输助手"将上一步绘制的二维码发送到手机上，如图15-16所示。

10 在手机上点开并长按二维码图片，当看到下方弹出的浮窗中出现"识别图中的二维码"选项时，说明该二维码是可以识别的，如图15-17所示。若没有出现该选项，则说明设计的二维码是失败的。

> **提示**
>
> 在后面的绘制过程中要随时进行测试，这样才能及时发现问题，保证二维码的可识别性。

图 15-16

图 15-17

11 测试好码眼的可识别性后，将二维码的主色调调整为深蓝色（R:29，G:104，B:144），如图15-18所示。

12 在二维码原型的基础上开始置入素材，先从大元素开始，如图15-19所示。

> **提示**
>
> 摆放好元素后，需要再次传到手机上测试识别性。如测试发现二维码无法识别，原因可能是素材的颜色太浅，将素材与蓝色色块"柔光"混合后，再进行测试，看二维码是否可被识别。

图 15-18

图 15-19

13 继续置入两格的元素。为了丰富画面，将元素的排列随机一些，如图15-20所示。

14 置入一格元素，增加画面的随机性，如图15-21所示。

> **提示**
>
> 码眼和一些稍大的素材可以多复制几层，这样图案会更加明显，且不会影响二维码的可识别性。

图 15-20

图 15-21

15 使用"圆角矩形工具" ▢ 绘制一个800像素×800像素，"半径"为40像素的圆角矩形，设置"填充"为浅灰色（R:238, G:238, B:238），"描边"为深蓝色（R:29, G:104, B:144），"描边宽度"为5像素，如图15-22所示。

16 绘制完二维码后，在四周添加一些与品牌相关的素材，可以让画面看起来更加活跃，如图15-23所示。

图 15-22

图 15-23

> **提示**
>
> 四周的素材只是点缀，不要占画面比例过多，否则二维码过小不利于识别。

15.2.2 生成二维码的方法

只要输入网址或相关信息，就可以在"草料二维码"网站上免费生成二维码图片。

第1步：打开"草料二维码"网站，然后切换到"网址"选项卡，如图15-24所示。

图 15-24

第2步: 在下方的文本框中输入数艺社的主页网址"https://www.shuyishe.com/index",如图15-25所示。

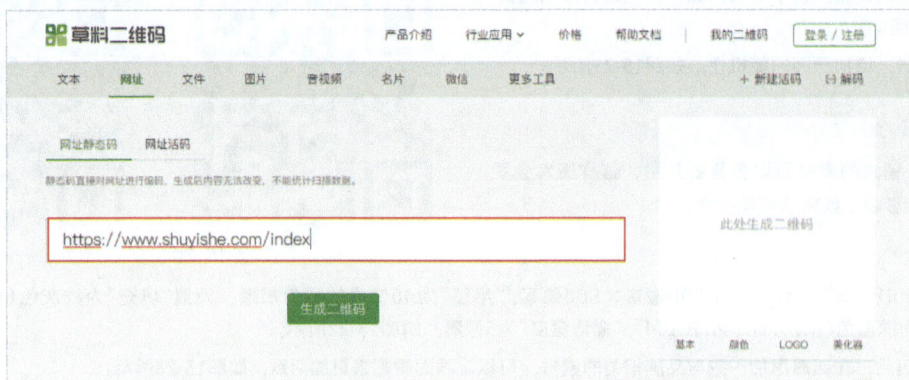

图15-25

第3步: 单击"生成二维码"按钮 ，就可以在右边看到相应的二维码图片,如图15-26所示。

图15-26

在图片下方的"基本"选项卡中,可以设置二维码的容错率、大小和码制,如图15-27所示。

图15-27

全部设置完成后，单击"保存图片"按钮 ，就可以将二维码图片保存到本机的文件夹中。除了网址以外，也可以将文字、图片和文本等信息转换为二维码的形式。

15.2.3 设计艺术二维码的注意事项

设计艺术二维码不仅为了吸引人，还要强化品牌特点。在设计艺术二维码时，要结合产品的类型和特点进行设计，如图15-28所示。

图 15-28

在设计过程中，需要选择二维码的容错率大小，常用7%和15%两种。如果使用7%容错率的二维码，就需要至少93%的码点匹配度。设计师在制作艺术二维码时，需要将艺术元素与二维码的码点几乎全部重合，且与原来的码点形状高度相似，这样才能保证二维码的识别性，如图15-29所示。

如果设计师选用容错率为15%的二维码作为原型，那么可供发挥的空间就更大。在15%的容错率下，在保证定位点外，其他的码点都可以有较大的变化，每个码点元素填充在50%以上，中心点重合即可，如图15-30所示。这种类型的二维码更利于设计师进行艺术设计，是日常工作中使用频率较高的类型。

在制作艺术二维码时需要注意3点，明暗对比、点阵填充面积和透视标准。

明暗对比：只有让填充与未填充区域的黑白对比足够强烈，才能保证二维码的可识别性，如图15-31所示。在前面课堂案例的制作过程中，就出现了因加入的素材与底色黑白对比不够强烈而无法识别的问题。

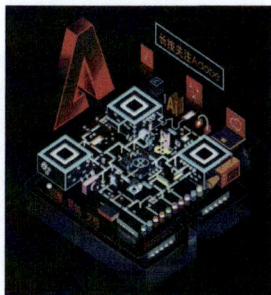

图 15-29   图 15-30   图 15-31

点阵填充面积：在7%的容错率级别下，码眼填充需要达到93%，其他位置的填充也不能小于85%，每个黑色的矩阵点中心一定要覆盖，这是识别二维码的重要部分，如图15-32所示。

透视标准：在表现立体二维码时，需要注意透视角度。在正菱形的表现方式中，边角的夹角不能小于70°，否则将无法识别二维码信息，如图15-33所示。

图 15-32

图 15-33

📖 课堂练习：制作软件书艺术二维码

素材位置	素材文件 >CH15>02
实例位置	实例文件 >CH15> 课堂练习：制作软件书艺术二维码 .psd
视频名称	课堂练习：制作软件书艺术二维码 .mp4
学习目标	练习艺术二维码的制作方法

本案例是为一本软件书设计一款艺术二维码。根据软件书的属性，需要制作出机械感的效果，如图15-34所示。

图 15-34

📑 课后习题：制作手绘书艺术二维码

素材位置	素材文件 >CH15>03
实例位置	实例文件 >CH15> 课后习题：制作手绘书艺术二维码 .psd
视频名称	课后习题：制作手绘书艺术二维码 .mp4
学习目标	练习艺术二维码的制作方法

本案例是为一本儿童手绘书设计一款艺术二维码。根据手绘书的属性，需要制作出卡通、可爱的效果，如图15-35所示。

图 15-35